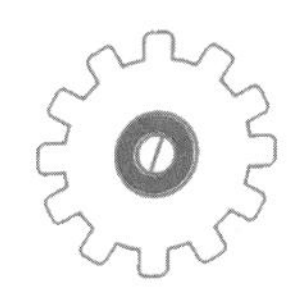

# 巧用AI工具 高效搞定PPT设计与制作

凤凰高新教育 编著

北京大学出版社
PEKING UNIVERSITY PRESS

## 内容简介

本书讲解如何利用AI工具来高效制作和设计PPT，全书共分为8章，前面7章分别介绍了PPT不同制作内容的相关知识和技巧，包括软件操作层面、设计思维层面、素材应用层面的内容，最后一章模拟了两个真实工作场景下的PPT使用需求，逐步讲解设计的关键环节，旨在帮助读者解决工作中的实际问题，同时能通过各种AI工具高效完成，最终打造出引人入胜的PPT演示。

本书采用图文并茂的方式进行知识讲解，操作过程清晰明了，思维理念简单易懂。不但能帮助读者建立正确的PTT设计思维，而且能教会读者借助AI工具突破局限，快速提升PPT设计能力和制作效率。既适合PPT软件初学者，也适合工作中经常性制作PPT、有一定软件操作能力、渴望提升PPT设计能力的读者学习和参考，同时也可作为广大职业院校、各类社会培训班的学习教材与参考用书。

**图书在版编目(CIP)数据**

巧用AI工具高效搞定PPT设计与制作 / 凤凰高新教育编著. — 北京：北京大学出版社，2024.6
ISBN 978-7-301-34982-3

Ⅰ. ①巧… Ⅱ. ①凤… Ⅲ. ①图形软件 Ⅳ. ①TP391.412

中国国家版本馆CIP数据核字（2024）第071992号

**书　　名** 巧用AI工具高效搞定PPT设计与制作
QIAOYONG AI GONGJU GAOXIAO GAODING PPT SHEJI YU ZHIZUO
**著作责任者** 凤凰高新教育　编著
**责任编辑** 刘　云
**标准书号** ISBN 978-7-301-34982-3
**出版发行** 北京大学出版社
**地　　址** 北京市海淀区成府路205号　100871
**网　　址** http://www.pup.cn　　新浪微博：@北京大学出版社
**电子邮箱** 编辑部 pup7@pup.cn　总编室 zpup@pup.cn
**电　　话** 邮购部 010-62752015　发行部 010-62750672　编辑部 010-62570390
**印 刷 者** 北京宏伟双华印刷有限公司
**经 销 者** 新华书店
787毫米×1092毫米　16开本　16印张　385千字
2024年6月第1版　2024年6月第1次印刷
**印　　数** 1-4000册
**定　　价** 89.00元

# 前言 Preface

在当今信息爆炸的时代，PPT已成为沟通和展示的重要工具。然而，很多人在使用PPT时遇到了各种问题，比如如何设计出色的演示效果，如何寻找独特的素材，如何展示数据等。为了解决这些问题，我们以制作PPT最常用的工具——PowerPoint来进行介绍，同时引入了AI工具，根据需求用不同的AI工具来帮助读者快速提升PPT设计能力和制作效率。

## 为什么写这本书

PowerPoint作为一款基础办公软件，其本质仍然是简单高效的办公演讲辅助工具，并非专业设计软件。因此，我们在追求PPT设计能力时，不应该花费大量时间研究各种设计效果，试图超越专业设计的范畴。相反，我们应该学会用少量时间和精力，运用实用技巧，使内容在视觉上呈现出良好的效果。

目前市面上有很多PPT学习参考书，它们过于关注PPT的视觉设计和动画效果研究，提供了许多精美的、操作复杂的技巧。然而，在实际工作中，这些技巧的使用率并不高，对内容本身的呈现改善意义也不大。

此外，我们还特别关注了AI工具在PPT设计中的应用。AI技术的快速发展为PPT设计带来了全新的可能性，使我们能够更加高效地创建出令人惊艳的视觉效果。为了帮助读者快速提升PPT设计能力，本书详细介绍了以ChatGPT和讯飞星火为主的各类AI工具的使用方法，并提供了实际案例和示范。无论你是想要制作出独特的图标和插图，还是希望通过智能配色方案来提升整体视觉效果，或是想使用AI工具生成的音频/视频内容来增加PPT的灵活性，甚至是想一键根据主题内容创建出整个PPT，本书都为你提供了相应的指导和实践经验。

AI工具的引入不仅可以帮助你节省大量的时间和精力，还能让你在PPT设计中展现出更多的创意和个性。我们相信，通过学习和运用这些AI工具，你将能够在短时间内轻松打造出专业水准的PPT作品，为你的PPT展示和演讲增添亮点。

在本书的内容讲解中，我们既提供了具体的方法，也给出了思路，从根本上提升读者的PPT制作效率和设计能力。

## 本书内容介绍

书中所讲内容皆源自各种真实工作场景下的PPT使用经验总结，对读者朋友解决具体工作中使用PPT和提升PPT设计水平方面遇到的问题有直接帮助。本书内容如下。

第1章介绍了如何利用设计思维和工具来应对PPT设计挑战，如何借助AI工具带来新的创意，以及如何利用AI工具整理内容和讲述故事，以引发观众的共鸣。

第2章探讨了如何利用AI工具来营造引人入胜的PPT文字表达，包括如何设计引人注目的标题和正文，如何创造具有魅力的创意字体，以及如何利用AI工具来引领PPT设计魅力演绎。

第3章介绍了如何利用AI工具来打造精彩的PPT图片，包括如何搜索专业资源，如何提升PPT视觉效果，以及如何运用高级图像技巧来打造突出的视觉效果。

第4章详细介绍了如何巧妙应用表格、图表和SmartArt图形来展示数据，包括如何设计令人惊艳的PPT表格，如何利用AI智能图表生成工具来实现数据可视化，以及如何利用ChatGPT和智能SmartArt辅助工具来创造创意展示和流程表达。

第5章讨论了配色和排版的奇妙融合，包括如何利用AI工具掌握PPT的色彩之道，以及如何打造独特的排版效果。

第6章介绍了媒体和动画在PPT中的巧妙应用，包括如何嵌入和处理媒体，以及如何利用AI设计助手来打造震撼的PPT动画效果。

第7章介绍了展现魅力演示的秘诀和实用技巧，包括如何确保演讲无懈可击，以及如何洞察关键技巧，塑造成功演示的艺术。

第8章通过案例实战展示了如何利用AI工具来制作工作总结PPT和教学课件PPT，以帮助读者将所学技巧应用到实际情境中。

## 本书特色说明

### AI工具，助力设计

本书以PPT设计为核心，结合AI工具的应用，向读者分享关键的设计技巧。不仅教授实用的PPT制作方法，还深入探索了如何利用AI工具提升设计效果。通过学习本书，你将能够轻松掌握PPT设计的精髓，并借助AI工具的力量，创造出令人惊艳的视觉效果。

### 术道结合，启发思维

本书不仅提供了实用的方法，还注重培养读者的设计思维。我们通过深入剖析各种应用场景下的实操问题，让读者能知其然，更能知其所以然。通过思考设计原理和灵活运用AI工具，你将能够在PPT设计中展现出独特的创意和个性。

### 商业案例，直面工作

本书案例来源于各行业的实际工作和实际问题，确保内容的真实性和实用性。本书不仅提供了丰富的案例，还针对不同的工作场景给出了解决方案。无论你是初学者还是有经验的设计师，都能从中受益。

## 读者对象

- 以PPT为“看家本领”，时刻追求提升自己的设计能力的PPT设计师和职场精英；
- 希望将自己的课件设计得更加出色，以提升教学效果的教师；
- 热爱学习和表达，并希望通过PPT展示自己才华的在校学生；
- 注重事情的实际操作，并愿意亲自动手制作出精美PPT的领导；
- 热衷于学习和探索办公软件技巧和应用的办公软件爱好者；
- 热衷探索AI工具，希望利用AI技术提升PPT制作效率和创意的读者。

## 读者说明

本书基于PowerPoint 2021软件进行写作，建议读者结合PowerPoint 2021进行学习。由于PowerPoint 2013、PowerPoint 2016、PowerPoint 2019的功能与PowerPoint 2021大同小异，因此本书内容同样适用于其他版本的软件学习。

## 赠送资源

除了本书，读者还可以获得以下学习资源。

- 100个商务办公PPT模板；
- 如何学好、用好PPT教学视频；
- PPT 2016完全自学教程教学视频；
- 10招精通超级时间整理术教学视频；
- ChatGPT的调用方法与操作说明手册；
- 国内AI大语言模型简介与操作手册。

温馨提示：以上资源已上传至百度网盘，供读者下载。请读者扫描左下方二维码，关注“博雅读书社”微信公众号，找到资源下载栏目，输入本书77页的资源下载码，根据提示获取。或扫描右下方二维码关注公众号，输入代码AiT0391，获取下载地址及密码。

本书由“凤凰高新教育”策划并组织相关老师编写，他们具有丰富的PPT制作和设计实战经验，在PPT创意表现、视觉传达、AI前沿工具的高效应用等方面有着深厚的积淀，对于他们的辛苦付出在此表示衷心的感谢！同时，由于计算机技术发展非常迅速，书中难免会有疏漏和不足之处，敬请广大读者及专家指正。若您在学习过程中产生疑问或有任何建议，可以通过 E-mail与我们联系。读者信箱：2751801073@qq.com。

目
CONTENTS
录

第 1 章

# 至臻 PPT 魅力：设计思维 + 工具引领高效制作 PPT

在现今的商务和教育领域，PPT已经成为一种不可或缺的工具，它不仅能够以图形化和多媒体的方式将信息生动地呈现给观众，更是一种引人入胜的演示方式。然而，制作一个令人难以忘怀的PPT并非易事。只有提高自己的设计思维，并辅以强大的工具，才可以在制作效率和质量上取得双赢。

要想制作出色的PPT，理解不同类型的PPT至关重要。本章我们首先帮助你分清三种常见的PPT类型，从而为你提供制作PPT的前提条件。进一步地，我们探讨了四重境界，它们是制作PPT过程中关键的指导原则。通过准确地把握内容、美感和时间，你将能够制作出更加完美和专业的演示。

然后我们将引入大语言模型类的AI工具，通过问答的方式让它引领我们开启全新的PPT设计思维。被人所熟知的大语言模型有国外的ChatGPT，国内的大语言模型也如雨后春笋般不停被研发出来，功能比较优秀的有科大讯飞研发的讯飞星火、百度研发的文心一言、阿里云研发的通义千问等。本章以ChatGPT为例进行介绍，借助它对目标受众进行人群洞察和情感调查，从而提供新颖的设计思路和主题。此外，ChatGPT还能够助力内容整理，帮助我们进行头脑风暴和创意整理，使我们的PPT更具条理性和逻辑性。

## 1.1 PPT 设计挑战：聚焦关键要素，打造出色演示效果

在我们日常工作和学习中，PPT已经成为沟通和展示的重要工具。但是，怎样才能制作出优秀的PPT呢？首先要提高对PPT的认识，突破新手常见的一些认知局限，并适当了解制作PPT时需要警惕的误区，以及快速改善PPT视觉效果的方法，为具体的软件操作、设计技巧、动画制作等学习奠定良好基础。

### 1.1.1 分清 PPT 类型，是做好 PPT 的前提

PPT设计具有多样性，根据用途可分为三种常见类型：报告类PPT、路演类PPT和展示类PPT。每一类PPT都有其独特的特点和用途。在开始制作PPT之前，明确你要制作的PPT类型是至关重要的，因为这将直接影响到你的设计风格和内容选择，以及最终呈现出色演示效果的能力。

#### 1. 报告类 PPT：像阅读材料一样翔实

报告类PPT通常用于打印或转换为PDF文件，观众可自行翻阅。这种类型的PPT主要包含详细的文字内容、数据图表和示意图。你可以灵活运用较小的字号放置更多的文字内容，而页面数量也不受限制。不同于其他类型的PPT，报告类PPT无须考虑演示屏幕效果或添加动画效果，它主要作为静态阅读材料存在。如图 1-1 所示为腾讯广告《下一代中国新能源汽车消费者洞察研究报告》PPT部分页面，它就是报告类PPT。

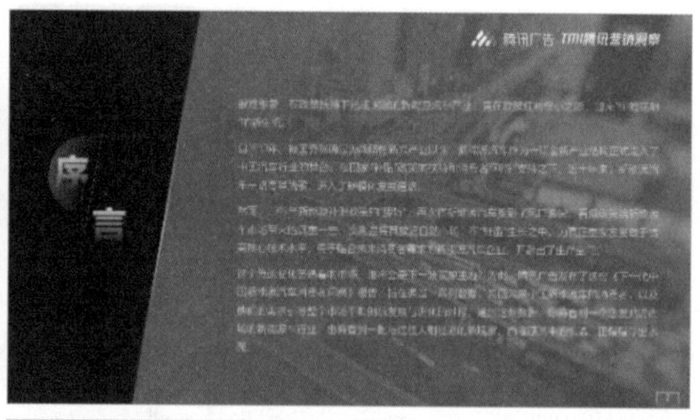

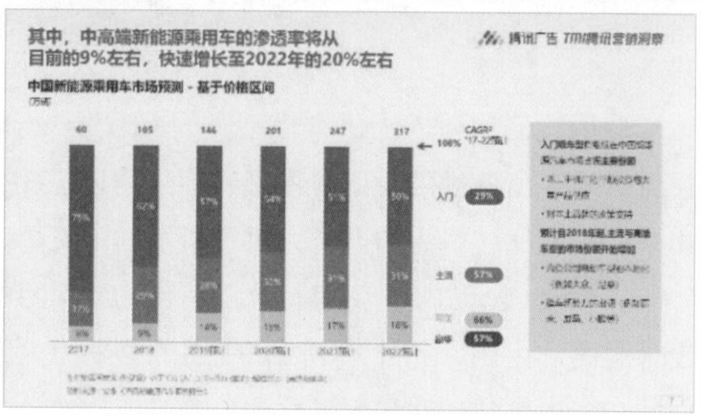


图 1-1 腾讯广告《下一代中国新能源汽车消费者洞察研究报告》PPT部分页面

#### 2. 路演类 PPT：演讲的得力助手

路演类PPT用于辅助演讲，提高沟通效率。如图 1-2 所示为爱尔眼科十周年企业成功发布会路演时使用的PPT部分页面。这类PPT的重点在于演讲人的讲述，因此页面上的内容应当简洁明了，避免长篇大论和过多细节，确保演讲现场观众能够清晰地理解。与报告类PPT相比，路演类PPT在设计时要更注重内容简洁性和页面数量的控制。文字字号应适中，确保演讲现场观感清晰明了。

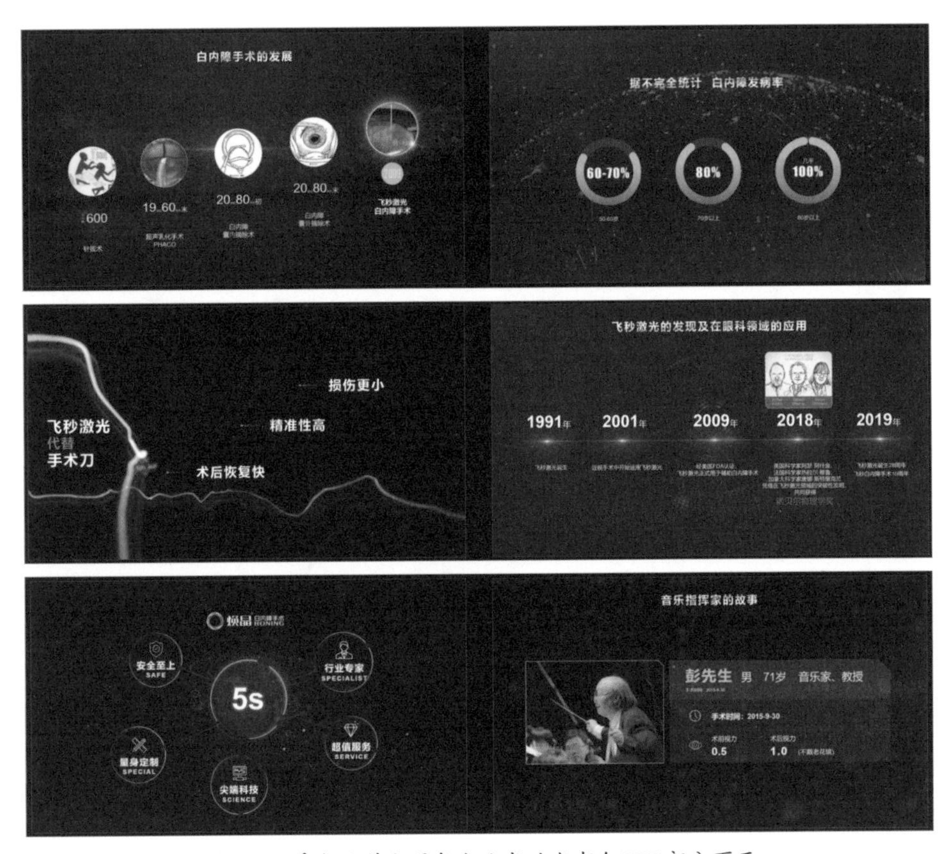


图 1-2　爱尔眼科十周年企业成功发布会PPT部分页面

### 3. 展示类 PPT：注重视觉表现

展示类PPT主要用于展台或自动播放的展示屏，观众可以自行浏览。如图 1-3 所示为小米手机MIX 2S发布时使用的宣传PPT部分页面，该PPT中采用了 3D模型动画来展示手机的性能，能带给观众极大的视觉冲击。

图 1-3　小米手机MIX 2S发布时使用的宣传PPT部分页面

这类PPT更加侧重于视觉表现，对平面设计和动画制作的要求更高。根据实际需要，展示类PPT的内容可以是丰富多样的，灵活选择合适的视觉元素和动画效果，以吸引观众的注意力。

通过了解不同类型的PPT，你已经迈出了掌握PPT设计的重要一步。需要注意的是，在实际工作中，这三类PPT并不一定有明显的界限，有时也会有交叉使用的情况。如果你需要满足多方面的需求，就要在制作过程中充分考虑并兼顾各种因素，以取得最佳平衡。例如，上面提到的小米手机宣传PPT，实际上也是该款手机新品发布会时使用的PPT，在设计过程中就考虑到了路演和展示两重需求，除了在发布会中用于辅助演讲人的演说，也能用于后期的展示。

### 1.1.2 制作 PPT 的四重境界

随着学习的深入，许多人不断提高自我要求，追求所谓的“高级”效果。然而，这种追求在实际工作中并非总是有效的。虽然PPT作品的质量有所提升，但工作效率却大幅下降。过去只需两小时完成的创作任务，现在可能需要一整天的时间。

这种现象揭示了一部分PPT学习者存在的一个误区：他们认为追求PPT效果可以不计时间和精力成本。确实，对于我们所热爱的知识和技能，坚持高标准、严要求是没有错的。然而，更为明智的方式是在平衡时间和精力的基础上，因事选择量力而行。这样能更有利于创作出高质量的PPT作品。

假如我们将制作PPT所需投入的时间和精力视为变量，并与PPT作品质量建立正相关关系，我们可以将PPT制作划分为四重境界，如图 1-4 所示。

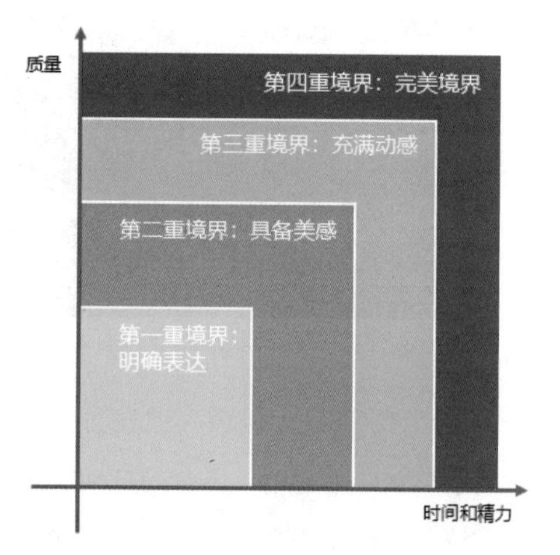

图 1-4　PPT制作的四重境界

**第一重境界：明确表达。**在时间紧张的情况下，我们应将主要精力放在PPT内容的创作上，确保演讲者能够清晰表达，观众能够明白。

**第二重境界：具备美感。**当时间和精力稍多时，我们可以在第一重境界的基础上，对PPT进行风格化的排版设计，以达到良好的平面视觉效果。

**第三重境界：充满动感。**当时间和精力更为充裕时，我们可以在第二重境界的基础上，添加适当的动画效果，使PPT由静态变成动态，提升其吸引力。

**第四重境界：完美境界。**当时间和精力充足时，我们可以在第三重境界的基础上，对PPT的内容、设计和动画等进行全方位、精细化的打磨，以实现心目中的完美状态。

在制作PPT时，我们应结合时间和精力及实际需求，把握好作品所需达到的境界层级和创作重点，从而能够快速高效地完成工作。对于大多数非专业的PPT设计者而言，合理利用时间和精力是保持学习热情的重要因素。

### 1.1.3 做不好 PPT 的那些误区

为什么有些人懂得很多PPT技巧，却依然无法做出出色的PPT呢？对于那些已经具备一定基础的PPT学习者来说，突破设计思维上的一些认知误区比继续学习具体的设计技巧更为关键。因为这些误区会从根本上影响你的设计。接下来，我们将介绍四个常见的认知误区，请读者朋友对照检查，看看自己是否也存在同样的问题。

### 误区一：过度填充内容

总是担心页面空洞，于是不断在页面上堆砌内容。例如，图 1-5 所示的商业计划书，文字、表格、图片、视频等全都放在一个页面上，导致阅读无重点。

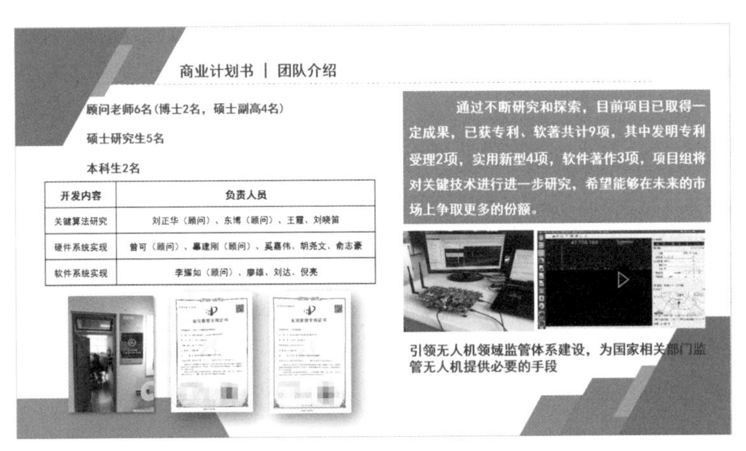


图 1-5　内容太多的幻灯片页面

在制作路演类PPT时，我们尤其需要学会取舍各种内容。要清楚哪些内容必须呈现，哪些内容不需要放在页面上，以及哪些内容可以通过演讲者口头表达的方式呈现。根据这些判断，尽量使页面简洁明了。制作PPT时，我们需要注意的不是页面的空洞，而是那些毫无选择地堆砌的内容。

### 误区二：过度追求外观

总是担心页面丑陋，便在PPT页面背景上过度设计。比如，使用过于复杂、炫酷但画面感过度复杂的图片作为背景。这是许多新手经常犯的错误。例如，图 1-6 中整个PPT使用一张实景图片作为背景，且未做蒙版处理，导致页面上部分内容显示不清，而页面的美观度实际上也没有太大改善。

图 1-6　背景图片选择错误的幻灯片页面

就页面背景而言，许多优秀的PPT背景都非常简洁。它们要么是纯色背景，要么是具有质感的渐变色，又或者是一张简单而有质感的图片。简洁、干净的背景并不意味着缺乏美感，页面漂亮与否更关键的是排版。

### 误区三：忽视内容

有些人认为只有外观漂亮且具有炫酷动画效果的PPT才是“高大上”的。他们过分追求外观和形式，却忽视了PPT内容本身，这是本末倒置。对于非专业的PPT设计师而言，PPT的美观与炫酷只是辅助表达的工具，作品核心的价值在于内容。因此，在制作PPT时，我们始终要将内容的创作和表达放在首位。

例如，下面的两张图，乍看之下图1-7的整体效果更富有美感，但看了图1-8中调研获取的数据，以及用事实论证观点的做法，再回头看图1-7中的文字，你就会发现问题所在了，这些文字很难让人彻底赞同论证的观点。究其根本，是没有对内容进行深挖，不能给人说服力。

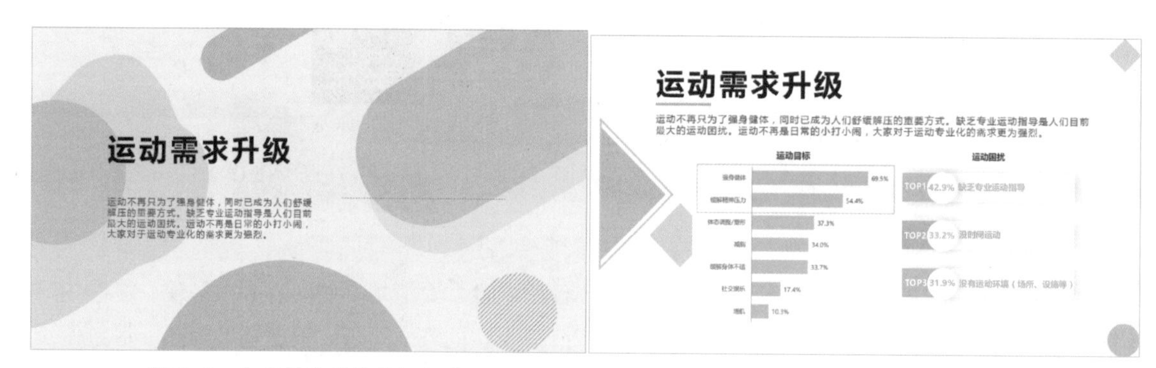


图 1-7　文字描述的漂亮幻灯片

图 1-8　数据展示的简洁幻灯片

### 误区四：字号问题

一些具备一定基础的PPT学习者明白路演类PPT的特殊性，他们知道页面中文字字号不能太小。但他们又走向了另一个极端，将文字字号设置得过大，自以为这样观众才不会“看不到”。

事实上，无论是哪种类型的PPT，文字字号都不是越大越好。选择字号时需要考虑页面内各种元素的对比关系和整个PPT的表达重点。需要建立一套统一的格式规范，包括字号在内，确保在满足清晰可读的基本前提下，突出重点，使PPT的内容主次分明。

## 1.1.4 用“简”法快速改善 PPT 视觉效果

对于初学者而言，要提升PPT的视觉效果并不需要复杂的操作。最简单的方法就是采用简洁的设计，以下是三种具体方式。

### 1. 拆分内容

通常情况下，PPT的页面数量是没有限制的。因此，当内容较多时，无须把所有内容都放在一个页面上呈现。参考图1-9，这一页的主要内容下还有三个子内容，导致页面过于拥挤，观众在阅读时会感到压力。此外，长时间停留在同一页也会让观众失去兴趣。

图 1-9　内容过多的页面

根据内容的特点，将其拆分成四页进行讲述，效果会更好，如图 1-10 所示。

图 1-10　拆分内容后的幻灯片

## 2. 信息可视化

如果整篇PPT都是文字，那么它就和Word没有什么区别了。在制作PPT时，应尽可能将文字转化为图片、表格、图表等图像元素呈现，这样页面的视觉效果会更好，观众在阅读时也会更轻松。

如图 1-11 所示，将文字转化为表格，如图 1-12 所示，将文字转化为示意图的效果图，页面变得更简洁，视觉效果得到提升。

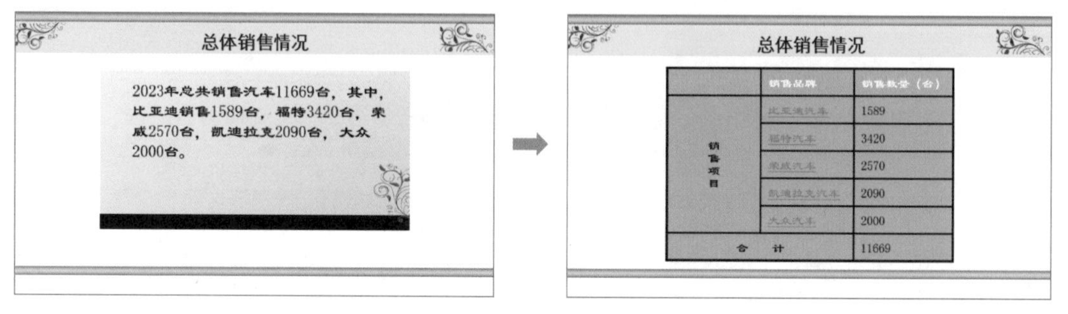


图 1-11　将文字转化为表格

图 1-12　将文字转化为示意图

### 3. 设计简洁化

作为非专业设计师，排版设计能力有限。大多数普通的PPT学习者可以选择简洁的背景，并减少PPT中字体和色彩的使用，这样不仅页面不容易变得杂乱，而且在合理的排版下还能呈现一定的质感。

如图 1-13 所示，苹果公司发布会的PPT页面常采用简洁的黑色带渐变光感背景，简单而高级。

图 1-13　黑色带渐变光感背景的PPT页面

如图 1-14 所示的页面，只使用了一种字体（汉仪旗黑 -55 简），但通过设置不同的字号，并搭配不同的色块作为背景，让不同内容间的关系罗列得清晰可见，简洁而耐看。

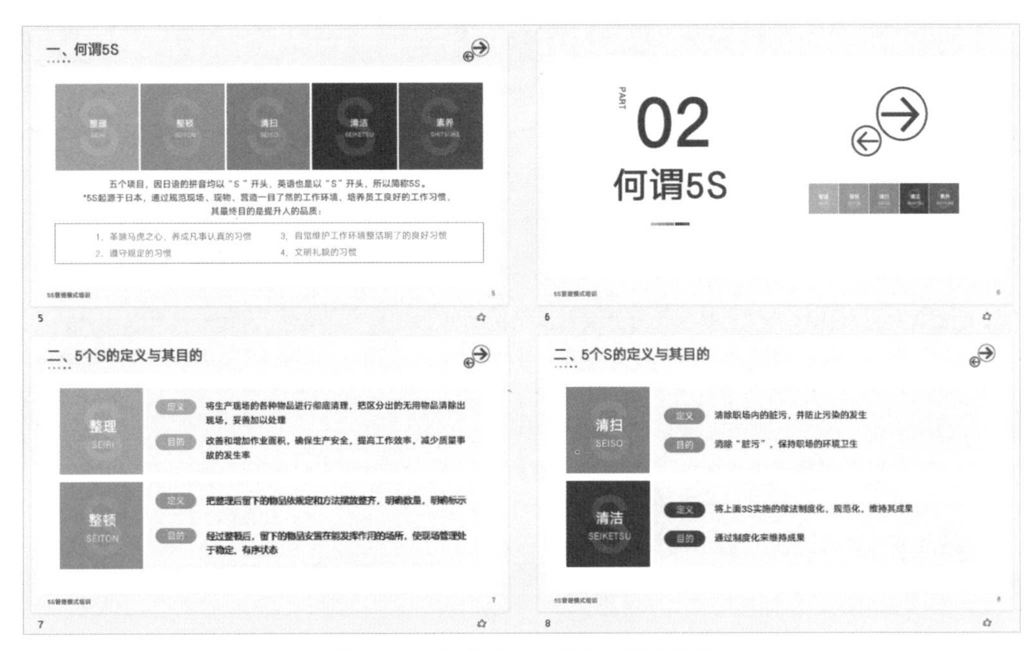

图 1-14　仅采用一种字体设计的PPT

再比如图 1-15 所示页面，采用红色+白色的单色配色方案，设计更简洁，而且视觉效果也不错。

图 1-15　红色+白色的单色配色方案PPT

**温馨提示●**

在白色墙面投影时，建议用亮度更高的浅色背景，投影区域与墙面更易区分，不要用黑色或灰色背景，这两种颜色投影出来常常只能看到墙面本身，内容显示不清楚。当然，不同投影仪由于参数等配置不同，最终需根据具体设备情况设置。

## 1.2 人群洞察与创意发掘：ChatGPT 引领 PPT 设计新思维

在PPT设计过程中，能够深入了解目标受众的需求和情感状态是至关重要的。使用ChatGPT（一款强大的人工智能工具），可以帮助我们进行人群分析和情感调查，从而更准确地把握目标受众的心理，并为PPT设计提供新颖的思路和主题。

**温馨提示●**

在进行受众分析前，你必须先确定制作PPT的目的，防止PPT内容“跑偏”，也能找到正确的内容展现方式。例如，一份为了招生的职业培训PPT，其核心目的是“招生”而不是“培训”。所以在制作PPT时，不能将知识的讲解作为重点，应该展现公司的培训实力，培训实力可以用学员人数、学员反馈来展现。知识的讲解可以讲一半留一半，制造悬念激发观众的报名兴趣。

推荐使用“金字塔思维”分析法，方法是从目的出发，进行倒推，最终推导出内容展示的重点所在，如图1-16所示。分析PPT制作的目的，推导达到目的需要的要素，展现这些要素需要的内容。

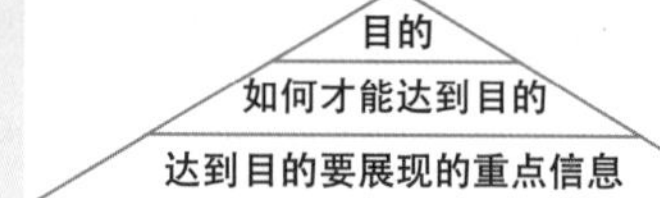


图1-16 制作PPT的“金字塔思维”分析法

### 1.2.1 使用 ChatGPT 对目标受众进行人群分析和情感调查

ChatGPT能够通过与用户的对话交互，深入了解其背景、兴趣、需求等方面的信息。借助ChatGPT的智能分析能力，我们可以对目标受众进行人群分析。ChatGPT可以帮助我们了解目标受众的年龄、性别、职业、兴趣爱好等基本信息，进一步描绘出他们的相关特征和行为习惯。此外，通过ChatGPT的情感分析功能，我们还能探索受众的情感状态，了解他们的喜好、痛点和期望，从而有针对性地设计PPT内容。

**温馨提示●**

只有制作出符合受众人生观、价值观、喜好的PPT内容，才更容易让受众接纳。想要更了解你的PPT受众，你可以从年龄层次、地域层面、文化教育层面、心理学的角度对他们进行分析。

例如，要为一款手机制作介绍类PPT，那么可以先详细描述该产品的特点，然后让ChatGPT分析目标受众的需求和喜好，以便撰写更具针对性的文案。下面借助ChatGPT来进行模拟分析。

**提问：** 我需要写一篇手机推广文案，这款手机的特点：超薄设计、超清显示、处理器强大、拍照功能优秀。请帮我分析一下这款手机的目标受众。

**ChatGPT:**

基于提供的特点，这款手机可能吸引以下目标受众。

1. 时尚追求者：超薄设计使得这款手机外观更加轻薄、时尚，吸引喜欢拥有精致外观的用户。

2. 多媒体消费者：超清显示能够提供更为清晰、逼真的视觉效果，提升用户观看视频、玩游戏等媒体消费体验。

3. 移动办公用户：强大的处理器使得手机能够更快速地处理任务，提供高效的办公体验，适合经常需要处理大量数据或运行复杂应用的用户。

4. 摄影爱好者：拍照功能优秀意味着这款手机可以拍摄出更高质量、更富艺术感的照片，满足喜欢记录生活、分享照片的用户的需求。

综上所述，这款手机的目标受众可能包括追求时尚、喜欢消费多媒体内容、需要高效办公及热爱摄影的用户群体。

通过ChatGPT进行人群分析和情感调查，我们能够更加全面地认识目标受众，并深入了解他们的需求和期待。这为我们在PPT设计中提供了重要的参考，帮助我们抓住受众的关注点，传递更有针对性和吸引力的信息。

**温馨提示●**

确定对话的领域是与ChatGPT进行交流的重要步骤，它有助于ChatGPT更好地理解和回答你的问题。你可以选择一个特定的领域，如科学、历史、旅行、技术等。通过将对话限定在特定领域内，答案将更相关和准确。

在与ChatGPT进行对话时，问题的设计起着重要的作用。首先，确保问题能够清晰地表达读者意图，避免使用模糊和含糊不清的描述，以便ChatGPT能够准确理解你的问题。其次，在问题设计中，明确指定方向可以限制问题的范围，有助于ChatGPT提供更相关的答案，避免偏离主题。最后，为了让ChatGPT更好地理解你的问题，提供一些相关的上下文信息是必要的。

## 1.2.2 使用ChatGPT提供新颖的PPT设计思路和主题

ChatGPT不仅可以为我们进行人群分析和情感调查，还可以为PPT的设计过程提供创意和灵感。通过与ChatGPT的对话交互，我们可以向它提出与PPT设计相关的问题，如“有什么新奇的设计风格可以应用于我的PPT”或者“如何创造一个引人入胜的主题”。ChatGPT会基于其强大的语言处理和模式识别能力，为我们提供多样化、独特的设计思路和主题。例如，在上个设定环节中，我们可以继续追问ChatGPT。

**提问：** 这些受众在喜好上有什么偏爱吗？请根据目标受众，帮我设定手机推广文案的风格。

**ChatGPT:**

根据目标受众的偏好，可以考虑以下推广文案风格。

1. 时尚追求者：以时尚、潮流的语言和设计元素为主，强调手机的超薄设计和精致外观，传递出与时代同步的时尚感。

例句：穿越浮华，与超薄设计一同拥抱未来。

2. 多媒体消费者：以引人入目的视觉元素和具体的媒体使用场景来吸引用户，突出手机的超清显示和出色的媒体体验。

例句：看世界之美，身临其境。超清大屏，畅享非凡影音之旅。

3. 移动办公用户：着重强调处理器的强大性能，以高效、便捷的办公场景为重点，让用户感受到手机在工作中的实际价值。

例句：办公室永远在你身边。高速处理器，让办公效率超越想象。

4. 摄影爱好者：注重突出手机的拍照功能和出色的照片质量，强调捕捉生活中珍贵瞬间的乐趣和艺术性。

例句：每一次按下快门，都是一次人生的定格。拍摄更多美好，开启探索摄影的无限可能。

总体而言，推广文案应该具备吸引目标受众的特点和语言，突出手机的核心特点，并针对不同受众群体采用相应的表达方式和场景描述。

提问：最终我要根据这些文案制作成PPT，针对这些受众的喜好，有什么新奇的设计风格可以应用于我的PPT呢？

ChatGPT：

根据受众的喜好和特点，可以尝试以下新奇的设计风格来制作PPT。

1. 渐变色彩：使用流行的渐变色搭配，在PPT中创造出流畅、时尚的画面效果，吸引目标受众的注意力。

2. 扁平化设计：运用简洁、清晰的图标和元素，去除多余的装饰，突出内容的重要性，适合时尚追求者和移动办公用户。

3. 响应式设计：设计具有响应式布局的PPT，使其能够根据不同设备的屏幕尺寸自动调整和适应，增加用户体验的便利性。

4. 视差滚动：通过在PPT中使用视差滚动效果，让内容在滚动过程中产生差异化的移动效果，增加交互性和吸引力。

5. 虚拟现实效果：结合虚拟现实技术，可以在PPT中嵌入360度全景图或虚拟漫游，给用户带来沉浸式的体验，展现手机的全景拍摄功能。

6. 动态图表和数据可视化：使用动态效果展示数据和统计图表，使信息更具吸引力和易于理解。

7. 拟物化设计：运用拟物化元素，例如纹理、投影和阴影效果，给PPT增加质感和真实感，适合摄影爱好者和多媒体消费者。

请根据目标受众的特点和喜好，选择合适的设计风格，并确保整体设计风格与推广文案的内容相协调，以达到最佳的视觉效果和用户体验。

借助ChatGPT的创意发掘能力，我们能够跳出传统的设计思维模式，获得更多新颖且有趣的PPT设计灵感。ChatGPT可以帮助我们发现不同领域的设计元素、独特的图形呈现方法、创意的排版布局等，从而丰富我们的PPT内容，提高其视觉吸引力和信息传递效果。

## 1.3 精准组织内容：ChatGPT让PPT更有条理

在PPT设计中，良好的内容组织和结构是确保信息传递清晰和呈现效果出众的关键。使用ChatGPT作为辅助工具，可以帮助我们挖掘创意内容，同时还能协助整理和组织PPT的内容架构，使其更加有条理和易于理解。

### 1.3.1 使用ChatGPT进行头脑风暴和提出创意内容

ChatGPT具备强大的自然语言处理能力，可以作为我们进行头脑风暴和提出创意的合作伙伴。通过与ChatGPT的对话交互，我们可以向它提出有关PPT内容的问题，如“有没有一些独特而引人注目的主题可以应用于我的PPT”或者“有哪些创新的方式可以传达我的核心信息”。ChatGPT会利用其庞大的语料库和模式分析能力，为我们提供丰富多样的创意答案和灵感，拓宽我们的思维边界。

例如，在上个设定环节中，我们可以继续追问ChatGPT。

提问：请结合上面的目标受众分析，提供一些独特而引人注目的主题，方便我应用于PPT中。

**ChatGPT:**

结合上述目标受众分析，以下是一些独特而引人注目的主题方向，可应用于你的手机推广PPT中。

1.“精巧时尚”主题：以时尚和超薄设计为核心，设计一个精致而时尚的PPT。运用简洁、高雅的配色方案，搭配流线型的图案和精美的插图，展示手机的时尚外观和超薄设计，吸引移动时尚追求者的目光。

2.“视听盛宴”主题：以超清显示和处理器强大为焦点，创造一个视觉和听觉的盛宴。运用大尺寸的高清图像、生动的视频和优雅的动画效果，展示手机在多媒体消费者和游戏爱好者的视角下的出色表现，引起他们的兴趣。

3.“镜头之旅”主题：突出拍照功能优秀，打造一个富有摄影氛围的PPT。运用精美的摄影作品、独特的图像处理效果和动态的过渡效果，展示手机在摄影爱好者和社交媒体用户的视角下的出色拍摄能力，吸引他们的关注和赞赏。

4.“移动办公大师”主题：以处理器强大和高效办公为主题，设计一个专业而实用的PPT。运用简洁的排版、图标和图表，突出手机在移动办公场景下的优势和便捷性，吸引移动办公用户的注意力。

5.“创新科技”主题：以先进科技和创新设计为核心，创造一个充满科技感的PPT。运用未来主义的图像、动感的特效和流畅的过渡效果，展示手机在技术爱好者和潮流先锋眼中的革命性特点和前沿技术，吸引他们的兴趣并激发好奇心。

这些独特的主题方向可以帮助你在PPT中展示并突出手机的特点和优势，吸引目标受众的注意力。请根据你的具体需求和受众特点，选择合适的主题方向，并运用合适的设计元素来实现目标。

提问：在制作这个PPT时，有哪些创新的方式可以帮助我传达核心信息?

**ChatGPT:**

在制作这个PPT时，以下是一些创新的方式，可以帮助你传达核心信息并吸引受众的注意力。

1. 使用动画和过渡效果：运用适当的动画和过渡效果来呈现内容，可以增加视觉吸引力和交互性。可以尝试使用滑动、淡入淡出、放大缩小等效果，将重要信息逐步展现或突出关键信息的变化。

2. 设计交互式元素：通过添加交互式元素，增强受众的参与度和互动性。可以在PPT中嵌入可点击的按钮、图标，引导受众进行自主的探索和互动，使信息传递更加生动有趣。

3. 制作微视频或GIF：将核心信息制作成短小精悍的微视频或GIF动画，可以在PPT中循环播放或嵌入幻灯片中，吸引受众的目光和保持注意力集中。

4. 利用数据可视化：将数据转化为图表、图形或图像，能够更直观地传达核心信息。选择恰当的数据可视化方式，如柱状图、折线图、饼图等，帮助受众更好地理解和记忆信息。

5. 使用故事叙述技巧：将核心信息融入一个有吸引力的故事情节中。通过一个引人入胜的故事，以及角色的发展和困惑，让受众在故事中逐步了解核心信息，增加情感共鸣和记忆留存。

6. 创造非线性结构：尝试打破传统的线性结构，使用非线性的幻灯片排列方式，引导受众跳跃性地浏览和探索内容。这种创新的结构方式可以增加参与度和好奇心，提供新的方式去传达核心信息。

7. 引用引人入胜的引言或故事：在幻灯片开始或重要部分，引用与核心信息相关的心灵鸡汤、名人名言或有趣的故事。这样可以吸引受众的兴趣，并以独特的方式引入核心信息。

运用这些创新的方式，可以让你的PPT与众不同，有效地传达核心信息，并让受众更加投入和参与。根据你的具体需求和受众特点，选择适合你内容和目标的创新方式，并将其融入PPT设计中。

借助ChatGPT的头脑风暴功能，我们能够更加丰富和多样化地构思PPT内容。ChatGPT可能提供新颖的主题、出人意料的展示方式、独特的图表或图形设计等，这些创意内容将为我们的PPT增添新鲜感和吸引力。

当ChatGPT为我们提供各种关键词或创意信息时，我们同时会进行头脑风暴，这时善于绘制思维导图就可以成为你的有力工具了。思维导图是一种以图形方式展示和组织思维的方法，能够帮助记录和整理大量想法，并促进创造性思考和问题解决。

磨刀不误砍柴工。通过绘制思维导图，你可以将头脑中的各种观念、想法和关联点以视觉方式进行呈现。这种形式化的图形化表达有助于清晰地展示不同概念之间的联系和层次结构。你可以以中心主题为起点，逐渐展开各个分支，将相关的点连接起来，形成一个思维网络。这样，你可以更加直观地看到想法之间的关联性，并且进一步扩展和深化你的思考。

例如，根据和ChatGPT的交流，针对该手机推广PPT制作而展开的一些头脑风暴信息，制作成思维导图，如图 1-17 所示。

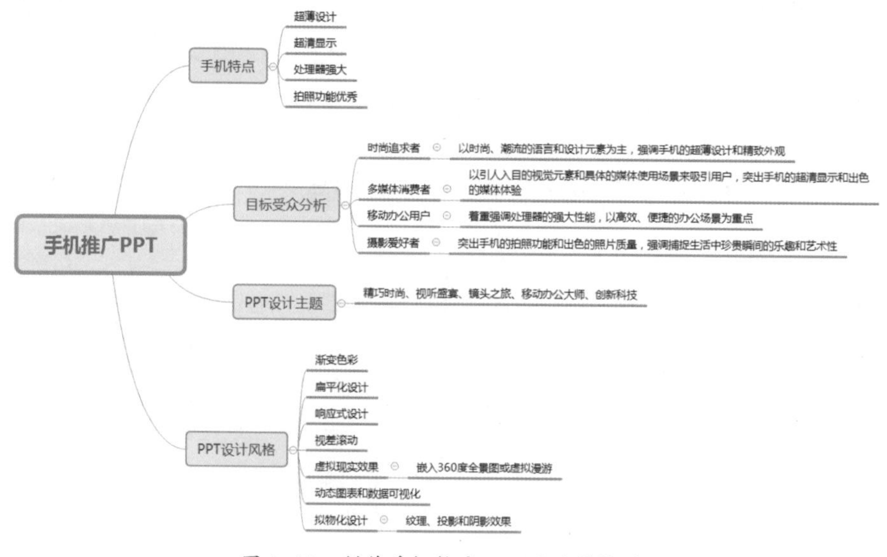


图 1-17　制作手机推广PPT的思维导图

绘制思维导图还有助于激发创造力和灵感。通过整理和可视化你的想法，你可以发现新的思路、发展新的概念，并且提醒自己不要遗漏重要的细节。思维导图还能让你更好地组织和分类想法，帮助你更系统地思考问题，从而达到更全面和深入的头脑风暴效果。

**温馨提示●**

在头脑风暴过程中，记得保持开放的心态，让你的思维自由地展开，用不同颜色和形状来区分不同的想法和关联。你可以随时添加、修改和调整思维导图上的内容，以适应新的想法和发现。最重要的是，思维导图是个人思维的独特表达方式，不拘泥于传统的线性思维模式，它能激发你的创造性潜能。

用于制作思维导图的工具有很多，功能比较强大的有XMind、MindManager、iMindMap等，免费使用的FreeMind和百度脑图也很优秀。这些思维导图软件本身内含多种思维模型（如图1-18所示），对启发思维、梳理逻辑也很有帮助。

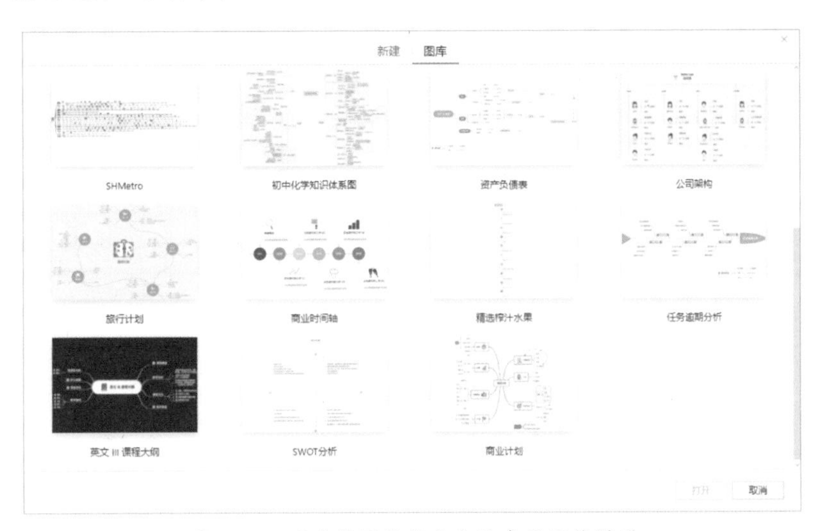


图 1-18　思维导图软件内含的多种思维模型

FreeMind安装比较简单，官网下载即可安装，安装过程需要Java支持，装好即可使用，无须注册登录。百度脑图的使用更简单，搜索网址后，登录百度账号即可使用，由于是云端存储，所以无须手动保存，用完即退出，下次登录可以接着编辑，还可以把自己做好的脑图一键分享给别人，就像用百度网盘分享一样。

## 1.3.2 使用 ChatGPT 整理和组织 PPT 内容架构

一个清晰、易于理解的PPT内容架构对于信息的传递至关重要。逻辑是PPT的灵魂，没有逻辑的PPT也就是文字、图片的堆积，不能让观众领略内涵，更谈不上打动观众。PPT的逻辑贯穿始终，从最开始的资料整理、PPT内容结构的组织，到最后的动画添加，都需要考虑逻辑。

逻辑看似无形却有形，它是串联整份演示文稿的主线。然而不少人在制作PPT时，仅从美观的角度来制作页面内容，而非从逻辑的角度来构思整理内容。其实，PPT的学习之路，应从思维的改变开始，让“逻辑为王”的理念植入内心。

在制作PPT前，先梳理逻辑可以减少后期不必要的修改。如图1-19所示是从一份已经完成的PPT中提取的目录结构，然而经过观察，我们发现存在一些需要改进的问题。

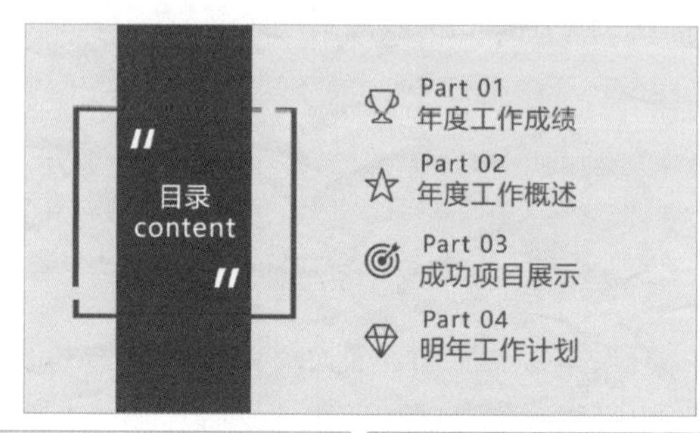


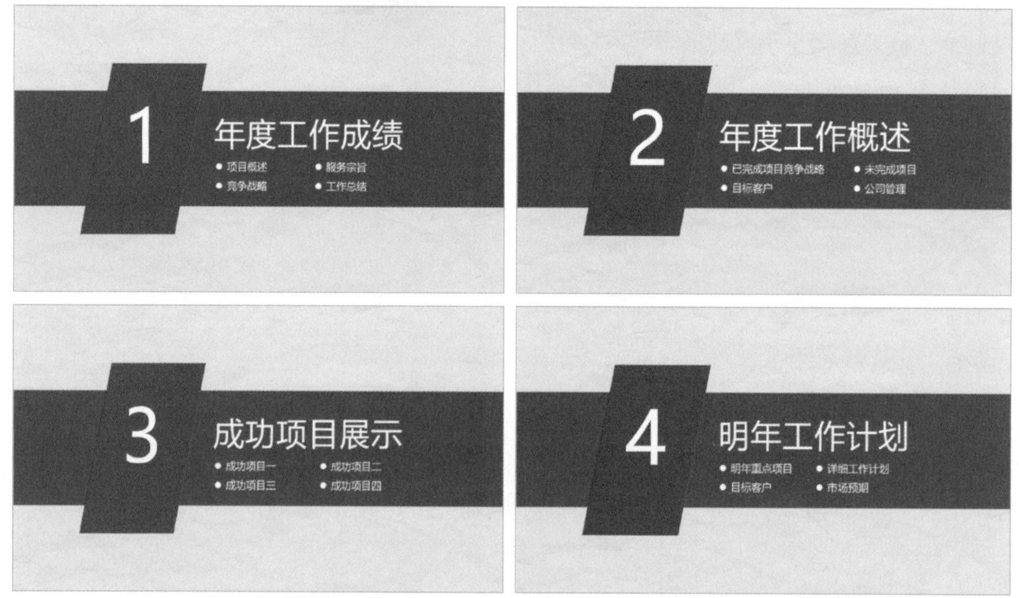


图1-19　某个已经完成的PPT的目录结构

首先，“成功项目展示”应该包含在“年度工作成绩”中，以更好地呈现整个工作的成果。其次，“年度工作概述”应该是标题为“Part 01”的先导部分，通过先介绍工作概况再介绍工作成绩的顺序来展示更符合逻辑关系。此外，在“年度工作成绩”这一部分中，我们也注意到“服务宗旨”可能并不属于“成绩”的范畴，更适合放在“年度工作概述”中，以确保内容的准确分类。

这些逻辑错误在PPT制作完成后再进行修改将非常费时费力。除此之外，在没有提前进行内容梳理的情况下，还可能在制作完成后才发现有遗漏的内容，就像案例中没有包括“工作不足反思”一项，这将需要额外的时间来进行调整。

为了避免这些问题，我们建议在PPT制作之前先进行仔细的规划和梳理，包括整体的结构和每个部分所要呈现的内容。这样可以更好地确保逻辑的连贯性和完整性，减少后续修改的工作量和时间消耗。在内容的整理和组织过程中，ChatGPT可以充当我们的助手。我们可以与ChatGPT进行对话，将我们想要在PPT中包含的主要信息告知它，并请其提供最佳的内容组织建议。

例如，在上个设定环节中，我们可以继续请教ChatGPT。

提问：请你以“精巧时尚”为主题，根据前面分析的目标受众喜好的风格，为这款手机撰写一篇用于制作产品推广PPT的文案，突出其优势。

ChatGPT:

【标题】精巧时尚，演绎轻薄魅力

【开场语】

在这个时尚变革的时代，追求纤薄、追求时尚已经成为现代人的共同追求。让我们向你展示一款融合了超薄设计与高科技的手机，它将重新定义你对时尚与精致的认知。

【幻灯片一】

图像：展示手机外观的整体图像，突出其极致纤薄的设计。

文案：薄如羽翼，轻盈绝伦。让我们的手机与你一同fly。

【幻灯片二】

图像：手机在时尚女性手中的场景图像，彰显与时尚的完美搭配。

文案：时尚走心之选，摩登色彩与你绝配。

【幻灯片三】

图像：手机轻薄的便携性，展现男性奔跑时的场景图像。

文案：轻薄非凡，让你的步伐更自由。

【幻灯片四】

图像：手机屏幕上高清画质的示意图。

文案：画面如真，细腻质感，极致的视觉感受，你值得拥有。

【幻灯片五】

图像：手机拍摄的高品质照片，展示其卓越的拍照能力。

文案：颠覆你对拍照的认知，记录美丽瞬间。

【幻灯片六】

图像：一张手机内部构造示意图，突出其先进的处理器性能。

文案：强大内核，提供丝般顺滑的流畅体验。

【幻灯片七】

图像：手机与办公场景的结合图像，凸显其在移动办公中的高效便捷。

文案：办公利器，让你自由徜徉于移动办公的海洋。

【收尾语】

让时尚与科技完美结合，演绎一个新的手机时代！无论你是时尚追求者、多媒体消费者、摄影爱好者，还是移动办公用户，它都将成为你的梦幻伴侣。让我们一起感受精巧时尚的震撼，拥抱这种时代的未来与创新！

**温馨提示**

在不同提问和不同语料聊天互动环境下，ChatGPT给出的回复是不同的。当提问比较多时，ChatGPT可能会搞混，没有理解你提问的逻辑而给出不符合需求的回复，这时你可以多角度提问，然后根据回复进行修正、优化。有针对性地对ChatGPT进行调整和改善，可以逐步提升对话体验和用户满意度。例如，在本案例中，可以继续向ChatGPT提问“目前文案中的场景感不足，应当如何优化文案以增强吸引力”，来优化当前的文案效果。

ChatGPT可以基于其对语言结构和逻辑的理解，为我们提供一种更合理、更紧凑的内容架构。它可以帮助我们决定信息的排列顺序、段落的组织方式及每个部分的重点强调。通过与ChatGPT的合作，我们可以确保PPT的内容结构清晰，逻辑严谨，使受众能够更轻松地理解和吸收所呈现的信息。

**温馨提示●**

ChatGPT可以提供一些PPT制作的创意、观点，甚至帮我们搭建结构。但我们还是需要掌握最基本的内容构思方法，建立基础思维模型，这样才能打开思路，整理混乱的思绪，输出有条理的、更易理解的内容。

根据PPT的内容关系可以概括出多种逻辑关系，但是万变不离其宗，PPT最经典的逻辑结构是总分结构，其他结构均可以由此变换而来。比较实用的表达结构有时间线结构、“3W”（Why—What—How）结构，“SCQA”结构、金字塔结构等。

## 1.4 讲述故事引发共鸣：与ChatGPT共创引人入胜的PPT体验

在设计PPT时，讲述一个引人入胜的故事是吸引受众、引发共鸣并提高PPT体验的关键。与ChatGPT合作，可以为你提供故事讲述和写作技巧，同时还可以使用ChatGPT的帮助撰写引人入胜的开头和结尾部分。

### 1.4.1 与ChatGPT对话，获取讲故事和写作技巧

ChatGPT作为一款强大的人工智能工具，具备出色的文本生成能力，可以为你提供丰富多样的讲故事和写作技巧。通过与ChatGPT进行对话交互，你可以询问有关故事叙述的问题，如“如何设计引人入胜的故事情节”或者“有什么技巧可以在故事中创造悬念和情感共鸣”。ChatGPT会利用其智能化的算法和语言模型，向你提供切实可行的建议和创意，帮助你编写令人印象深刻的故事。

例如，在上个设定环节中，我想编制一个故事作为PPT演讲的开场白。结合想要达到的效果，我们来向ChatGPT咨询一下。

**提问：** 我想编制一个故事作为PPT演讲的开场白，演讲时需要注意哪些技巧才能让观众与我产生情感共鸣？

**ChatGPT:**

当你想以故事作为PPT演讲的开场白来引起观众的情感共鸣时，以下几个技巧可能会对你有所帮助。

1. 建立情感联系：选择一个触动人心的故事，关注人性、情感、成长、困难克服等主题，让观众与故事中的角色产生共鸣。引发情感共鸣的关键是在故事中展示普遍人类经历的情感体验。

2. 创造紧张氛围：通过构建故事的高潮和低潮，制造紧张氛围，让观众在故事发展中产生期待和紧张的情绪。这种情绪上的波动可以让观众更加投入和关注你的演讲。

3. 利用具体细节：故事中的具体细节可以帮助观众更好地想象和体验故事。通过描绘人物形象、场景描述、对话等方式，让观众能够感受到故事的真实性和细腻之处。

4. 使用情感化语言：运用情感化的语言表达故事中的情感和意义。选择具有感染力的词汇和形象的比喻，用声音和语调的变化来传递故事中的情感色彩。情感化的语言可以更好地触动观众的情感。

5. 掌握节奏和暂停：在演讲过程中，掌握好节奏和暂停是重要的技巧。在关键时刻适当地暂停，让观众有时间思考和感受故事中的情感，进一步深化情感共鸣。

6. 创造互动：利用故事中的情节或元素与观众进行互动，可以是提问、与观众讨论的行动。通过互动，你可以更好地与观众建立联系，并进一步加深他们的情感共鸣。

通过运用以上技巧，你能够在PPT演讲的开场白中创造出引人入胜的故事，并与观众产生情感共鸣。记住，真情实感、真实性和与观众的互动是打造出令人难忘的演讲的关键。

ChatGPT不仅可以为你提供故事讲述技巧，还可以分享相关的写作技巧。你可以向ChatGPT咨询关于故事结构、角色发展、情绪表达等方面的问题，以获得更深刻的洞察和建议。通过与ChatGPT进行交互，你可以不断提升自己讲故事的能力，并为PPT设计提供更引人入胜的内容。

例如，在上个设定环节中，想编制一个故事作为PPT演讲的开场白，让产品更富有人性化的一面。借助ChatGPT随机生成一个故事时，只需要告诉它讲故事的场合和需求即可。

**提问：** 你是一名故事创作者，现在我需要一个适合作为手机推广演讲开场白的故事，凸显出手机拍摄的夜视能力，请创作。

**ChatGPT:**

故事创作：月夜奇遇

很久以前，在一个宁静的村庄里，住着一位年轻的摄影师，他梦想着能够捕捉到夜晚的神秘之美。然而，传统摄影设备总是无法真实还原夜晚的场景，令他颇为失望。

直到有一天，他听说村庄深处有一个神奇的湖泊。据说，每当月夜降临，湖面就会展现出令人窒息的美景。那里的风景如此奇特，以至于当地人都开始称之为“月夜湖”。

摄影师决定前往这个神秘的湖泊，希望能够用自己的相机捕捉到这绝美的夜景。然而，当他到达湖边时，他惊讶地发现湖面竟然没有丝毫光亮。徒劳地等待了许久，他心灰意冷地准备离开。

就在此时，一位老人悄悄走到摄影师旁边。他告诉摄影师，这个湖只有在静谧的夜晚才会呈现出惊人的美景，并向摄影师展示了他手中的手机。

这部手机配备了先进的夜视技术，可以清晰地捕捉到黑暗中的细节。老人邀请摄影师使用他的手机来留下这次难得的夜景。摄影师犹豫了一下，但出于对美的追求，他接受了老人的提议。

当他通过手机的镜头望去，眼前的景象犹如繁星闪烁的天空一般美妙。他看到湖面上的倒影，宛如银河般绚烂。周围的树木在月华下变得柔和而神秘，仿佛有无数的精灵在跳舞。

摄影师惊喜地发现，这部手机的夜视功能不仅能够还原真实色彩，还能捕捉到细微的光影和纹理。他沉醉于夜晚的美妙景色，连拍了许多令人惊叹的照片。

故事传开后，湖的夜景成为摄影师们追逐的目标。手机的夜视能力帮助他们捕捉到了以往无法想象的夜晚美景。从那时起，这款手机成了拍摄夜间场景的首选装备，让人们纷纷追逐美的脚步，开启夜晚的奇遇之旅。

这个故事告诉我们，当科技与艺术相结合，夜晚的美景将不再遥不可及。手机的夜视能力让我们在黑暗中发现光明，捕捉到细微之美。相信，通过这款手机的夜视能力，你也能开启属于自己的夜晚奇遇。

**温馨提示●**

除了讲故事这种开场白方式，面对不同的PPT，还可以有以下4种扣人心弦的开场方式。

（1）戳痛点：锋利的开场可以通过抓住观众的痛点并放大它来引起观众的注意。例如，一个老年人保健产品的宣传会可以开场问观众："如果你的父母患病卧床，你会怎么办？"这样的开场方式制造了悬念，吸引了观众的注意力。

（2）总结现状/问题：通过对当下现状或问题进行精简的总结，可以引发观众的好奇心和倾听的欲望。例如，在商务合作提案中，可以开门见山地总结当前问题，让观众产生想知道解决方案的渴望。

（3）题外话：使用题外话来缓和现场气氛，拉近与观众的距离。这可以是演讲者自己的一些经历，让观众感受到真实的人。例如，一个礼仪培训师可以分享自己在一个城市的经历，这样观众会更容易与演讲者产生共鸣。

（4）给出定论：在开场时就提出演讲的定论，符合内容的金字塔原理，使观众对内容结构更加明晰。例如，在关于大数据营销的演讲中，可以开场说"大数据时代，将会是一个可怕又可爱的时代"。

这些不同的开场方式适用于不同类型的演讲，无论你选择哪种开场方式，重要的是开场的内容要与PPT主题相关，然后才考虑抓住观众的注意力和好奇心。

### 1.4.2 使用ChatGPT撰写引人入胜的开头和结尾部分

开头和结尾部分是PPT中最关键的部分之一，它们能够吸引受众的注意力并给予他们一个深刻的印象。借助ChatGPT，你可以撰写引人入胜的开头和结尾，确保PPT的内容能够引发观众的共鸣和兴趣。

与ChatGPT进行对话时，你可以寻求关于开头部分的建议，例如"有什么吸引人的方式可以引起受众的兴趣"或者"如何在开头部分引入一个引人注目的故事或统计数据"。ChatGPT会根据其深入的语言理解和模式分析能力，为你提供多种创意和建议，帮助你打造一个引人入胜的开头，吸引观众的关注。

**提问：** 我在准备一款手机的新品发布演讲，请帮我写一段演讲开场白，主题是"创新耀世：无惧黑暗"，要求：用一个引人入胜的故事激发观众的兴趣，同时突出手机的强大夜视能力，文风幽默俏皮。

**ChatGPT:**

尊敬的各位嘉宾、朋友们：

大家好！我非常高兴能够站在这里，与各位分享一款备受期待的手机新品。今天，我要与大家共享一个来自"黑暗"的故事，让我们一起展开创新之旅，彻夜追寻无尽的惊喜与刺激！

故事开始，我们带您回到那个日夜如梭的城市。夜晚，大街上的灯光渐渐熄灭，一片黑暗笼罩大地。人们纷纷返回家中，规避在黑暗中隐藏的种种未知。

然而，在这个城市上空，却有一些人，不畏黑暗，敢于直面深夜的挑战。他们是那些以创新为旗帜的摄影师，追求的是黑暗中真正的神秘之美。

其中，有一位摄影师，名叫小明。他在一次意外中发现了一种手机，这部手机不仅有着引人遐想的外观，更重要的是，它拥有强大的夜视能力。

小明拿着手机，毫不犹豫地冲入城市的黑暗角落，迎接夜晚复杂的挑战。没错，夜里的街道并不平静，阴影和光影交织，充满未知。但这摄影师从未退却，他信心满满地探索着，因为他手中所持的手机，让他能够穿透黑暗，捕捉到那些瞬间美景。

在那个无尽黑暗的夜晚，小明用手机的夜视能力，捕捉到了星空中闪烁的星辰，犹如流动的钻石点缀在宇宙之中。他用手机记录下了夜晚的城市风景，每一个微光和色彩都在他的镜头下绽放出新的活力。

当小明第二天将这些夜间的作品展示给他的朋友们时，他们都不敢相信自己的眼睛，这些照片竟然拥有如此惊人的夜景细节和清晰度。

我们的新款手机正是受到这个勇敢摄影师的启发而诞生的。经过无数次创新与突破，我们成功开发出一款强大的夜视手机，不仅能在黑暗中更好地记录美丽瞬间，还能展示夜间的细节，带给您震撼人心的观感。

尊敬的观众，今天，我们对这款手机的夜视能力进行了升级，不仅能够拍摄出更清晰、更细腻的夜景照片，还能在夜晚进行实时美颜和智能优化，让您的夜间拍摄更加出彩。

让我们摒除黑暗的恐惧，在创新的光芒下，一同进入这个闪耀的世界吧！让我们一同感受这款手机的强大夜视能力，在黑暗中燃起对美的追求，去赋予夜晚更多的创造力和惊喜！

谢谢大家！

对于结尾部分，你可以向ChatGPT咨询有关如何总结主要观点、留下深刻的印象及鼓励观众采取行动的问题，如“如何用简洁有力的语言总结演示的核心内容”或者“如何鼓励观众在结束时采取下一步行动”。ChatGPT将为你提供相关的写作技巧和建议，使你的PPT能够留下持久的印象并激发观众的积极反应。

**提问：** 在演示即将结束时如何用简洁有力的语言总结回顾该手机的特性，并让受众记住推广的产品。

**ChatGPT:**

在演示即将结束时，您可以用以下简洁有力的语言总结回顾手机的特性，并让受众记住推广的产品。

“在这短暂的时间里，我们一同探索了这款手机的无尽可能性。它不仅拥有令人惊叹的夜视能力，还融入了智能美颜、强大的性能和卓越的设计。

这款手机能让您在黑暗中捕捉到细微之美，在夜间留下难以置信的回忆。它是您探索未知、追逐激情的伙伴。

请记住，这款手机不仅是一部智能设备，而且是创新与美学的结晶，是引领时尚潮流和拥抱技术进步的标志。

现在，我邀请您加入我们的行列，拥抱黑暗中的光芒，让这款手机成为您生活中不可或缺的一部分。

感谢大家的聆听与支持！”

通过这样的总结，您用简洁明了的语言再次突出手机的特性和优点，并向受众传达了产品的核心信息，同时鼓励观众加入品牌的阵营。请根据具体的产品特点和目标受众进行调整，确保总结的语言有力且易于记忆。

总之，与ChatGPT合作，你可以获取关于故事讲述和写作技巧的建议，以及撰写引人入胜的开头和结尾部分的帮助。ChatGPT将为你提供新颖的思路和创意，协助你设计一个令人难忘且引人入胜的PPT体验。结合人工智能技术和自身的创作能力，你将能够打造一个引人入胜的PPT，与观众建立起深厚的共鸣。

# 高手秘技

本章我们聚焦于如何提高PPT的设计思维及使用相关工具来提高PPT制作效率。学习完毕后，相信你已经能基于扎实的设计思维和借助ChatGPT工具的技巧，达到更高效的制作与设计PPT的水平。接下来，和你分享一些在时间紧迫时使用模板的秘诀，以及如何利用ChatGPT+MINDSHOW工具快速搞定PPT制作。无论是在商务演讲中还是教学课件中，你都可以展现出PPT的魅力。

## 高手秘技 01：快速找到精品模板

在制作PPT的过程中，常常会遇到一些困扰，比如方案截止日期逼近却没有开始制作PPT；缺乏灵感，无法找到设计的思路；等等。不要着急，学会利用模板可以解决这些问题，并能提高效率、激发创意灵感。

记住一个忠告——要注重模板的质量而不是数量！一个优质的模板就像一位出色的导师，为你呈现精心设计的作品，供你使用和模仿。低质量的模板不仅影响审美效果，还限制了PPT设计水平的提升。与低质量模板相比，优质的模板具有统一的配色、插图风格和排版风格，让使用者受益于其卓越品质的启发。

有许多网站提供高质量且免费下载的模板，以下是几个值得推荐的网站。

### 1. 微软 OfficePLUS

微软官方的模板网站，拥有质量较高的模板资源。尽管数量可能不多，但适用性强，支持多种用途、行业和颜色分类的筛选查找，如图 1-20 所示。该网站还提供与当下流行软件版本和尺寸相适应的优秀模板。

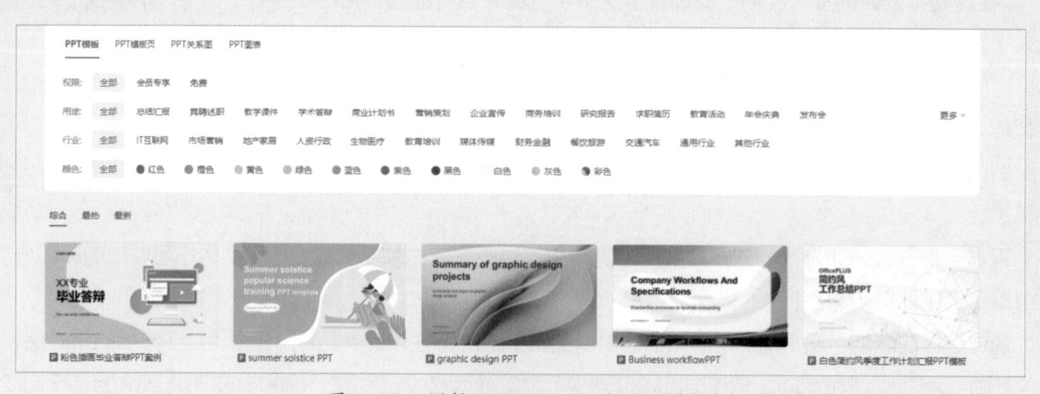

图 1-20　微软 OfficePLUS 的 PPT 模板

## 2. 优品 PPT

一个分享高质量模板的网站，支持按类型和主题颜色筛选查找，使找到合适的模板更加便捷。此外，该网站还提供制作PPT所需的各种素材，包括图表、背景图片、字体和PPT教程等，如图 1–21 所示。

图 1–21　优品 PPT 的 PPT 模板

## 3. PPTSTORE

如果你想要设计更加精美、在商务场合更具备竞争力的PPT，或者想要个性化定制PPT，摆脱市面上千篇一律的模板，可以去PPTSTORE寻找，如图 1–22 所示。这里有大量设计精良的模板，并提供定制服务。需要注意的是，PPTSTORE 中的大部分模板是付费使用的。

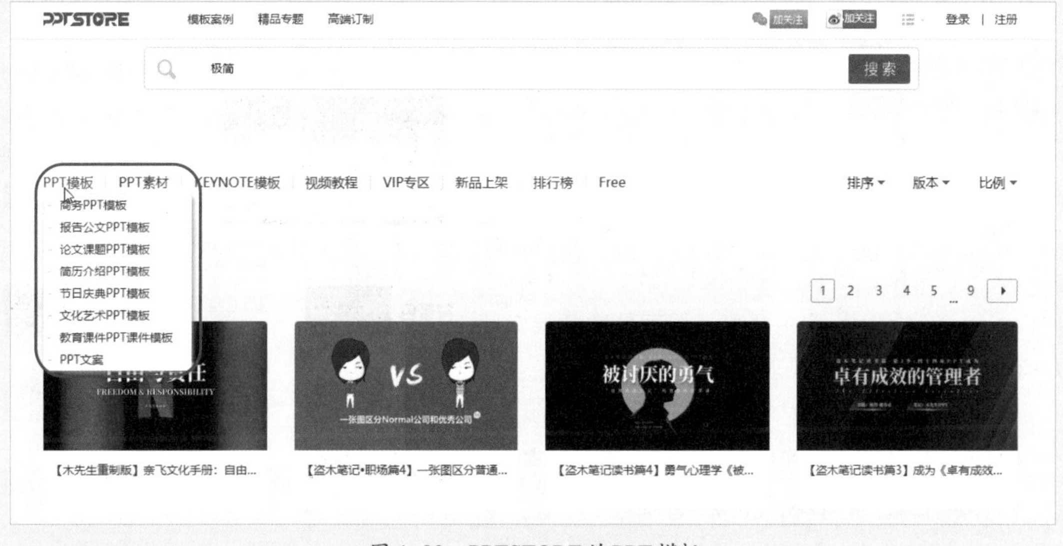


图 1–22　PPTSTORE 的 PPT 模板

### 4. 演界网

演界网提供各种场景、行业和风格的模板，还提供定制模板的服务。模板分为免费和付费两种类型，该网站可以找到高质量PPT模板，如图1-23所示。

图1-23 演界网的PPT模板

通过这些网站，你可以根据类型、主题颜色等条件来寻找目标模板，满足你的需求。同时，也可以根据自己的喜好和要求，选择定制化的模板。让优质的模板成为你PPT设计的得力助手，为你的演示增添亮点和专业感。

PPT模板使用的基本步骤包括删除和替换元素，以及进行一些高级修改。删除模板中的多余页面和页面中的多余元素及水印是基本操作之一，可以在幻灯片浏览视图下快速删除不需要的页面，或在幻灯片母版视图下删除水印。替换是最常用的技法，可以通过右击图片选择更改图片或重新设置填充图片，并使用选择性粘贴功能保留文本框中原有的格式。

利用模板制作PPT，还需要一些“高级”技能，以满足更多的需求。例如，发现模板配色不符合需求时，可以修改配色。配色修改一般有两种情况：一是有固定配色要求，如要求使用企业的专用配色；二是无固定配色要求，但配色格调不符合需求，此时可以到配色网站中，找到合适的配色，再进行替换。在修改配色时，切忌没有依据地修改，正确的思路如图1-24所示。左边是PPT模板，有3种配色，

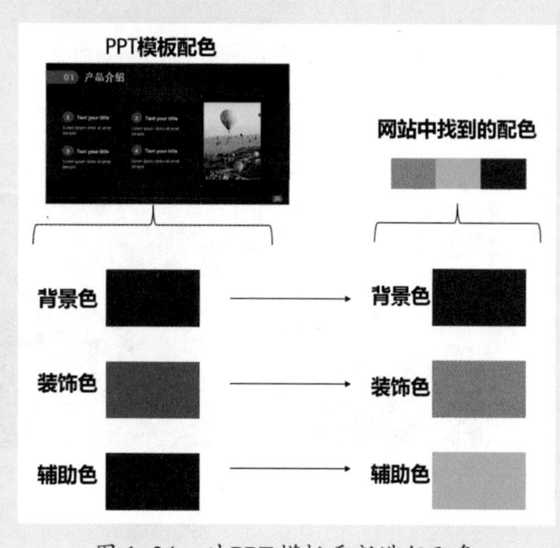


图1-24 对PPT模板重新进行配色

不同颜色有不同的用途；右边是在配色网站中找到的另外 3 种配色，根据实际需求，将这 3 种配色用途进行分类，最后得出配色替换方案。

除配色外，模板中由不同的形状或简单的色块等来说明信息之间关系的逻辑图很多时候也是不符合要求的。如果要减少逻辑图数量，只需要删除多余的部分即可。如果要增加逻辑图数量，则可以先复制一组形状，再对形状的颜色、文字内容进行修改，以及对形状位置进行调整。

## 高手秘技 02：ChatGPT+MINDSHOW，快速搞定 PPT

前面我们已经见识了ChatGPT的厉害之处，它可以为我们提供PPT制作中的各种技巧和建议。无论是删除多余元素还是替换内容，只需要向ChatGPT提问，它就能给出清晰明了的答案和建议。但是这些内容都是文字性的，如何快速运用到PPT的具体制作中呢？

这里需要为你介绍另一个得力助手——MINDSHOW，它是一款强大的PPT模板工具，内置了各种精美的模板和图表，可以帮助我们高效制作PPT。MINDSHOW的首页界面如图 1-25 所示，只需要选择合适的模板，然后利用MINDSHOW的简便操作，快速进行编辑和修改，就能轻松完成PPT的制作。不论是修改配色方案还是调整逻辑图的数量，MINDSHOW都能做到轻松实现。

图 1-25　MINDSHOW 首页界面

结合ChatGPT和MINDSHOW的优势，我们能够以更高效的方式完成PPT制作，将更多的时间和精力投入内容创作和演示效果的提升上。首先，我们可以向ChatGPT提问关于PPT制作的问题，寻求它的建议和指导，并主要生成制作PPT的文案。然后，根据ChatGPT的建议，结合MINDSHOW的功能，迅速进行操作，快速将文案生成PPT，具体操作步骤请查看本书第 8 章内容。

**温馨提示●**

随着PowerPoint软件不断升级，功能朝着更易用、更好用方向不断完善，如可以通过“更改图片”“主题变体”等人性化功能快速改变PPT的效果。但是，在制作PPT的过程中，很多专业的工作仍需要借助专业软件来完成。适当安装使用一些工具网站或软件，可让你腾出更多时间用于创意内容、打磨设计，把PPT做得更好。

## 高手秘技 03：使用讯飞星火一键生成 PPT

除了ChatGPT，国内许多大厂、高校、科研机构等也陆续发布了自己的大语言模型，相关产品日趋成熟。目前，科大讯飞研发的讯飞星火是相较成熟和完善的，它具有语言理解、知识问答、逻辑推理、数学题解答、代码理解与编写等多种能力。这里我们主要来看看使用讯飞星火一键生成PPT的功能，具体操作步骤如下。

**第1步** 打开浏览器，进入讯飞星火大模型网页，注册账号并登录，就可以进入讯飞星火大模型的使用界面，如图1-26所示。在下方的文本框中可以输入要提问的内容，这里先选中上方的“PPT生成”复选框，然后在文本框中输入生成PPT的要求，单击“发送”按钮。

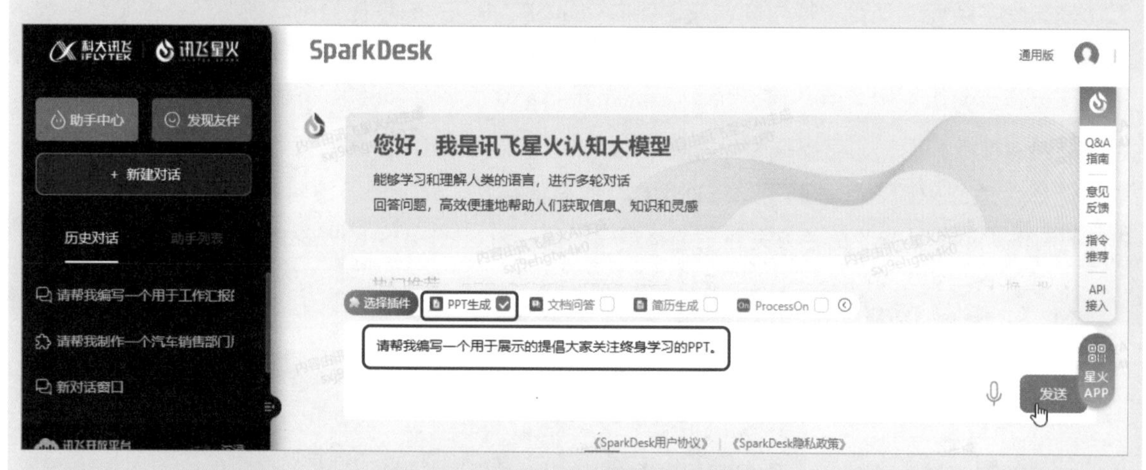


图 1-26　讯飞星火大模型的使用界面

**第2步** 稍后系统就会自动生成PPT，并展示出封面页效果，如图1-27所示。单击“点击下载”超级链接，即可下载生成的PPT。

图 1-27　下载讯飞星火大模型生成的PPT

**温馨提示**

在操作界面左侧单击“助手中心”按钮，在打开的页面中还提供了更多类型的助手功能，如“PPT 制作助手”“文本扩写”“简历润色专家”“绘画大师”“代码纠错小助手”，这也是讯飞星火的一个重要特色，可以让一部分复杂的工作完成得更顺利。

**第3步** 用PowerPoint打开下载的PPT，就可以看到PPT的效果了，如图 1-28 所示，整体效果还不错。

图 1-28　查看PPT效果

第 2 章

# 文字艺术之境：营造引人入胜的 PPT 文字表达

在现代商业和教育领域，展示和演示已经成为一种重要的沟通方式。PPT作为最常见的展示工具之一，对于有效传达信息和吸引注意力至关重要。然而，很多人在PPT设计过程中遇到了各种问题，特别是在文字排版方面。

本章将介绍如何利用AI工具，以及一些高效的排版技巧，帮助你在PPT设计中创造出令人惊艳的文字排版效果。我们将以创意文字排版为核心，探讨如何利用AI工具获得适合不同主题的文字内容和排版技巧，以及如何美化大段文字、使用艺术字效果、利用图片填充、文字变形等方法，打造各具特色的文字排版方案。

## 2.1 引人注目的标题与正文：ChatGPT 助你打造卓越表达

在PPT设计中，文字是最基础和最重要的表达方式之一。一个精彩的标题和引人入胜的正文能够吸引观众的注意力，为你的演示增添魅力。本节将介绍如何利用ChatGPT工具来打造卓越的PPT文字表达，包括创造吸引人的标题、修正语法错误和重复用词、快速插入文本内容及简化正文内容再排版等技巧。

### 2.1.1 利用 ChatGPT 获得吸引人的标题

在看PPT时，观众通常只看标题，很少会仔细阅读整张幻灯片的内容，特别是那些有很多文字的页面。因此，在撰写PPT的标题时，简单的概括并不足以吸引观众的注意。为了增加观众的兴趣，我们需要根据实际情况，运用一些特殊技巧来优化标题的表达。

通过巧妙设计标题，我们能够在短短几个字中传达出内容的精髓，引发观众的好奇心。使用生动的词汇、富有表现力的表达和独特的语言技巧，可以让标题更具吸引力和独特性。尽量避免平淡的描述，而是用一种朗朗上口的方式来呈现。这样，观众在一瞥之间就能被标题吸引，并进一步被推动去了解更多的内容。

例如，我们可以使用成语、俗语、流行语或用玩文字游戏的方式重新包装原本要表达的含义，从而让标题变得耐人寻味，如华为MateBook的广告，巧妙使用“本该如此”表达产品将平板、笔记本合二为一这一特性，而又传递出其重新定义一类产品的理念，如图 2-1 所示。

观众都喜欢看有趣的东西，将原本平淡的标题朝着趣味性的方向调整，也可以引发观众聆听和阅读的兴趣。例如，在标题中制造对比、设置矛盾点，打破常规话语，使标题出乎意料，又在情理之中。如图 2-2 所示为“车来了”App推广演示中的一个页面效果，其中的标题就很值得借鉴。

图 2-1　华为MateBook的广告

图 2-2　打破常规话语的广告

此外，还可以在标题中刻意强调某些数据或使用某些专业词汇，展现专业度，或者学习网络上的标题党广告，将标题写成一句精彩的摘要，言犹未尽，制造神秘感，采用揭秘式的标题来吸引用户。

总之，在PPT中，我们可以将每一页都视作一张广告，而标题则相当于主广告语。为了让这些PPT页面更能吸引读者的兴趣，我们可以借鉴广告文案的创作方法来设计标题。有许多关于广告文案创作技巧的学习参考书籍可以提供帮助。此外，ChatGPT也可以帮助我们生成各种吸引人的标题和亮点句子建议，通过输入相关的关键词或描述，ChatGPT能够提供创意和独特的标题想法，让PPT在众多演示中脱颖而出。

例如，我们制作了一个旅行类的PPT，因为涉及很多自然景点，想提醒大家有一定的冒险精神，那么可以先让ChatGPT帮我们拟定几个比较吸引人的标题。

**提问：**我制作了一个旅行类PPT，其中涉及很多自然景点，请帮我拟定几个以冒险为主题的标题，要求能吸引人。

**ChatGPT:**

当然，我可以帮你拟定一些以冒险为主题的标题来吸引人。这些标题能够激发人们的好奇心，引发他们的兴趣。以下是几个可能的标题：

1.“探索未知：挑战极限的自然之旅”

2.“穿越奇境：纵览壮丽自然景观”

3.“勇往直前：寻找自然宝藏的冒险之旅”

4.“大自然的试炼：风险与奇遇并存的旅程”

5. “迎接挑战：探索神秘之地的奇幻之旅”
6. “大自然的谜团：解锁未知领域的探险之旅”
7. “与自然对话：勇敢踏足未被发现的极地”
8. “自然之心：追寻刺激与冒险的精神”
9. “探秘未知边界：极致冒险在即”
10. “释放无畏：征服自然界的极限之旅”

希望这些标题能为你的PPT增添一丝神秘和刺激！

ChatGPT提供的标题有时候并不能满足我们的需要，这时可以进一步限定需求，让它再次生成新的标题，然后人工将这些内容进行结合、调整和重组。这样也能提高创作效率。

### 2.1.2 使用 ChatGPT 修正 PPT 中的语法错误和重复用词

PPT主要用于演示，如果PPT中的内容存在语法错误和重复用词，会给观众留下不专业和粗糙的印象。ChatGPT可以帮助我们识别和修正PPT中的语法错误，并提供同义词和替换词的建议，使得文字更加流畅、准确和多样化。

例如，我们有一个PPT已经初步完成文案写作，那么，可以让ChatGPT来帮我们修正其中的语法错误和重复用词，以此来减少人工查阅的工作量。

**提问：** 下面是我写好的PPT文案，请帮我检查其中的语法错误和重复用词，并给出修改建议，注意不要在原文上订正。

幻灯片1

标题：公司销售数据报告

文本内容：我们很高兴的宣布公司在上个财年取得了显著的销售增长。销售额大幅上升，达到了2亿美元。这一成绩全赖我们产品的质量和卓越的市场营销策略。本次报告将深入分析公司的销售数据，为大家带来全面的了解和洞察。

幻灯片2

标题：市场表现分析

文本内容：在过去的一年中，我们的市场份额份额稳步增长，达到了20%。我们成功地获得了新的合作伙伴关系，扩大了我们的销售网络。此外，我们的产品在市场上得到了广泛的认可和好评。然而，我们还面临着竞争的挑战，我们需要进一步加强我们的市场营销活动，以保持竞争力。

幻灯片3

标题：未来发展展望

文本内容：展望未来，我们将继续注重产品创新和品质。通过不断推出新产品和提升客户体验，我们将进一步提升竞争力。同时，我们还将加强与合作伙伴的合作，共同推动业务增长。我们有信心在未来的市场中取得更多的成功，并实现可持续发展。

**ChatGPT:**

幻灯片 1 的文本内容看起来已经没有明显的语法错误和重复用词。

幻灯片 2 的文本内容存在以下修改建议：

1. “我们的市场份额份额稳步增长”中的“份额”一词重复使用了，请将第一个“份额”删除。

修改后：我们的市场份额稳步增长，达到了 20%。

2. “我们成功地获得了新的合作伙伴关系”中的“成功地”可以简化为“成功地”。

修改后：我们成功地建立了新的合作伙伴关系。

3. “我们还面临着竞争的挑战，我们需要进一步加强我们的市场营销活动，以保持竞争力。”这句话可以进行一些重复用词的修改和结构调整。

修改后：然而，我们仍面临竞争的挑战，需要进一步加强市场营销活动以保持竞争力。

幻灯片 3 的文本内容没有明显的语法错误或重复用词，所以无须修改。

ChatGPT提供的修改建议仅供参考，我们应根据自己的理解和需求进行适当的修改和调整。如果时间充足，还是要自己通读全文，逐一进行检查。这样才能最大程度地保证最终的文本内容能准确表达想要传达的意思，并符合语法规范。

ChatGPT毕竟还在发展当中，加上中文的表达方式千变万化，有些大数据的收集还不完善，所以有些错误并不能检查出来。例如，本例文案中幻灯片1中的“高兴的宣布”应改为“高兴地宣布”，ChatGPT并未检查出来。“这一成绩全赖我们产品的质量和卓越的市场营销策略”过于口语，改为“这一成绩得益于我们优质的产品和卓越的市场营销策略”是否会好一些，这类问题还是人工根据演讲需求和演讲环境来检查才能更准确。幻灯片2中的修改建议——将“成功地”简化为“成功地”，并不合理，应该是将“获得”改为“建立”，以更准确地描述公司与合作伙伴的关系。

### 2.1.3 将Word内容快速分页插入PPT

在制作PPT时，很多人通常会先在Word中编辑好文字内容，然后逐页复制到PPT中进行配图和排版。当内容较少时，这种方式并没有太大的问题。然而，当Word文档的内容非常庞大，有几十页甚至上百页时，这种操作方式会变得费力和耗时。面对这种情况，我们可以采用一种更高效的方法，即通过“从大纲新建PPT”的方式，将Word文档直接转化为PPT，省去手动“复制”和“粘贴”的步骤，快速将内容分页插入PPT。以下是具体的操作步骤。

**第1步** 在Word中打开需要复制内容的文档，单击“视图”选项卡“视图”组中的“大纲”按钮，进入大纲视图模式，如图2-3所示。

**第2步** 在大纲视图下，按住【Ctrl】键的同时，选中所有作为PPT各页标题的文字，在“大纲显示”选项卡“大纲工具”组中的下拉列表中设置大纲级别为“1级”；同理，选中所有作为各页正文的文字，设置大纲级别为“2级”，然后保存并关闭该Word文档（若正文中还包含更小的级别，可参照此方法继续设置更多大纲级别，需要注意的是，各页的标题都须设为“1级”，而不是只将封面标题设为“1级”），如图2-4所示。

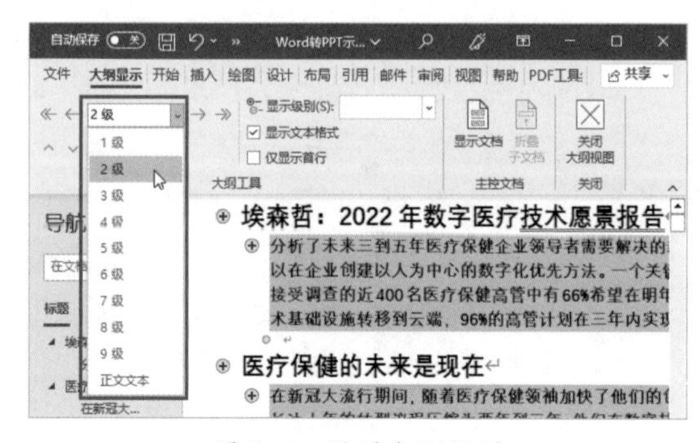


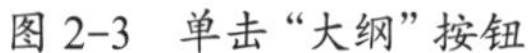

图 2-3　单击“大纲”按钮　　　　图 2-4　设置大纲级别

**第3步** 新建一个空白演示文稿，单击“开始”选项卡“幻灯片”组中的“新建幻灯片”下拉按钮，在弹出的下拉菜单中选择“幻灯片（从大纲）”命令，如图 2-5 所示。

**第4步** 在打开的“插入大纲”对话框中，选择刚刚保存的Word文档，并单击“插入”按钮，如图 2-6 所示。

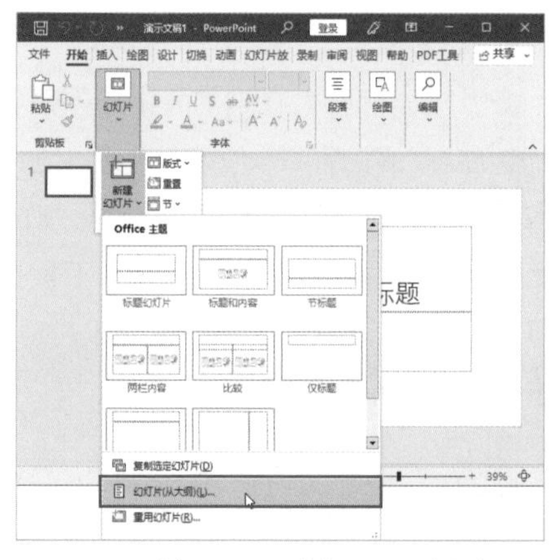


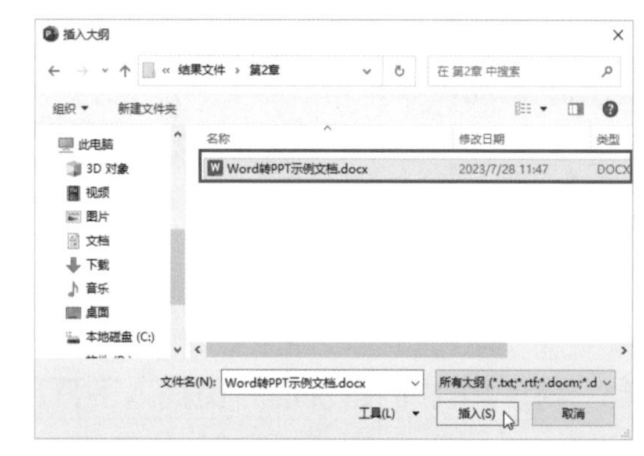


图 2-5　选择“幻灯片（从大纲）”命令　　　　图 2-6　插入大纲文档

随后，PowerPoint软件将自动读取Word中的大纲级别设定，并据此建立PPT文档，Word文档中的内容就自动分页插入PPT了，如图 2-7 所示。

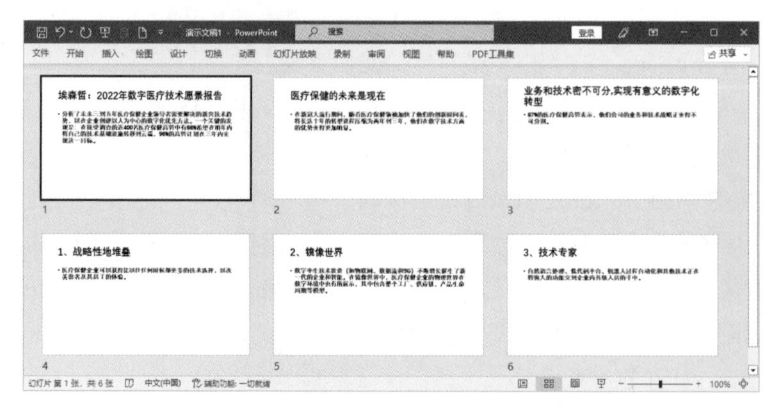


图 2-7　根据Word文档内容生成的PPT

### 2.1.4 使用 ChatGPT 简化正文内容再排版，让文字更有张力

PPT 不是 Word。在制作 PPT 时，我们需要避免将幻灯片当作 Word 页面而使用大段的文字。我们要时刻记住一个原则：PPT 中的文字应当精练而有力，烦琐的文字内容可能会让观众失去兴趣。

ChatGPT 可以帮助我们简化 PPT 中的正文内容，并提供优化排版的建议，使得文字更加简洁有力、易于理解，并能够更好地实现演示目标。例如，前面小节中让 ChatGPT 修正 PPT 文案中的语法错误和重复用词，若想继续让它简化正文内容，以便适合排版，可以接着提问。

提问：请简化各幻灯片中的正文内容，提炼出重要信息，以方便PPT排版制作。

**ChatGPT:**

幻灯片 1

标题：公司销售数据报告

文本内容：上财年销售额达 2 亿美元，得益于产品质量和市场营销策略。报告分析了销售数据，带来全面了解。

幻灯片 2

标题：市场表现分析

文本内容：过去一年，市场份额稳步增长至 20%。建立新合作伙伴关系，扩大销售网络。产品广受认可和好评，但仍需加强市场营销以保持竞争力。

幻灯片 3

标题：未来发展展望

文本内容：致力于产品创新、提升品质，推出新产品、提升客户体验，加强合作伙伴关系，共同推动业务增长。对未来发展充满信心，追求可持续发展。

提问：请简化各幻灯片中的正文内容，提炼出关键词，以方便PPT排版制作。

**ChatGPT:**

幻灯片 1

标题：公司销售数据报告

关键词：上财年销售额 2 亿美元，产品质量，市场营销策略，全面了解

幻灯片 2

标题：市场表现分析

关键词：市场份额 20%，新合作伙伴，销售网络扩大，产品认可，竞争力加强

幻灯片 3

标题：未来发展展望

关键词：产品创新，品质提升，新产品推出，客户体验提升，合作伙伴关系加强，业务增长，信心，可持续发展

希望这些关键词能为你的PPT增添一丝神秘和刺激！

ChatGPT对于文字内容的简化并不能完全满足我们的需要，在实际应用中可以继续强化简化后的效果，增加相关的提问词，试着锻炼ChatGPT的简化能力。至于具体简化，我们需要掌握一定的技巧，才能更好地向ChatGPT提问，确保内容删减后不会“误伤”重要信息，并给观众留下深刻的印象。

从目的出发，是进行文字删减的关键。我们应像推敲广告文案一样仔细琢磨，提取出关键信息，留下最能突出主题的文字。

### 1. 报告类 PPT

工作报告类的PPT旨在让观众快速了解工作的进展和成果。为了精简信息，我们可以采用“结论优先”的方法，然后根据页面空间的大小决定是否保留得出结论的相关因素和数据。换句话说，工作报告类PPT应保留完整的工作数据和明确的工作总结。在图2-8中，左侧区域表示提取出的重点信息，这些信息可以导出结论和相关因素。

今年为了增加客户数量，采取了一系列的措施。首先是鼓励员工互助，让老员工一对一带新员工，学习客户维护技能；其次是实行业绩签约制，部门负责人与公司总经理签约，部门成员与部门负责人签约，完成签约任务量，年终奖翻一倍；最后是培训网店客户技能，网络端的占比越来越大，网店客户的业务能力直接与客户数量挂钩。先后聘请了清华、阿里巴巴多位客服高管进行授课。最后实现了10%的客户数量增长。

1.实现10%客户增长。
2.因为采取了三个措施。

图2-8 报告类PPT的文字简化思路

使用相同的方法，我们可以精简其他年度工作内容。在内容删减后，我们发现页面上有足够的空间可以排列与结论相关的因素和数据。因此，最终的PPT页面效果如图2-9所示。

图2-9 将多页内容简化到一张幻灯片并排版后的效果

### 2. 路演类 PPT

当我们制作PPT用于发布会演讲或路演时，不要简简单单地将所有内容放在幻灯片上，而只要保留想要传达的核心信息即可。过多的文字会使观众对演讲失去兴趣。因此，路演类PPT内容应该精简，给观众留下悬念和好奇心。我们可以提取演讲者讲话内容的关键词，或使用引人瞩目的问句来引发观众的兴趣。

举个例子，假如我们制作人工智能产品发布会的PPT。当演讲者谈到人工智能的概念时，可以提取出关键词“人工智能”，但是若只简简单单地写下“人工智能”四个字可能显得平淡无奇。此次发布会的目的是激发观众对人工智能产品的兴趣，所以我们可以将信息与观众联系起来，同时制造悬念。因此，将文字修改为“人工智能如何改变你的生活？”会更引人入胜，如图2-10所示是文字简化思路。

人工智能是计算机科学的一个分支，它企图了解智能的实质，并生产出一种新的能以人类智能相似的方式做出反应的智能机器，该领域的研究包括机器人、语言识别、图像识别、自然语言处理和专家系统等。人工智能从诞生以来，理论和技术日益成熟，应用领域也不断扩大，可以设想，未来人工智能带来的科技产品，将会是人类智慧的“容器”。

人工智能 ⇨ 人工智能如何改变你的生活？

图2-10 路演类PPT的文字简化思路

根据以上思考，我们可以看到修改后的PPT文字效果与之前相比更为精简和吸引人，此时演讲者就可以开始口述人工智能的概念了。

### 3. 展示类 PPT

宣传展示类的PPT旨在引起观众对产品的兴趣。我们需要用产品的亮点、真实数据和解决观众痛点的方法来直击观众内心。在这类PPT中，文案修改的关键在于围绕以下核心问题：观众最想知道什么？产品能给观众带来什么？

比如，图 2-11 是一份马术俱乐部的招生宣传信息。在这段信息中，观众不太关心俱乐部有多少个班，这类信息可以删除。实际上，在这段信息中，观众最关心的是招生对象、费用和课时数量，因为这些是观众最需要了解的信息，也是决定是否报名的重要因素。

精简后的PPT效果如图 2-12 所示，我们可以将数据类信息加粗强调显示。

YR马术俱乐部专注马术教学10年。目前有成人班、青少年班、儿童班。现在有个最重要的通知，儿童暑期班即日起开始报名，招收7~15岁儿童。只需要缴纳1288元即可享受一对一服务，一共上满10天30课时。在这10天里，您的孩子将成为一名小小的马术手，驰骋马场，增加自己勇气的同时又强身健体。
1.儿童暑期班开始报名，对象是7~15岁儿童。
2.费用及课时数量。

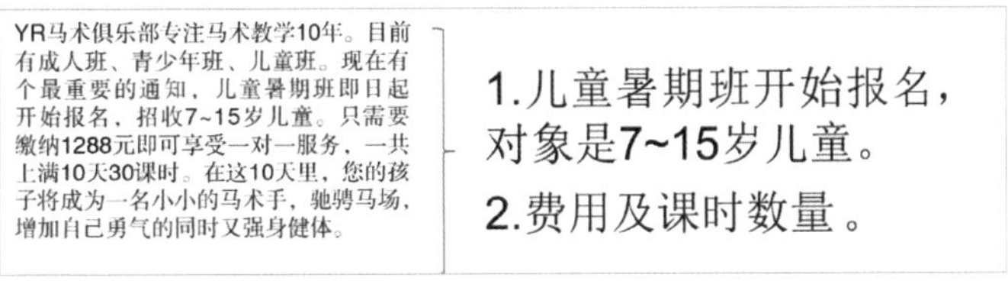

图 2-11　展示类PPT的文字简化思路

YR马术俱乐部
7~15岁儿童的暑期班开始报名
1288元享受一对一服务，10天30课时

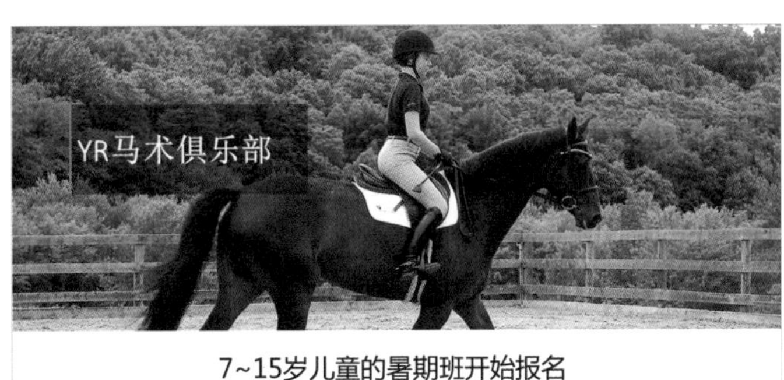

图 2-12　将内容简化并排版后的效果

> **温馨提示**
>
> 教学课件PPT也比较常见，它的制作目的是传达教学信息，因此我们需要将知识点以条理清晰、内容完整的方式列在PPT上。这时，文字等同于知识点的大纲框架，来帮助观众理清逻辑关系和记忆要点。在课件类PPT中，知识点往往很多。然而，我们要遵循一个原则：每一页PPT只讲解一个知识点，不要贪多。因此，页面中的所有文字都应围绕该知识点展开。

总之，在进行文字删减时，我们应该追求简洁明了，研究每个句子和词语，确保它们贴合主题，并传达出清晰的信息。我们的目标是经过精心筛选和提炼的文字，让观众对主题有深刻的理解和记忆。

## 2.1.5 调用 ChatGPT 生成合适的引用和名人名言

引用和名人名言可以为PPT带来权威和深度，但是寻找和选择合适的引用和名人名言可能会费时费力。ChatGPT可以帮助我们生成合适的引用和名人名言，它会根据主题提供相关和有价值的内容，让演示更具说服力和知识性。

例如，我们制作一个毕业季PPT，想添加一些与“毕业”有关的名人名言，求助于ChatGPT即可。

提问：我正在制作一个毕业季PPT，请提供一些与“毕业”有关的名人名言。

ChatGPT:

当然！以下是一些与“毕业”有关的名人名言：

1. “生活就像骑单车，只有不断前进，才能保持平衡。”——爱因斯坦
2. “教育是改变世界的最强大的武器。”——纳尔逊·曼德拉
3. “毕业是新的开始，勇往直前。”—— 奥普拉·温弗瑞
4. “毕业是自己敲开成功大门的第一步。”—— 奥斯卡·王尔德
5. “成功不是终点，失败不是致命，关键在于有勇气继续前行。”—— 温斯顿·丘吉尔
6. “今天的毕业生是明日的领导者。”—— 约翰·F·肯尼迪

希望这些名人名言能够为你的毕业季PPT增添一些灵感和动力！祝你毕业成功！

ChatGPT在写作方面的能力是很强的，尤其这类引用和名人名言，它只需要在数据库中搜索一番就可以快速提取出来，比我们自己去想要高效很多。

## 2.2 创意字体进阶：讯飞星火赋予 PPT 文字之美

不同的字体能让PPT呈现不同的风格。为了能在工作中自如应对各种风格的PPT需求，除微软雅黑、黑体、宋体、楷体等常见系统字体外，建议大家从网上下载一些其他风格字体，丰富自己的字体库。

### 2.2.1 使用讯飞星火 AI 工具获得适合不同主题的字体建议

字体选择对于PPT的呈现风格和氛围起着重要的作用。总的来分，字体可以分为衬线体和无衬线体两种。衬线体是指在字的笔画开始和结束的地方有额外装饰的字体。衬线体的特点是笔画的粗细不一，例如Times New Roman、Georgia、宋体等。无衬线体则没有太多的装饰，并且笔画的粗细保持一致，例如Verdana、Arial、黑体等。图 2-13 展示了衬线体和无衬线体之间的区别。

衬线体　　无衬线体

修饰　　无修饰

图 2-13　衬线体和无衬线体之间的区别

在制作PPT时，建议选择无衬线体。因为无衬线体的笔画粗细一致，看起来简洁清爽。而且在投影时，由于无衬线体没有过多修饰，文字显示更加清晰，方便远距离观众的阅读。

下面展示了两张PPT页面，图 2-14 使用了衬线体，这使得文字比较拥挤。在修改为图 2-15 所示的无衬线体后，文字变得清晰明了。

图 2-14　衬线体版面效果　　　　图 2-15　无衬线体版面效果

字体种类很多，选择何种字体，还要根据PPT的主题和内容来定。讯飞星火AI工具可以根据PPT的主题和内容提供合适的字体建议，帮助用户增强PPT的视觉吸引力和表达效果。下面我们咨询讯飞星火常见主题的PPT字体应该如何选择。

**提问：** 请帮我罗列常见主题类型的PPT应如何选择字体。

**讯飞星火AI：**

1. 商务报告：选择专业、正式的字体，如宋体、黑体、Arial等。避免使用过于花哨或难以阅读的字体。

2. 教育讲座：选择清晰易读的字体，如宋体、楷体、Times New Roman等。可以使用不同的字体大小和颜色来区分重点和次要信息。

3. 产品介绍：选择现代、简洁的字体，如Helvetica、Futura、Roboto等。可以使用大号字体来突出产品名称和关键特点。

4. 设计展示：选择具有艺术感和创意的字体，如Lobster、Bangers、Bebas Neue等。可以根据设计风格和主题选择合适的字体。

5. 数据分析：选择清晰易读的字体，如宋体、黑体、Arial等。可以使用不同大小的字体来表示数据的不同层次。

6. 演讲稿：选择清晰易读的字体，如宋体、楷体、Times New Roman等。可以使用大号字体来突出标题和关键词。

7. 培训课程：选择清晰易读的字体，如宋体、黑体、Arial等。可以使用不同大小的字体来表示不同层次的信息。

8. 会议议程：选择简洁明了的字体，如宋体、黑体、Arial等。可以使用不同颜色的字体来区分不同部分的内容。

9. 个人简历：选择简洁明了的字体，如宋体、黑体、Arial等。可以使用不同大小的字体来突出个人信息和重要经历。

10. 项目计划：选择清晰易读的字体，如宋体、黑体、Arial等。可以使用不同大小的字体来表示不同阶段的任务和时间安排。

讯飞星火的建议仅供参考，需要在PPT中进行设置，观察效果。例如，讯飞星火会给出一些衬线体建议，在PPT页面中的内容不多、字号也比较大时，使用起来也不受影响，但若是文字很多，字号又小，那么使用建议的衬线体就看不清了。总之，无论选择哪种字体，都要确保字体清晰、易读，并且注意在整个PPT中保持一致性。在制作具体的PPT时，可以将PPT的整体风格、主题内容、受众情况、放映环境等一起描述出来，让讯飞星火给出更准确的字体设计建议。另外，尽量避免使用过多的字体样式，以保持整体的统一性和专业感。

## 2.2.2 三款适合正文的字体

在PPT中，正文的字体选择非常重要，因为它直接影响到观众对文字内容的理解和阅读体验。由于正文内容的文字一般很多，所以建议需要远距离观看的正文尽量选择无衬线体。

无衬线体常用的莫过于微软系统自带的微软雅黑和黑体。如果觉得这两种字体已经被广泛使用，难以让人有眼前一亮的新鲜感，也可以通过网络下载一些独特、美观的字体，这里推荐3种常用的正文字体。

### 1. 苹方黑体

苹方黑体是由苹果公司官方推出的中文字体，类似于微软雅黑。它适用于各种风格的页面，无论是简洁风格还是大段文字内容，都能保证清晰易读，视觉上给人一种清爽、明亮的感觉，彰显高级感。特别适合用于企业品牌形象展示、方案或计划演示、产品发布等类型的PPT。

此外，苹方黑体在数字和标点符号的显示效果上也优于微软雅黑。如图2-16所示，苹方黑体在呈现带弧度的数字（如2、3、6等）时更为圆润，逗号和引号的显示也更符合中文标点符号的印刷风格。

| 苹方黑体 | 微软雅黑 |
| --- | --- |
| 阿拉伯数字：<br>搭配1234567890 | 阿拉伯数字：<br>搭配1234567890 |
| 标点符号：<br>，。；‘’“”！ | 标点符号：<br>，。；‘’“”！ |

图2-16 苹方黑体和微软雅黑在数字和标点符号显示效果上的对比

苹方黑体根据笔画的粗细程度分为特粗、粗体、常规、中等、细体和特细六种，非常适用于标题和正文，无论是放在表格内、图片上还是形状中，都表现出色，满足各种排版需求。即使只使用苹方黑体这种字体，也能轻松制作出一份优质的PPT。图2-17和图2-18展示了完全使用苹方黑体制作的样例PPT（节选）。

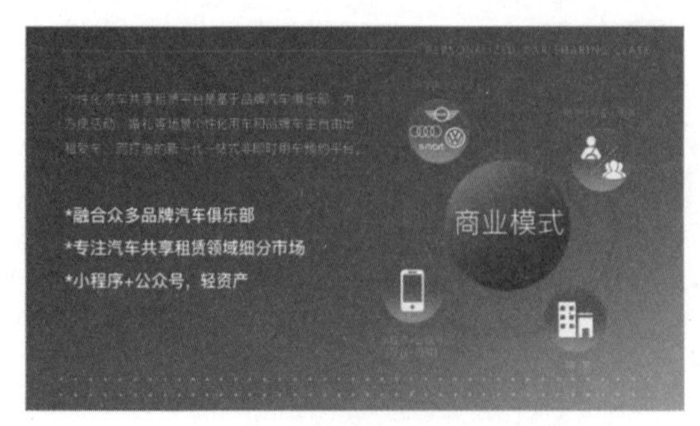


图2-17 使用苹方黑体制作的样例PPT（1）

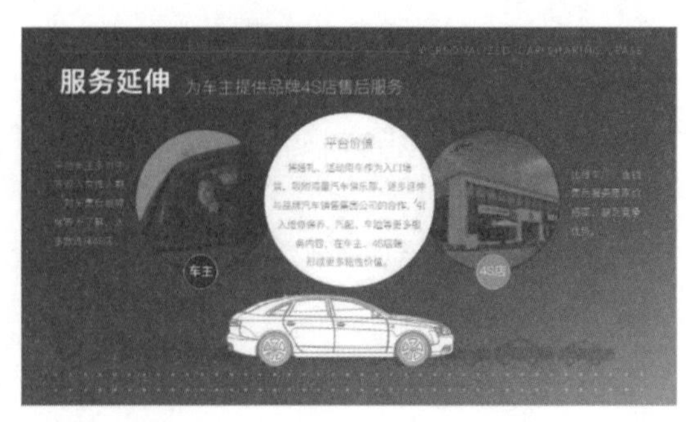


图2-18 使用苹方黑体制作的样例PPT（2）

### 2. 思源黑体、阿里巴巴普惠字体

思源黑体和阿里巴巴普惠字体具备与苹方黑体类似的特点，字形圆润清爽。如图 2–19 所示，页面中的小标题和正文使用的是思源黑体。阿里巴巴普惠字体下包含多个子字体样式，如图 2–20 所示罗列出了其中一些样式。

图 2–19　思源黑体标题效果

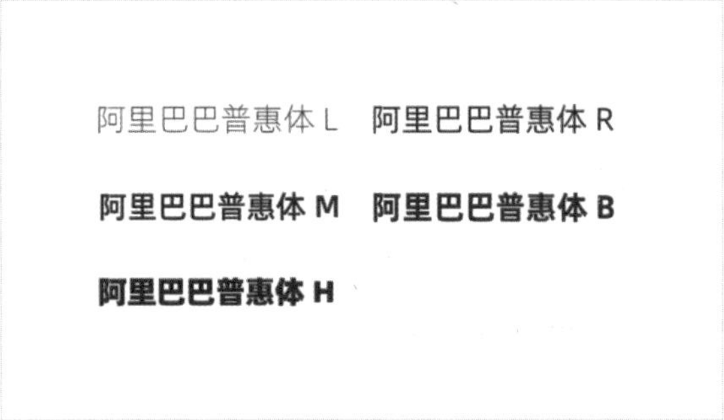

阿里巴巴普惠体 L　阿里巴巴普惠体 R

阿里巴巴普惠体 M　阿里巴巴普惠体 B

阿里巴巴普惠体 H

图 2–20　阿里巴巴普惠字体样式

**温馨提示**

在选择合适的字体时，要考虑到文字的大小和行距，确保正文内容在幻灯片上能够清晰可读。

## 2.2.3 八款适合标题的字体

标题是PPT中重要的信息标识，它需要具备独特性和表现力，以与正文区分开来，从而吸引读者的注意。特别是在封面页、过渡页、观点页等文字较少的页面中，使用特殊的字体可以迅速提升页面效果，避免平淡无奇的感觉。以下是八款适合用于标题的字体，它们具有独特性、美观性和适应性，可以让你的标题在PPT中闪耀出彩。

### 1. 庞门正道标题体

这是一款专为标题设计的字体，字形方正，笔画粗细有力，无论是单色还是渐变填充都效果出色。庞门正道标题体在科技类PPT中特别适用，如图 2–21 和图 2–22 所示。

图 2–21　使用庞门正道标题体制作的标题页（1）

图 2–22　使用庞门正道标题体制作的标题页（2）

**温馨提示●**

与庞门正道标题体类似的字体还有Gotham和Circular，它们的效果也很出色，建议将它们安装在计算机上作为备选字体。

### 2. 字体圈欣意冠黑体

字体圈欣意冠黑体是字体圈公众号发布的一款永久免费商用字体，字形修长，倾斜风格简洁大方。特别适合在互联网、体育运动、调研报告等类型的PPT中使用，如图2-23和图2-24所示。

图2-23　使用字体圈欣意冠黑体制作的标题页（1）

图2-24　使用字体圈欣意冠黑体制作的标题页（2）

### 3. 问藏书房体

问藏书房体是由造字工房与Adobe联合打造的一款字体，个人和商业机构可以免费使用。字体优美，展现出古典美感，阅读时带有层次感，适合用于情感抒发、中国风等类型的PPT，如图2-25和图2-26所示。

图2-25　使用问藏书房体制作的标题页（1）

图2-26　使用问藏书房体制作的标题页（2）

**温馨提示●**

造字工房是一家优秀的新派汉字字体设计机构，出品了朗宋、俊雅、悦黑等诸多优秀的字体，受到设计师欢迎。在使用其字体时需注意相应的版权提示。

### 4. 站酷庆科黄油体

站酷庆科黄油体由站酷公司推出，笔画圆润可爱，给人一种亲切感。非常适合用于餐饮、美食、水果等类型的PPT，如图2-27和图2-28所示。

图 2-27　使用站酷庆科黄油体制作的标题页（1）

图 2-28　使用站酷庆科黄油体制作的标题页（2）

### 5. 方正特雅宋简体

衬线体在投影演示中效果可能不如无衬线体，但是适当安装一些衬线体仍然非常有必要。首先，衬线体能很好地展现中文的独特美感，如果需要制作中国风类型的PPT，衬线体会更有力地呈现这种风格。此外，政府和事业单位的文件字体规范中通常使用衬线体，因此制作党政类型的PPT可能需要使用衬线体以符合规范。方正特雅宋简体就是一款标准的衬线体，结构饱满、笔锋鲜明，非常适合用作党政类型PPT的主标题或副标题，如图 2-29 和图 2-30 所示。

图 2-29　使用方正特雅宋简体制作的标题页

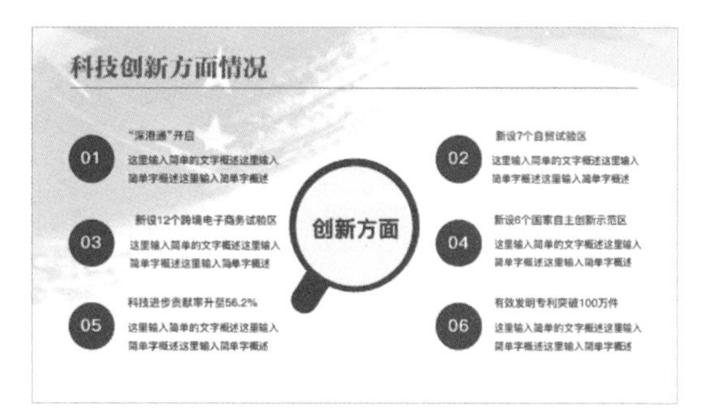


图 2-30　使用方正特雅宋简体制作的内容页

**温馨提示●**

使用方正字库的字体时需要注意版权风险。尽管我们经常在生活中见到方正字库的字体，比如手机上的方正兰亭黑体、文件中的方正仿宋、报纸上的方正报宋等，但方正字体并非完全免费。在使用方正字库的字体进行代表公司类型的商业活动时，很可能需要购买版权。

### 6. 文鼎长美黑简体

文鼎长美黑简体是文鼎字库推出的一款衬线体，字形细长而优美，非常适合中国风类型的PPT，如图 2-31 所示。

图 2-31　使用文鼎长美黑简体制作的标题页

**温馨提示**

选择合适的标题字体时，要考虑到标题的长度和排版效果，确保字体清晰可读并与整体布局和风格相匹配。此外，还可以根据PPT的主题和目的去选择其他字体，但要确保字体与内容相符，并避免使用过多不同风格的字体造成视觉混乱。

#### 7. 华康俪金黑简体

华康俪金黑简体融合了衬线体和黑体的特点，既有衬线体的笔画特征，又有黑体的稳重效果。可以与各种字体搭配使用，非常实用，如图 2-32 所示。

#### 8. 文悦古典明朝体

文悦古典明朝体汲取了明代和清代早期雕版善本的特点，书法风格浓郁，非常适合展现具有人文感、手工艺感和古朴感的相关行业PPT，如图 2-33 所示。

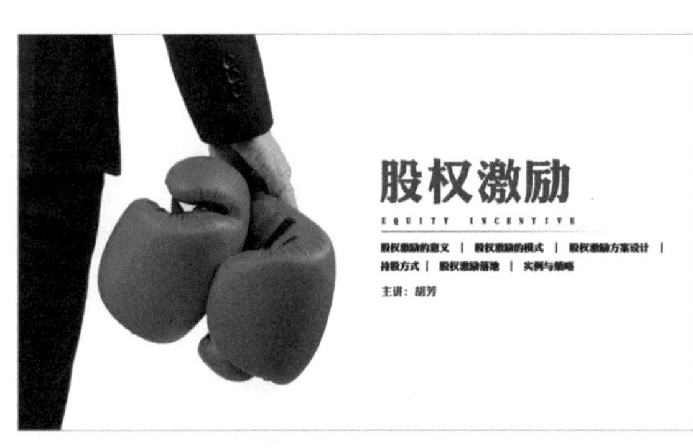


图 2-32 使用华康俪金黑简体制作的标题页

图 2-33 使用文悦古典明朝体制作的标题页

### 2.2.4 七款气势磅礴的毛笔字体

在PPT中展示少量文字信息时，我们通常会使用毛笔字体。毛笔字体具有比常规字体更强的气势，适合在PPT中展示大气、庄重和中式风格。在PPT中使用毛笔字体，能够突显核心观点、增强页面的表现力，避免使页面显得空洞无力。

要在PPT中使用毛笔书法字，最简单的方法就是安装相应的毛笔书法字体。通过简单的百度搜索，可以找到很多选择。这里为大家推荐七款字库较为齐全、不容易出现缺字现象，并且可以适用于英文字母的毛笔书法字体。

（1）方正榜书行简体：方正榜书行简体的字形方正、笔画粗壮，适合用于远距离观看，如图2-34所示页面左侧显示的“有梦想一起拼”便应用了方正榜书行简体。

（2）今昔豪龙体：今昔豪龙体的笔画同样较粗，每个字都流畅自如，仿佛即时书写，如图 2-35 所示页面中的主标题就是应用今昔豪龙体的效果。

图 2-34 方正榜书行简体效果

（3）汉仪许静行楷体：汉仪许静行楷体结合了行书的气势和楷体的端庄美观，独特而低调，给人以张扬的感觉，如图 2-36 所示页面中的主标题就是应用汉仪许静行楷体的效果。

图 2-35　今昔豪龙体效果

图 2-36　汉仪许静行楷体效果

（4）日文毛笔行书：与前面几种字体相比，笔画稍细，但起笔和落笔的真实感觉十分强烈，如图 2-37 所示。

（5）汉仪天宇风行简体：带有轻微倾斜的书法字体，以雄厚的笔劲和一撇一捺的笔触独树一帜。在使用时，可以稍微调整字距，使效果更加聚拢，如图 2-38 所示。

图 2-37　日文毛笔行书效果

图 2-38　汉仪天宇风行简体效果

（6）汉仪尚巍手书体：这款字体同样富有气势，但书写风格相对不拘一格，充满独特的个性。使用时，根据文字内容的需要，稍微调整字体的大小和位置，错落有致，可以获得更好的效果，如图 2-39 所示。

（7）文鼎习字体：文鼎习字体自带书法田字格，字形更加端庄。在文化类课件 PPT、文艺抒情及中国风等类型的PPT中使用，会给人带来一种墨香油然而生的感觉，如图 2-40 所示。

图 2-39　汉仪尚巍手书体效果

图 2-40　文鼎习字体效果

> **温馨提示●**
> 选择合适的毛笔字体时，要考虑到文字的可读性和整体视觉效果，同时与PPT的主题和风格相协调。此外，还可以根据具体的内容和情境去选择其他毛笔字体，以展现更多样化的视觉效果和艺术感。

## 2.2.5 插入书法字增加书写真实感

将书法字体插入PPT可以为文字增添真实感和艺术气息，让内容更加独特和精致。除了安装相关字体，还可以通过书法迷网站在线生成毛笔书法字。这种方法有以下优点：可以选择生成各个古今书法大家的笔迹，字体和字形更加多样，每一笔每一划都更具真实的书写感觉，以下是具体操作步骤。

**第1步●** 使用ChatGPT来获取一些名家书法字的推荐。你可以向ChatGPT提供一些关键词，如书法家的名字、字的特点或主题等，ChatGPT将为你生成一些适合你需求的名家书法字的推荐。

**第2步●** 在书法迷网站的文字输入框中输入要生成书法的文字，并设置字体、字号、颜色等参数。设置完成后，单击“书法生成”按钮，然后在下方的预览窗格中即可查看到书法效果，如图2-41所示。

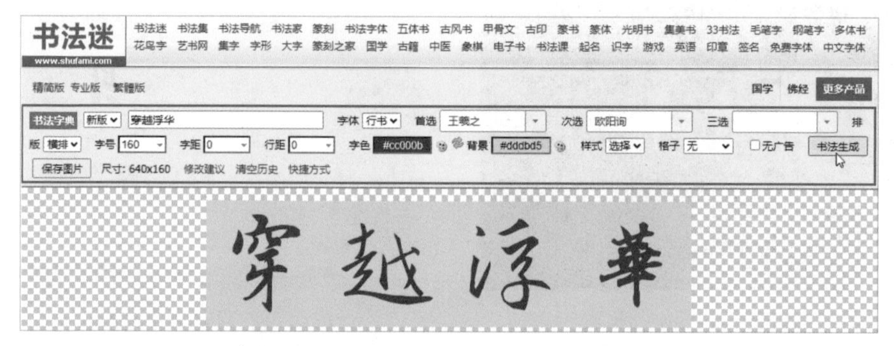


图2-41　在书法迷网站输入要生成书法的文字并设置字体格式

**第3步●** 将鼠标光标移动到书法字预览窗格上，在弹出的下拉菜单中选择该字的不同书写方式（可以是不同书法家或同一书法家不同时期书写的该字），如图2-42所示。选择时，要注意整体书写风格的统一。

**第4步●** 选择完成后，单击“保存整体图片”按钮，如图2-43所示；在保存时选择“矢量SVG”格式，以便在PPT中使用，如图2-44所示。

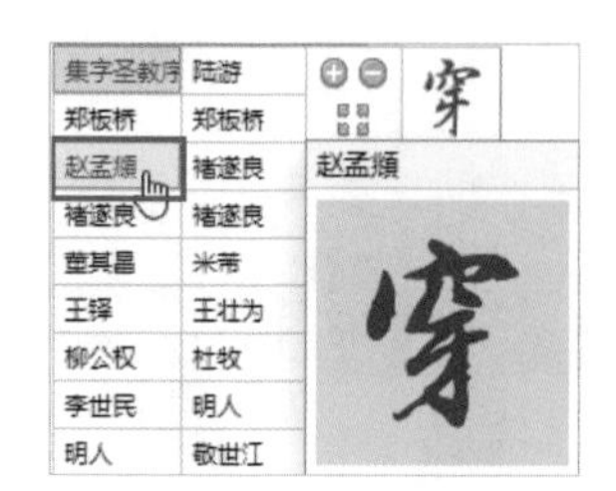


图2-42　选择不同的书写方式

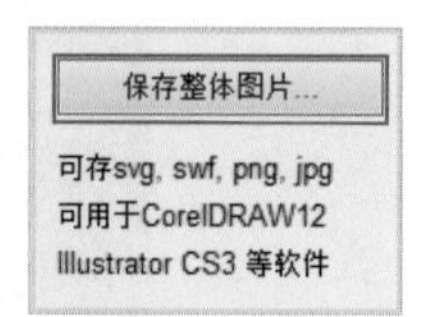


图2-43　单击“保存整体图片”按钮

图2-44　选择“矢量SVG”格式

第5步 按【Ctrl+C】快捷键复制导出的SVG格式文件，然后按【Ctrl+V】快捷键粘贴到PPT中。接下来，在图片上右击，在弹出的快捷菜单中选择“组合”命令，然后在下级子菜单中选择“取消组合”命令，如图 2-45 所示。这样，书法字图片就变成了可以在PowerPoint软件中进行编辑的矢量形状了。我们可以删除背景，并在PPT中自由调整每个字的大小、颜色，使其效果能够适应当前PPT页面风格的需要，如图 2-46 所示。

图 2-45 让书法字图片变成可以编辑的矢量形状

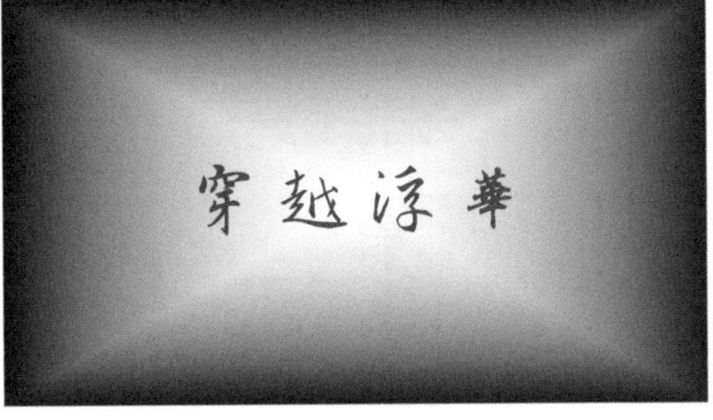


图 2-46 删除背景并调节大小和位置

**温馨提示**

在书法迷网站还可以生成篆体、甲骨文、花鸟体等字体，可满足教学、学术报告等PPT的特殊需求。生成字体的方法适合少量文字应用，若大量文字需要使用书法字，还是建议安装毛笔字体。

### 2.2.6 必备！推荐九款英文字体

在PPT中巧妙运用一些英文，不仅可以改善页面的排版问题和单调感，还能增加装饰效果，提升页面的美观度，给人一种现代感和国际感。就像下面的示意图所展示的那样，如图 2-47 所示的页面上只有一行中文时，左边会显得有些空洞。但是，当加入一些英文后，视觉上就变得平衡了，如图 2-48 所示。

图 2-47 只有中文标题的效果

图 2-48 添加英文后的页面效果

因此，即使我们不经常制作纯英文的PPT，仍然有必要准备一些合适的英文字体，它能够为文字增添魅力和个性。下面将推荐一些好用且美观的英文字体。

### 1. Arial

Arial是一款经典的无衬线英文字体，几乎所有计算机都有配置，适用性强，不必担心拷贝后字体缺失问题。它的字形清晰，易于阅读，是常用的字体之一。如图 2-49 所示，用于目录页的英文、数字，看起来都非常不错，尤其适合正式场合或商务类的PPT设计。

### 2. Times New Roman

这是一款在全世界广泛使用的经典衬线英文字体，它的字母形状均匀且易于识别。Times New Roman常被用于印刷品、书籍和商品包装中，也适合用于展示正式和专业的内容。和Arial字体一样，它的适用性较强，如图 2-50 所示。

图 2-49　使用Arial字体

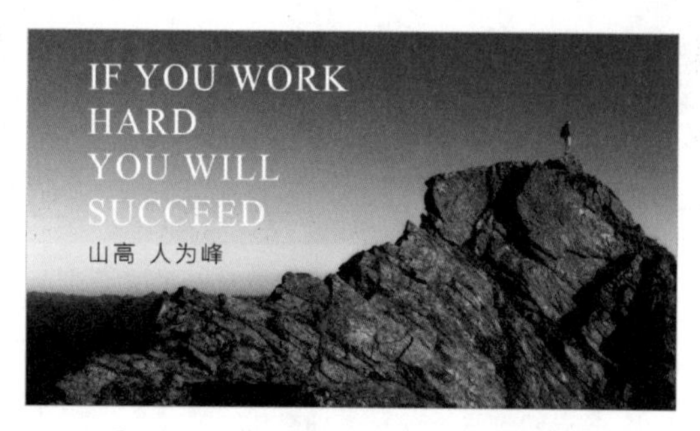


图 2-50　使用Times New Roman字体

如果你不想花太多时间在英文字体的选择上，以上这两款字体已经足够了。但是，如果你想让页面效果更加丰富，满足多样化的排版风格需求，还可以准备下面这些具有一定特色的英文字体。

### 3. Century Gothic

这是一款看起来似曾相识，却又有特色的字体，其字形极其简洁、干净，具有艺术美感。非常适合极简风和科技类的PPT使用，如图 2-51 所示页面的英文标题字体。

### 4. Impact

这是一款非常有力量感和冲击力的字体，适合用于强调和突出重点内容。它的字形粗大，线条粗细不均匀，字距又很紧凑，给人一种震撼的感觉，非常适合用于突出强调的英文内容。如图 2-52 所示，使用Impact字体的英文标题非常醒目。然而，在正文中使用它可能不太合适，建议将其用于标题或其他需要强调的地方。

图 2-51　使用Century Gothic字体

图 2-52　使用Impact字体

**温馨提示●**

在PPT中使用英文时需要注意以下事项：①英文主要用于辅助排版，避免喧宾夺主，影响中文内容的表达，必要时，可以通过透明度来弱化英文；②不宜在同一页面过多使用大字号的英文，最好结合页面的图形元素使用，形成层次感，使整体更加和谐；③对于作为装饰元素的英文内容，也需要考虑翻译时的"信、达、雅"，使PPT更加专业和美观。

### 5. Arenq

Arenq是一款风格独特的英文字体，具有双线条的特点。它非常适合用于装饰页面排版的英文内容，如图 2-53 所示中的"A"一样，为过渡页增添了设计感。为了充分展现这款字体的特点，建议使用较大的字号。

### 6. Adamas

Adamas采用了前几年非常流行的low-poly设计风格，每个字母都由多个几何形状切割构成。将其放在PPT中可以增强页面的科技感和设计感，如图 2-54 所示。然而，需要注意的是该字体不支持阿拉伯数字内容。

图 2-53　使用 Arenq 字体

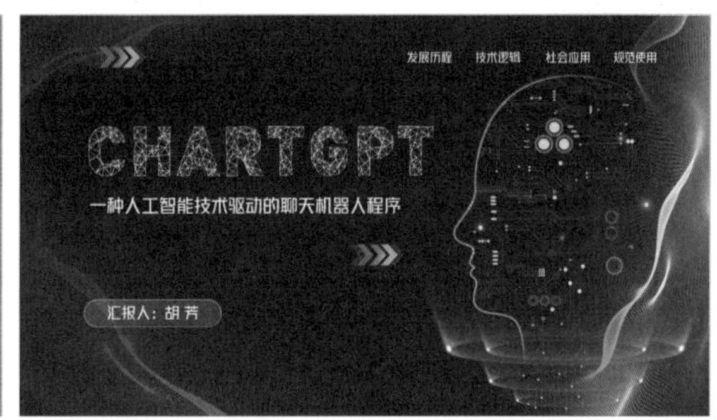


图 2-54　使用 Adamas 字体

### 7. FRIZON

FRIZON字体的字形粗壮，字母的边缘呈弧形，同时对一些字母进行了精细的棱角切割。该字体在视觉上给人带来一种力量感，呈现出整体设计性很强的硬派风格。它非常适合用于工业机械、竞技游戏、体育运动等类型的PPT，如图 2-55 所示。

图 2-55　使用 FRIZON 字体

### 8. R&C Demo

R&C Demo是一款草稿风格的特色英文字体，就像设计图纸一样，它保留了字体设计时的各种参考线和未完全填充色彩的字母。使用它会给人一种刚刚完工、新鲜出炉、完美缔造的感觉。它非常适合用在一些上市新品、新概念展示的PPT中，如图2-56所示。

### 9. Road Rage

Road Rage是一款书法风格的英文字体，包含26个字母和10个阿拉伯数字。它的笔触非常真实，笔画苍劲有力，字形稍微倾斜。使用它可以给人一种气势磅礴的感觉。当PPT中需要突出某个精神主张、核心观点等内容时，可以添加使用该字体的英文内容来强化，如图2-57所示。

图2-56 使用R&C Demo字体

图2-57 使用Road Rage字体

## 2.2.7 三个渠道寻找好字体

通过互联网寻找理想的字体，可以让PPT更加生动有趣。下面介绍三种在互联网上找字体的方法，让你轻松找到心仪的字体。

### 1. 字体设计公司官网

寻找好字体最简单的方法是直接访问专业的字体设计公司的官网。这不仅可以了解字体的使用权限，还能了解字体设计公司最新的设计作品。例如，造字工房和方正字库的官网提供了丰富多样的字体选择，分别如图2-58和图2-59所示。

图2-58 造字工房官网

图2-59 方正字库官网

### 2. 字体库网站

当你已经知道字体的名称时，可以到专业的字体库网站搜索和下载。这些网站汇集了各大字体设计公司的中文和英文字体，基本上可以找到你需要的字体。推荐使用“字体天下”，它的界面设计简洁，没有干扰的广告，字体库也非常齐全，如图 2-60 所示。

图 2-60 字体天下官网

另外，还有一些字体识别工具，如“求字体”，通过上传图片可以找到相似的字体，如图 2-61 所示。当你在其他地方看到某个字体时，如果也想要找到这个字体，可以截图或拍照保存，再到这个网站上传图片进行搜索，便能找出字体名称并下载，如图 2-62 所示。

图 2-61 求字体官网

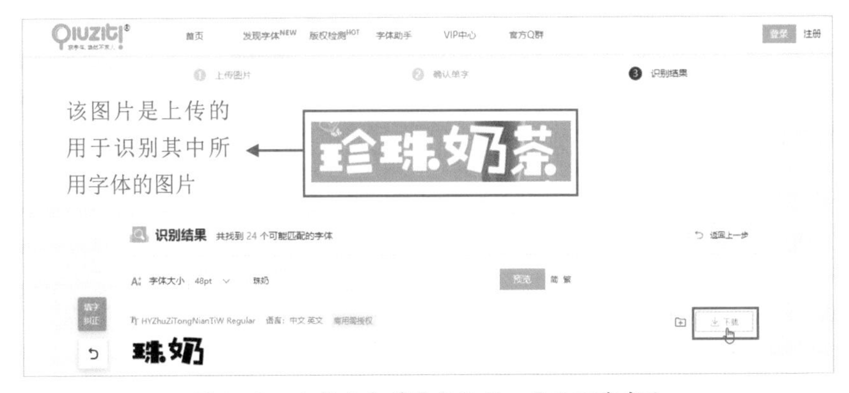


图 2-62 上传文本并进行识别，然后下载字体

> **温馨提示●**
>
> 从网络下载好字体文件后有两种方法安装：
>
> （1）双击字体文件，在弹出的界面中继续单击“安装”按钮，即可将字体安装至系统。
>
> （2）在系统盘（一般为C盘）的Windows文件夹里找到Fonts文件夹，打开并将要安装的字体文件复制粘贴在该文件夹内即完成了安装，一次性安装多个字体时这种方式非常方便。

### 3. 字体管理软件

如果你经常需要使用不同的字体，那么安装一个字体管理软件会非常方便。字体管家是一个常用的字体管理工具，它不仅可以帮助你了解相关字体的使用权限，还可以下载、安装和管理字体文件。在字体管家的官网上下载并安装该软件，然后可以通过它来浏览、搜索和安装自己喜欢的字体。

这类软件比较多，常用的有“字由”“ifonts字体助手”等，如图2-63和图2-64所示。它们的用法基本类似，单击即可一键激活对应的字体，激活之后，Windows系统中就会安装这款字体，如果不需要了，右击取消即可。

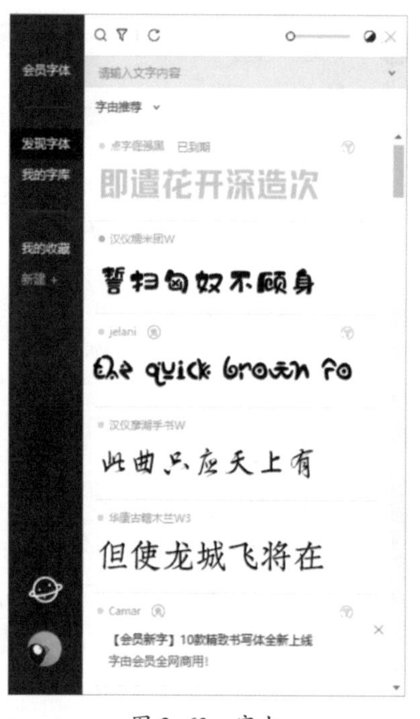


图2-63 字由

图2-64 ifonts字体助手

> **温馨提示●**
>
> 不管选择哪种方法，在下载和使用字体时都要遵守版权规定。有些字体可能需要付费，有些可能只能用于个人非商业用途。确保你了解并遵守相关规定，以免侵犯他人的知识产权。

## 2.2.8 换计算机后遇到字体缺失问题怎么解决

在换了一台新的计算机或在不同的设备上打开PPT时，有时会因为字体缺失导致PPT效果变得并不理想。因为当前设备上若没有安装PPT中所采用的字体，则文字就会按设备上的默认字体显示。如何解决这个问题？下面介绍 5 种防止字体丢失的方法。

### 1. 将字体嵌入 PPT 文件

将字体嵌入PPT文件中，使其自带字体。这样，即使在其他设备上播放时缺少字体，也不会影响展示效果。只需要在PowerPoint中打开“PowerPoint选项”对话框，然后在“保存”选项卡下选中“将字体嵌入文件”复选框，再选中“仅嵌入演示文稿中使用的字符”或“嵌入所有字符”单选按钮即可，如图 2-65 所示。

不过，PPT中使用到的某些特定字体，不适合使用该方法，保存时可能会打开“连同字体保存”对话框，提示“某些字体无法随演示文稿一起保存”，如图 2-66 所示。此时，须用其他方法来确保PPT在其他计算机播放时不发生字体改变。

图 2-65　将字体嵌入PPT文件

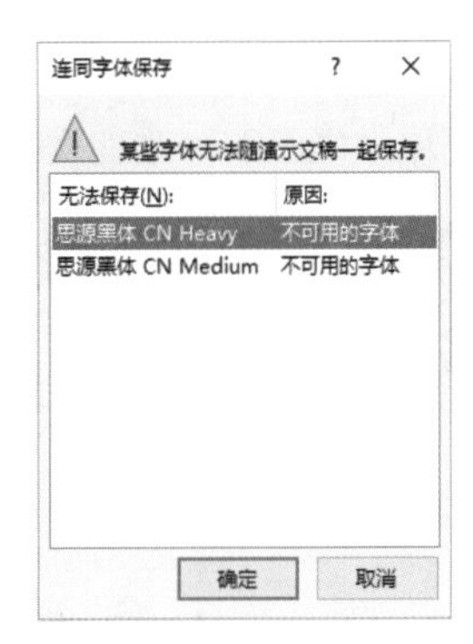


图 2-66　提示“某些字体无法随演示文稿一起保存”

**温馨提示**

“仅嵌入演示文稿中使用的字符”方式只将该字体的字体库中被PPT使用的那部分文字嵌入PPT中，这种方式不会让PPT文件变得过于庞大而导致开启、保存等操作缓慢；而“嵌入所有字符”方式将该字体的字体库中所有的文字都嵌入PPT，这种方式便于在别的计算机上再次进行编辑修改，但容易让PPT文件变得庞大。

### 2. 复制字体文件

将PPT中使用的字体文件与PPT文件一起复制到其他设备中，可防止字体丢失，如图 2-67 所示。如果遇到字体缺失问题，只需安装相应的字体文件，然后重新打开PPT文件即可解决问题。如果不怕在字体库中找字体、复制字体的麻烦，这是解决字体缺失问题最为简单、直接的办法。

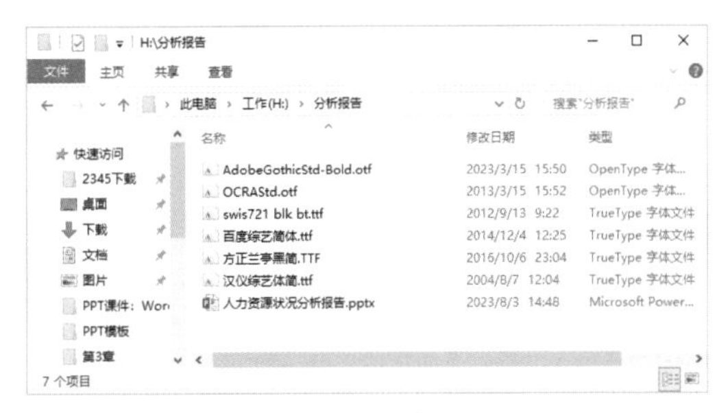


图 2-67　复制字体文件

### 3. 保存为 PDF 文件

如果你确定PPT内容已不需要修改，并且观看时不需要动画效果，可以将PPT文件导出为PDF

格式。PDF文件在打开时不会受到字体影响，确保展示效果与设计效果一致。

#### 4. 转换文本为图片

对于只有少量特定字体的PPT，可以将文字转换为PNG图片，以避免字体缺失问题。选择性粘贴功能可将文字转换为透明背景的PNG图片，然后删除原文字，将PNG图片调整至原文字位置即可。只是使用这种方法转换为图片后，就不能对文字进行修改了。

#### 5. 转换为形状

有人觉得文字转换成PNG图片后文字不够清晰，那么可以使用合并形状工具将文字转换为矢量形状。这样既能避免字体缺失问题，又能保持矢量图形的清晰度。

先在幻灯片中插入任意一个形状，再选中要转换的文字所在的占位符，然后选中绘制的形状。在“形状格式”选项卡下的“插入形状”组中单击“合并形状”按钮，在弹出的下拉列表中选择“剪除”选项，如图2-68所示。这样，就把标题文字转换成了矢量形状。转换为形状后的文字，虽然和PNG图片一样不能再改变文字内容，但却可以改变填色、边框色，如图2-69所示。

图2-68 选择“剪除”选项将字体转换为形状

图2-69 修改字体形状轮廓

## 2.3 创意文字排版：讯飞星火引领PPT设计

在PPT文字内容设计中，选择合适的字体是一方面，另一方面，创意而精美的文字排版也能够吸引观众的眼球并提升演示效果。讯飞星火AI作为强大的工具，可以提供适合不同主题的文字排版技巧和灵感。本节我们将分享一些简单而实用的技巧，包括美化大段文字、正确使用艺术字、通过图片填充使文字更加特别。此外，还将介绍文字变形和毛笔字的排版方法，以及一种具有创意的文字排版方式——词云。

### 2.3.1 使用讯飞星火AI工具获得适合不同主题的排版技巧

在文字排版方面，很多人常常将重心放在字体的艺术美化上，而实际上，文字排版的核心是让读者以轻松的方式读懂文字。不同主题的PPT在排版上会有所区别，下面让讯飞星火先为我们提供各种主题和风格的文字排版技巧。

提问：请从文字内容排版角度，帮我罗列常见主题类型的PPT应采用哪些排版技巧。

讯飞星火AI：

1. 商务报告：使用简洁明了的标题，分点列出主要内容，使用图表和数据可视化来支持信息传递。

2. 教育讲座：使用大号字体和清晰的标题，使用项目符号或编号来列举重点，使用图片和图表来增加视觉效果。

3. 产品介绍：使用大号字体和醒目的颜色来突出产品名称和关键特点，使用图片和图标来展示产品功能和优势。

4. 设计展示：使用独特的字体和排版风格来展示设计师的个性和创意，使用图片和图形来增加视觉冲击力。

5. 数据分析：使用清晰易读的字体和简洁的布局，使用图表和图形来展示数据趋势和关系，使用对比色来突出重要信息。

6. 演讲稿：使用大号字体和清晰的标题，使用项目符号或编号来列举重点，使用图片和图表来增加视觉效果。

7. 培训课程：使用清晰易读的字体和简洁的布局，使用项目符号或编号来列举重点，使用图片和图表来增加视觉效果。

8. 会议议程：使用简洁明了的字体和布局，使用不同颜色的字体来区分不同部分的内容，使用图表和图形来展示会议安排。

9. 个人简历：使用简洁明了的字体和布局，使用项目符号或编号来列举个人信息和重要经历，使用图片来增加个人形象。

10. 项目计划：使用清晰易读的字体和简洁的布局，使用项目符号或编号来列举任务和时间安排，使用图表和图形来展示进度和里程碑。

讯飞星火给出的建议比较简单，在实际应用中，我们可以向它提供关于PPT主题、情感和所需效果的信息，然后询问它关于排版方面的建议。这样就可以得到有关字体选择、颜色搭配、字距调整和行间距调整等方面的提示，帮助我们实现与主题相符的创意文字排版。

通过上面讯飞星火给出的回答，我们可以知道，无论是哪种主题类型的PPT，优秀的文字排版都要保证字迹清晰，因此，在具体应用时要避免过多的文字和复杂的排版，注意页面内容的平衡分布，并保持对齐。

#### 1. 字迹清晰

为了确保字迹清晰，有几个简单的原则需要注意。

- 字体可读性：选择可读性较高的字体，如黑体、微软雅黑等，避免使用过于花哨或辨识度较低的字体。同时，避免为文字添加不必要的倾斜、阴影等影响阅读的效果。
- 文字大小：根据播放PPT的具体场景，选择适合观众能够清晰阅读的文字大小。不要过分追求字号的艺术效果，而忽略了文字的可读性。建议在制作幻灯片时，尽量地放大文字，当放大到某一个值时，文字开始变得太大而产生“莽撞”感，此时再稍微缩小一下文字即可。

● 文字颜色：避免选择与背景色过于接近的文字颜色，以免影响观众的阅读体验。例如，在蓝色背景上输入深蓝色文字，这会造成观众的阅读困难，如图 2-70 所示。

图 2-70　文字颜色选择失误

### 2. 平衡分布

文字在页面中的排版要平衡分布，不仅要让文字与页面其他内容形成平衡，还要调整间距，主要有以下几个方面。

● 行间距：适当增加文字行与行之间的距离，以避免文字显得过于拥挤。可以调整行距的大小，使文字更加清晰易读。如图 2-71 所示是默认的单倍行距效果，将其调整为 2 倍行距后的效果如图 2-72 所示，很明显图 2-72 更加清晰明了，看起来更加舒服。

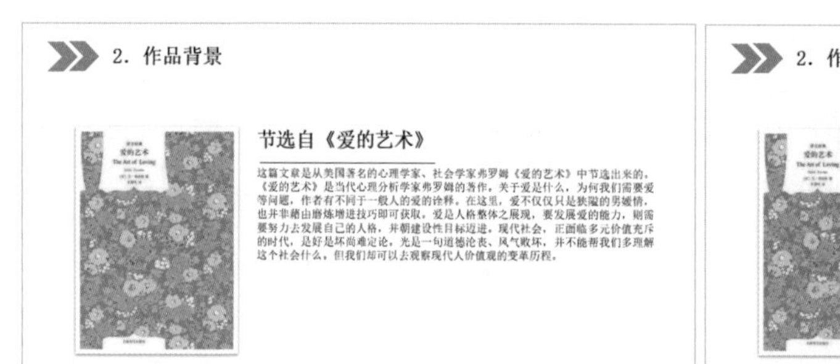


图 2-71　单倍行距效果

图 2-72　2 倍行距效果

● 段间距：设置段落与段落之间的适当距离，以区分出不同的段落。段落间距应稍大于行距，以增加版面的层次感。

● 字符间距：为了不让文字“挤”在一起，可以适当增加字符间距，让文字散开，方便阅读。设置字符间距需要打开“字体”对话框，选择“字符间距”选项卡，在“间距”下拉列表中选择“加宽”选项，然后在“度量值”文本框中设置参数，默认为 1 磅，也可以设置为 2 磅、3 磅等，如图 2-73 所示。设置完之后可以审视文字的具体显示效果，图 2-74 所示是将默认的字符间距调整为加宽 6 磅前后的对比效果。

图 2-73　设置字符间距

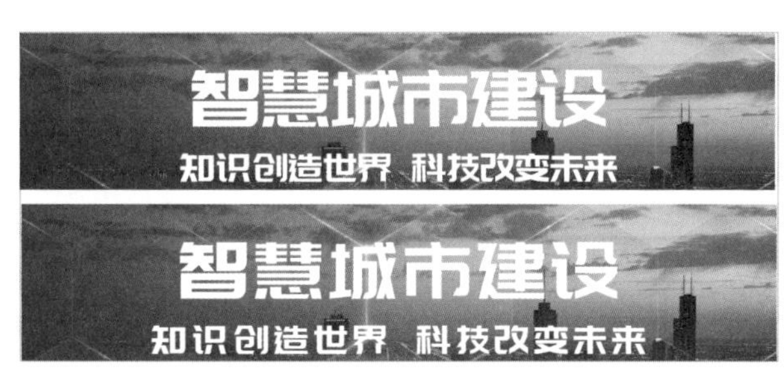


图 2-74　设置字符间距前后的对比效果

### 3. 保持对齐

PowerPoint 中对齐方式有 4 种，即左对齐、右对齐、居中对齐、两端对齐。通常情况下，在文字较少时建议选择居中对齐，如图 2-75 所示；文字较多时选择两端对齐，以保持文字的整齐和平衡感。根据常规阅读习惯，文字较多时要保持左右两边对齐，形成一个文字方块。

以上就是文字排版的一些基本原则，具体使用时还需要根据情况进行变通。例如，图 2-76 所示的效果，为了保证页面内容平衡排布，根据斜线对右侧文字进行了右对齐设置。记住，文字排版的目的是让观众能够轻松阅读和理解，所以在设计中要注重文字的清晰性和易读性。

图 2-75　居中对齐排版

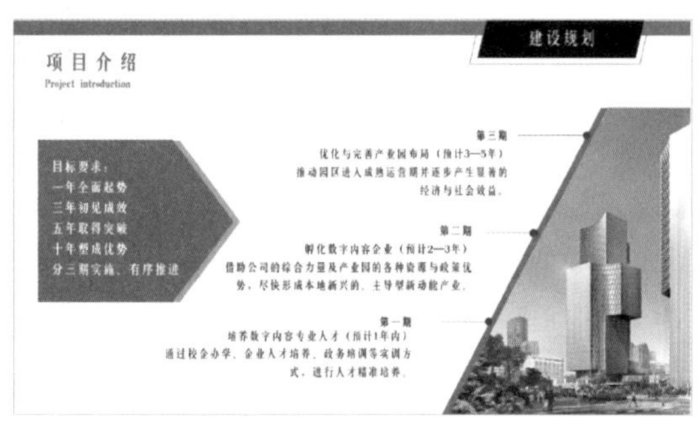


图 2-76　根据斜线对右侧文字进行右对齐设置

## 2.3.2　三步搞定大段文字排版和美化

有些人认为文字只是普通的方块，但对于 PPT 专家来说，文字却是一块具有极高塑性的宝石。他们相信，通过精心打磨和雕琢每一个字，即使只有少量文字，也能传递无尽的信息，而即使有大量文字，也能保持简洁清晰，不会显得拥挤或累赘。

页面的文字内容过多时，会导致页面显得拥挤和无序，不论是报告还是演示，都会给观众带来不舒服的感觉。前面我们已经介绍了通过使用 ChatGPT 简化正文内容再排版的方法，但如果每个文字都是重要的，又不能删除，这对设计者来说是一项挑战。然而，处理文字其实很简单，只需要清晰整理文字逻辑、提取重点并进行修饰，即使页面有很多文字也不成问题。

### 1. 整理文字逻辑

当页面的文字内容过多时，可以考虑将内容进行拆分，即将一段较长的文字分成多个短句。这首先要整理文字的逻辑。常见的文字逻辑可以分为三类，我们可以按照如图 2–77 所示的思路进行整理，其中按类别整理是最常见的方法。

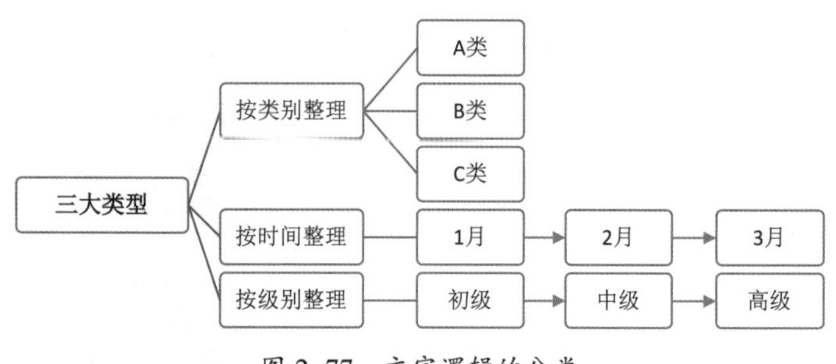


图 2–77　文字逻辑的分类

具体操作是将段落根据内容结构有意识地进行分解，将意义相近的内容聚拢在一起，将意义相对较远的内容稍作分开。可以通过使用标题、子标题、段落等来进行分隔和分组，并列关系的内容可以用项目符号来分解、标记，先后关系的内容可以用编号来分解、标记。这样可以让观众更容易理解和跟随内容的逻辑。例如，下面这段文字可以根据借款情况的不同分为 4 个部分，如图 2–78 所示。

根据企业借支管理规定说明，员工可以进行借款的情况包括出差借款和其他临时借款。对于出差借款，员工需要凭借经过审批的《出差申请表》，按照批准的额度办理借款（借款金额不可超出本人工资，如超出需副总特批），出差返回后的3个工作日内办理报销还款手续。其他临时借款，如业务招待费、出差差旅费等，借款人员应及时报账，并提前一天通知财务部备款，原则上不允许跨月借支。借款金额超过50,000元时，需要提前一天通知财务部备款，原则上不得再次借款，逾期未还借支者将从工资中扣回。借款额度不得超过本人当月工资的50%，还款日为下次发放工资之前，否则将在发放工资时扣除借款金额。

根据企业借支管理规定说明，员工可以进行借款的情况包括出差借款和其他临时借款。

对于出差借款，员工需要凭借经过审批的《出差申请表》，按照批准的额度办理借款（借款金额不可超出本人工资，如超出需副总特批），出差返回后的3个工作日内办理报销还款手续。

其他临时借款，如业务招待费、出差差旅费等，借款人员应及时报账，并提前一天通知财务部备款，原则上不允许跨月借支。

借款金额超过50,000元时，需要提前一天通知财务部备款，原则上不得再次借款，逾期未还借支者将从工资中扣回。

借款额度不得超过本人当月工资的50%，还款日为下次发放工资之前，否则将在发放工资时扣除借款金额。

图 2–78　整理文字逻辑并分段

### 2. 提取关键词

在整理好文字内容的逻辑后，接下来可以提取不同内容的关键词并制定标题。关键词通常分为两类：一是具有概括总结作用的标题关键词；二是需要强调的信息，如数字和项目名称。如图 2–79 所示，是提取关键词后的结果。在此例中，既有标题关键词也有强调关键词，可以根据后续的版式设计来决定是否需要单独展示强调关键词。

企业借支管理规定说明

- 员工出差借款：出差人员凭审批后的《出差申请表》按批准额度办理借款（借款金额不可超出本人工资，如超出需副总特批），出差返回后3个工作日内办理报销还款手续。
- 其他临时借款：如业务招待费、出差差旅费等，借款人员应及时报帐，应提前一天通知财务部备款，除周转金外其他借款原则上不允许跨月借支。
- 借款销账规定：出差人员凭审批后的《出差申请表》按批准额度办理借款（借款金额不可超出本人工资，如超出需副总特批），出差返回后3个工作日内办理报销还款手续。
- 员工借款说明：各项借款金额超过50,000元应提前一天通知财务部备款，原则上不得再次借款，逾期未还借支者转为个人借款从工资中扣回。
- 员工借款额度：借款人员应及时报帐，不得超过本人当月工资的50%，还款日为下次发放工资之前，否则将在发放工资时扣除借款金额。

图 2–79　提取关键词

### 3. 修饰文字

如何将整理好的大段文字变成美观的PPT呢？只需要遵循两个原则：一是对关键词进行强调，二是保持排版整齐，如图 2–80 所示。

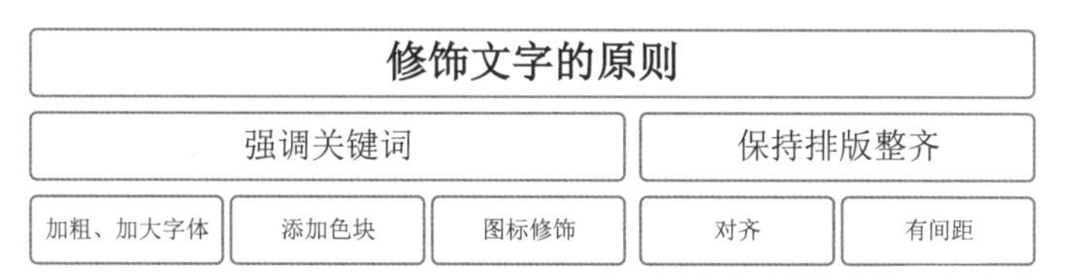


图 2-80　修饰文字的原则

● 加粗、加大字体：只要简单地加粗和加大关键词的字体，就能让观众快速找到重点。例如，前面所列举的案例中，将标题加粗和加大，效果如图 2-81 所示。

● 分割文本框：图 2-81 的整个版式还是过于常规，如同 Word 文档内容，如果将文本框内的 5 段文字分解成 5 个文本框，便可对这页 PPT 进行更多改造了。例如，可以根据段落数量设计不同的对齐方式，打破从左到右的固化阅读方式，给观众一些新鲜感，也使每段内容都清晰、独立，效果如图 2-82 所示。这里将每段小标题突出，做成卡片式布局，如同卡片标签，层次感增加，放映时不会给观众过大的阅读负担，以免丧失继续阅读的兴趣。

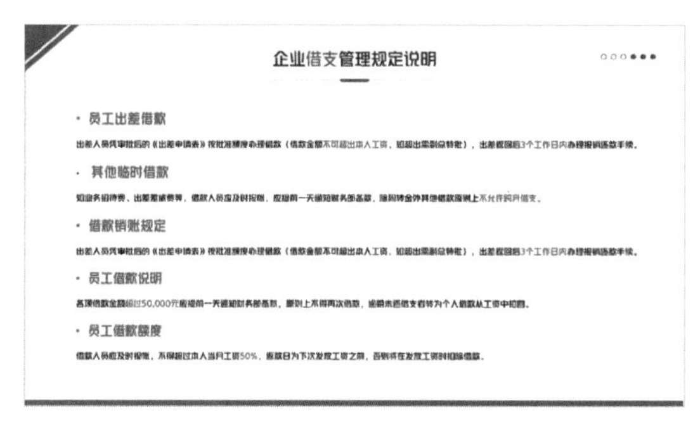


图 2-81　加粗重要内容的字体

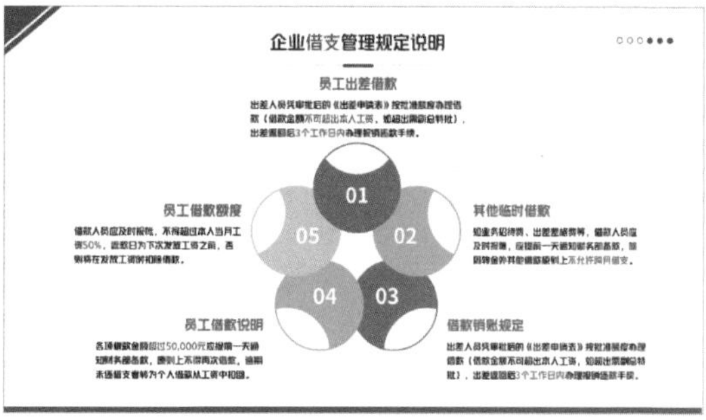

图 2-82　分割文本框排版

● 添加色块：为文字添加色块，能够聚焦视觉注意力，同时突出主题，效果如图 2-83 所示。

● 图标修饰：如果想丰富页面内容并高度强调关键词，可以使用图标进行修饰。图标具有很强的设计感，选择与关键词内容相关的图标能够使内容形象化。如图 2-84 所示，在有 5 个段落的情况下，使用了切块式布局，改变常规的横向排版方式，将每段内容切割成块状，形成纵向阅读的视觉效果，使用图标+色块的方式独立强调关键词，并对标题进行加粗处理。这样能够有效突出大段文字内容中的重点信息，使观众即使不阅读段落文字，也能抓住核心信息。

图 2-83　添加色块

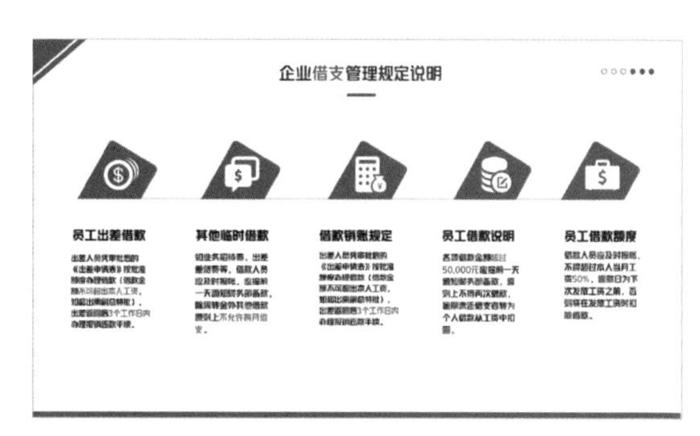


图 2-84　添加图标

### 2.3.3 艺术字效果的正确使用方式

在PowerPoint中使用艺术字进行文字特效制作非常方便。只需选中文字内容，然后在“插入”选项卡下的艺术字列表中选择所需的效果，即可轻松为文字添加特效。PowerPoint提供了20多种预置的艺术字效果，每种效果都有其独特的特点和风格。

当时间紧迫时，使用艺术字制作文字特效可以提高工作效率。艺术字效果在PPT设计中也可以增加视觉吸引力，然而，我们仍然建议谨慎使用艺术字，以免给人一种廉价感，而且过度使用可能会导致视觉混乱。

在选择艺术字效果时，文字要清晰可辨认，以确保文字的可读性。在创意排版中使用艺术字时，还要注意与整体设计风格的协调。

预置的艺术字都是由特定的填充方式、轮廓样式和文本效果构成。如果对预置的样式不满意，还可以在应用后通过“形状格式”选项卡下的“艺术字样式”组进一步调整填充、轮廓、阴影等效果。下面我们将具体介绍几种常用的效果。

● 阴影效果：包括外部阴影、内部阴影和透视阴影，还有多种不同的阴影偏移方式。为文字增加阴影效果，能够赋予文字一种朦胧的感觉，尤其适用于水墨风格的PPT。如图2-85所示的PPT中，文字的阴影效果与水墨画相得益彰。需要注意的是，设置阴影效果可能会导致文字变得模糊，不易辨认。

● 映像效果：类似于水面倒影，有紧密映像、半映像、全映像等多种变体，可以营造空间感和场景感。通常，我们会将映像效果应用在与天空、水面等会产生倒影的相关图片中，如图2-86所示。

图2-85 阴影效果

图2-86 映像效果

● 发光效果：发光文字能够营造出梦幻般的感觉，通常用于与“光”“梦”“夜景”等相关主题的展示中。在使用发光效果时，要注意选择与场景相契合的发光颜色，避免与背景冲突。同时，发光的大小和透明度也要适度。如图2-87所示，页面中的标题文字设置了发光效果，且选择了与右侧图案一致的灰色作为发光颜色，给人一种聚光的感觉，起到了烘托气氛、强调主题的效果。

● 棱台效果：通过调节顶部棱台、底部棱台、深度、曲面度、材料和光源等参数，可以轻松设计具有立体感的文字效果。如图2-88所示的页面文字是使用棱台效果制作的金属字。棱台效果适用于立体或微立体风格的PPT中，否则，单独设置文字的立体效果可能会导致文字与背景元素的不协调。

图 2-87　发光效果

图 2-88　棱台效果

● 三维旋转效果：无须借助其他专业绘图软件，只需一键操作即可为文字添加各种三维效果，让页面更具空间感，如图 2-89 所示。但是，设置三维旋转效果后的文字不好辨认，一般不建议使用。

● 转换效果：包括跟随路径效果和各种弯曲效果，可以使文字排版更加灵活多变。这种效果常用于一些相对轻松的PPT类型中，如与艺术、儿童、活动等相关的主题，如图 2-90 所示为文字设置了“弯”转换效果。

图 2-89　三维旋转效果

图 2-90　转换效果

**温馨提示●**

对文字使用透明效果可以弱化次要文字，突出主要内容，也可使文字与背景更自然地融合。设置文字透明度的方法是选中文字后在其上右击，在弹出的快捷菜单中选择“设置文字效果格式”命令，在弹出的对话框中调整透明度参数即可。

## 2.3.4　利用图片填充让文字简洁又独特

在PPT中，我们不仅可以使用纯色填充文字，还可以选择渐变色、纹理、图案和图片作为填充效果。只需选中需要填充的文字，然后在“形状格式”选项卡“艺术字样式”组的“文本填充”下拉列表中选择相应的填充方式即可。特别值得一提的是，通过在文字中填充不同风格的图片，可以使文字呈现出简单且独特的效果。

下面制作一个粉笔字效果，具体操作步骤如下。

**第1步** 将填充图片放置在需要填充的文字下方（注意：可以整体填充，也可以拆分成单个文字进行填充），并将其调整到合适的位置，裁剪至与文字差不多大小（注意：预先调整大小和位置可以更好地控制填充后的效果，以免图片被拉伸或挤压变形），如图 2–91 所示。

图 2–91　将填充图片放置在需要填充的文字下方并调整大小和位置

**第2步** 按【Ctrl+X】快捷键剪切图片，然后选中需要填充的文字并右击，在弹出的快捷菜单中选择“设置文字效果格式”命令，显示出“设置形状格式”任务窗格，单击“文本选项”选项卡下的“文本填充与轮廓”按钮，在“文本填充”栏中选中“图片或纹理填充”单选按钮，再单击“剪贴板”按钮，如图 2–92 所示。

图 2–92　剪切图片并设置文字效果格式

现在，就可以看到图片已经填充到文字内部，文字具有了图片的配色和图案效果，继续使用相同的方法为其他文字填充图案，完成后的效果如图 2–93 所示。

通过充分发挥想象力，结合页面背景选择合适的图片进行填充，我们可以设计出更多独特的文字效果，满足设计需求。如图 2–94 和图 2–95 所示，这些文字效果都是通过填充方式制作的。

图 2–93　查看文字填充图案效果

图 2–94　通过填充方式制作的文字效果（1）

图 2–95　通过填充方式制作的文字效果（2）

**温馨提示**

在使用文字填充效果后，有时可能会出现文字边界与背景（特别是图片背景）无法很好地融合或文字显示不清晰的问题。此时，可以再次显示出“设置形状格式”任务窗格，添加文本边框，并调整边框的颜色和粗细程度来解决这个问题。

## 2.3.5 文字变形技巧让排版更有深度

前面我们提到了一种解决字体缺失问题的方法，即将文字转换为形状。使用这种方法，我们可以将文字转换为形状，并使用“合并形状”工具对其进行进一步编辑，改变文字的外观。图 2-96 所示是魅族 MX4 发布会 PPT 中所使用的变形文字效果。

图 2-96　变形文字效果

我们可以看到图 2-96 中的“度”“展”“性”三个字的右下角被截断，仿佛隐藏在页面中。制作这种截角文字的具体操作步骤如下。

**第1步** 插入三个文本框，并使用“合并形状”中的“剪除”工具将文字逐一转换为形状。

**第2步** 插入用于切割文字的倾斜角度为 30° 的矩形，并复制三个，将矩形调整到适当的位置，遮盖住文字需要剪除的部分，如图 2-97 所示。

**第3步** 选中转换为形状的文字，再选中覆盖在其上的相应矩形，单击“格式”选项卡中的“合并形状”下拉按钮，在弹出的下拉列表中选择“剪除”选项，截去文字形状被矩形遮盖的部分，如图 2-98 所示。重复这个操作两次，完成三组文字的截角效果。

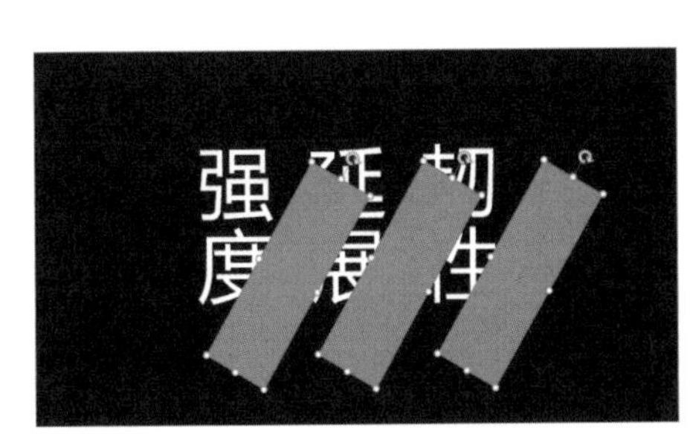

图 2-97　插入矩形并调整

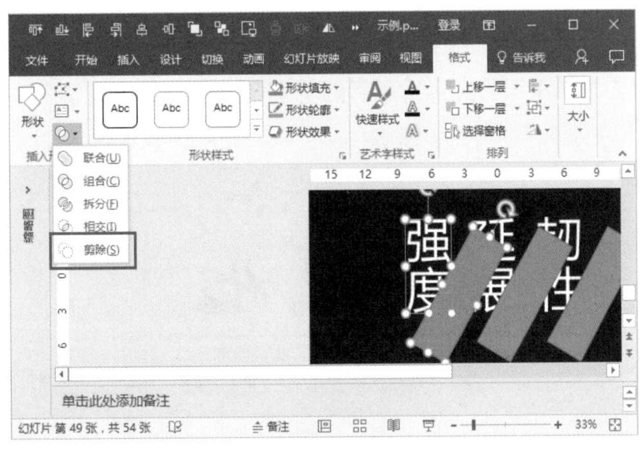


图 2-98　剪除形状

**第4步** 为了让截角文字效果更加真实，我们可以继续优化。插入一根倾斜角度为 30° 的直线，并设置为渐变填充（透明度从 0% 到 100%），按两次【Ctrl+D】快捷键复制两条相同的直线，并将它们移动到文字形状的截角边缘，完成示例效果。

文字变形是一种可以给 PPT 设计带来趣味性和独特性的技巧。通过将文字转换为形状，并进行修改变形，可以在PPT中创建更多具有特色外观的字体效果。例如，可以使用特定形状对文字进行裁剪，将其分成两部分并分别填色；可以与特定形状进行相交，使文字具有该形状的轮廓，如图2-99所示；可以通过“编辑顶点”命令进一步调整文字部分笔画的节点，使文字呈现拉伸或连通效果，如图2-100所示。

图2-99 通过形状相交制作的文字效果

图2-100 通过“编辑顶点”命令制作的文字效果

### 2.3.6 漂亮而整齐的毛笔字排版

毛笔字作为一种具有传统风格的字体，可以为PPT设计增添一份独特的雅致。但是，相比常规字体，毛笔字体对排版设计的要求更高，包括选择适合主题的毛笔字风格、控制字体大小与颜色的搭配，以及保持排版的整齐和可读性。毛笔字体使用得当可以大大提升页面设计感和冲击力，但如果使用不当，可能会使页面显得凌乱和不协调。以下是一些排版思路，供大家参考。

- 大胆突破。毛笔字体具有中国书法的神韵气场，每个字的笔画常常是独特的。因此，在排版过程中，可以打破常规，强调书法文字的特点。例如，可以调整字号、文字位置，使之错落有致，并结合配文的排版和装饰元素，增加页面的表现力。如图2-101所示的文字只是使用了毛笔字体，图2-102所示为经过排版后的毛笔字效果，体现出了书法本身大气磅礴的气息，页面表现力也更强。

图2-101 使用毛笔字体效果

图2-102 排版毛笔字体

- 保持平衡。毛笔字排版需要突破平淡，但又不能过于随意。突破应该建立在视觉平衡的基础上，在确保视觉冲击力的同时要保持美感。我们可以尝试不拘一格的字号大小和文字位置，但在整体上仍要保持平衡，如图2-103和图2-104所示。

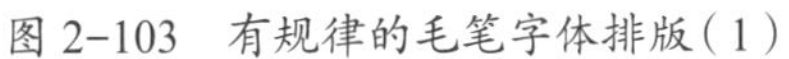
图 2-103　有规律的毛笔字体排版（1）

图 2-104　有规律的毛笔字体排版（2）

● 形成整体。尽量让各字靠拢、缩小字距，甚至根据具体文字特点调整字号，进行相互嵌入式的排版，使之形成一个视觉整体。这种排版方式可以提升毛笔字的表现力，如图 2-105 和图 2-106 所示。

图 2-105　让多个毛笔字体靠拢形成整体（1）

图 2-106　让多个毛笔字体靠拢形成整体（2）

● 多元素融合。为了进一步丰富毛笔字的排版效果，可以结合版式添加一些小元素，与毛笔字进行融合排版。如图 2-107 所示，毛笔字“江南情”右上方添加一叶小舟图，左右添加红色图章，这样可以填补书法字排版的空洞，提升版式效果。如图 2-108 所示，增加一截圆弧，让第一个毛笔字有种刺破而出的感觉，看起来更有设计感。

图 2-107　在毛笔字旁添加图片和图章

图 2-108　在毛笔字旁添加形状

### 2.3.7 创意十足的文字排版方式——词云

词云是一种将文字按照特定形状轮廓排列，大小错落有致地堆叠在一起的排版方式。通过重新整理和收拾零散的文字，词云呈现出个性化、别致且富有创意的效果，在PPT设计中可以让文字更加生动、形象化。

当我们需要在页面中展示多个关键词和句子时，或感觉页面缺乏元素但又无法找到合适的素材时，或希望为页面增添一些创意时，可以考虑使用词云排版。现在，在许多互联网公司的发布会和名人演讲的PPT中，都可以看到词云的应用，如图 2-109 所示。可以发现，词云会突出显示某些核心含义的词语，而无须细读每个词句。

对于词语较少的简单“词云”，可以使用手动输入的方式制作。但如果将词云中文字的大小与文字在文本中出现的频率结合起来呈现，还需要一个文本可视化的工具。目前，有许多词云制作工具网站可供选择，例如Wordart、微词云、凡科词云等。这里推荐使用微词云，它既可以定制图形，又支持中文字体，还能自动统计词频，并且词频统计功能更强大，能够根据词性选择用哪些词生成文字云，其首页界面如图 2-110 所示。

图 2-109　词云排版

图 2-110　微词云首页界面

词云工具的操作方法基本上类似，首先上传要解析的文字和要使用的图片，然后进行确认即可生成。在微词云的操作界面中，左边是操作区，可以输入文本内容、调整形状、配置颜色、添加插图、设置字体等；右边是词云效果展示区。如图 2-111 所示，单击左侧上方的“导入单词”按钮，就可以选择导入的方式和导入的文件了；单击“开始分词”按钮，系统会对输入文本进行分词显示出词频统计结果，用户还可以设置提词规则和词频过滤规则。

图 2-111　单击“导入单词”按钮

返回操作界面，单击顶部的“加载词云”按钮，即可用刚刚得到的词语填充图案，得到由大小不一的文字组成的心形词云。在左侧单击“形状”选项卡，选择想要替换的形状效果，即可在右侧看到根据所选形状新生成的词云效果，如图 2-112 所示。

图 2-112　替换词云的形状

微词云还支持自定义图形效果，可进一步调整词云的颜色搭配效果和单词间距、数量等参数，以使其更符合设计需求。

## 高手秘技

本章介绍了如何利用ChatGPT来提升PPT文字表达的吸引力和艺术性。通过ChatGPT的建议，我们可以获得适合不同主题的字体选择，并学习到一些常用的字体款式。此外，还分享了文字排版的技巧。学习完毕后，相信你已经可以打造引人入胜的PPT文字内容，提升PPT的视觉冲击力和传达效果。接下来，和你分享快速统一PPT格式和高效进行页面设计的方法。

### 高手秘技 04：快速统一格式的小技巧

当我们需要对多个元素或内容应用相同的格式时，如使用相同的字体、字号、配色方案来呈现多个文字内容，或者使用相同的图片效果来处理多张图片，或者给多个元素应用相同的自定义动画效果，逐一手动设置将会耗费大量的时间，使用下列工具可以更加方便、快捷地完成这些操作。

#### 1. 格式刷

格式刷工具是软件中专为提高格式化效率而设计的一个小工具。选中源格式内容（文字、图片、形状等），单击“格式刷”按钮，即可复制该内容的格式。此时，鼠标会变成特定形态，然后单击需要改变格式的目标内容，即可将复制的格式应用到目标内容上，使其与源内容具有相同的格式。每次单击“格式刷”按钮，只能进行一次格式刷操作，但双击“格式刷”按钮则可以连续进行格式刷操作，直到按【Esc】键退出格式刷状态。

#### 2. 动画刷

类似于格式刷，动画刷也是一个工具，原理与格式刷相同，只不过它复制的是内容的自定义动画效果。同样地，单击“动画刷”按钮只能进行一次动画刷操作，而双击则可以连续进行动画刷操作，直到按【Esc】键退出动画刷状态。

#### 3. 替换字体

当我们完成一份PPT后，想要更换其中某个字体时，如果内容较多，逐一更换将会非常麻烦。PowerPoint提供了“替换字体”功能，可以轻松解决这个问题。通过单击“开始”选项卡下的“替换”下拉按钮，然后选择“替换字体”命令，再在打开的“替换字体”对话框中，在“替换”下拉列表框中选择需要替换的字体，在“替换为”下拉列表框中选择目标字体，最后单击“替换”按钮，即可完成该PPT文档中所有该字体的替换，如图 2-113 所示。

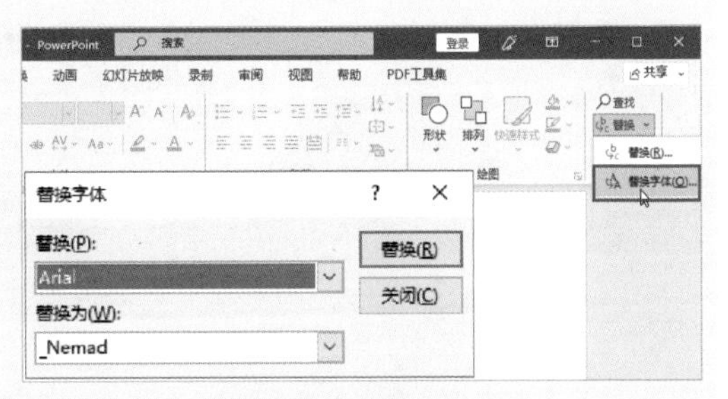


图 2-113 替换字体

**4. 统一字体**

在制作PPT前，先单击“设计”选项卡“变体”组中的按钮，在弹出的下拉菜单中选择“字体”→“自定义字体”命令，在弹出的“新建主题字体”窗口中设定中英文标题、正文字体搭配方案。这样，这份PPT各页面的字体就统一了（使用带标题域、正文域版式制作的PPT，统一更换字体的效果更佳）。设置后，在“字体”下拉列表中会将设定的标题、正文字体罗列在最上方，方便使用。在PPT制作完成后，如需更换字体搭配方案也十分方便，同理建立并应用新的字体搭配方案即可。

**5. 设为默认文本框/形状**

在PPT中，我们可以在已经设置好字体、字号、字体颜色等格式的文本框上右击，在弹出的快捷菜单中选择“设置为默认文本框”命令，即可将该文本框设为该份PPT内文本框的默认样式。之后插入的文本框都将自动应用该默认格式（之前已插入的文本框不会改变）。设置默认形状的操作方法和效果也是一样的。通过这种方式，在制作PPT的最初阶段就设定好默认的文本框/形状样式，不仅有利于保持风格统一，还可以减少重复性操作。

## 高手秘技 05：提升排版效率的小技巧

设计和排版页面内容是PPT制作过程中非常耗时耗力的环节。然而，通过巧妙运用PowerPoint的母版、参考线和选择窗格等功能，可以大大减少低效操作，提高排版效率。

**1. 幻灯片母版**

单击“视图”选项卡下的“幻灯片母版”按钮，可以切换到母版管理界面，通过预置的占位符空白页面来设置整份PPT的版式规范，如图2-114所示。

设定好母版版式后，单击“开始”选项卡下的“幻灯片版式”按钮，便可在弹出的下拉列表中选择设定好的版式，快速套用到当前页面，统一各页面的版式，如图2-115所示。

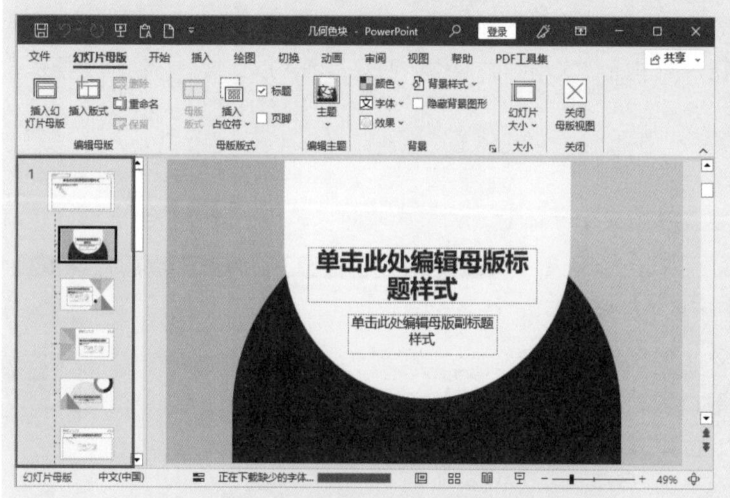


图2-114 幻灯片母版管理界面

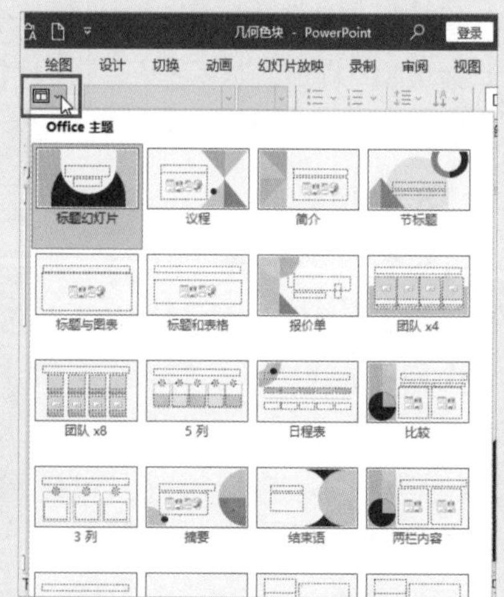


图2-115 选择幻灯片版式

通过母版的设定，比如在企业介绍PPT中，我们可以让每一页都在指定位置打上统一的企业

Logo，采用相同的VI视觉规范背景板设计等。这样可以节省时间，确保每页风格统一，并且当母版版式发生修改变动时，应用该母版的所有页面都会自动更新，避免逐页修改。

### 2. 参考线

参考线可以更好地设定元素的对齐方式，使页面更整齐。在“视图”选项卡下的“显示”组中选中“参考线”复选框或按【Alt+F9】快捷键即可开启参考线。通过参考线和标尺的结合使用，可以更准确地判断页面素材与页面中心的距离是否一致。

### 3. 对齐按钮

在PPT的“形状格式”选项卡下提供了多个对齐按钮，如左对齐、右对齐、居中对齐等。通过选中需要对齐的元素，单击对应的对齐按钮，可以快速将元素对齐到页面的指定位置，使页面更加整齐美观。

### 4. 选择窗格

选择窗格可以管理页面上各个元素的图层位置。通过“选择”任务窗格，不仅可以看到当前页面上所有元素的图层状态，还可以通过拖动来改变元素所在的图层层级位置，也可以通过“隐藏”按钮隐藏某些元素。当页面上有大量元素层叠在一起时，通过“选择”窗格管理各图层位置关系，可以方便地进行修改编辑、添加自定义动画等操作。

### 5. 组合

利用组合功能可以对不同类型、不同级别的内容进行排版。通过将元素组合成一个整体，可以一次性地完成处理，节省操作时间。同时，通过利用组合矩形的方式对页面进行等份划分，可以方便地进行页面布局。

第3章

# 图像视觉狂潮：探索AI工具打造精彩PPT图片

在现代的PPT设计中，图像视觉元素扮演着越来越重要的角色。它们能够吸引观众的注意力，增强演示的表现力和吸引力。然而，如何找到清晰、符合要求且无版权问题的图片却是一个挑战。本章将介绍一些实用技巧，如利用AI工具发现独特的素材资源，并掌握PPT中插入图片的技巧。通过使用专业的搜图网站、寻找高质量的PNG图片、获取冲击力的背景图及使用Topaz Gigapixel AI等工具，我们可以为PPT设计融入精彩的视觉元素。

除了找到合适的图片，我们还需要掌握一些提升PPT视觉效果的技巧。通过与讯飞星火的交流，可以了解PPT用图的原则，并灵活运用PPT中插入图片的6种方式、更改图片透明度、使用“发光边缘”效果、高级裁剪法及抠图工具（如remove.bg和AI画匠），我们可以打造鲜活演示场景，提升PPT的视觉冲击力。

最后，我们还将探索PPT排版与导出技巧，以打造突出视觉效果的演示文稿。通过掌握图片整齐排版的操作、设置高清导出图片的方法及快速提取PPT内所有图片的技巧，我们可以让PPT页面的视觉效果与众不同。此外，我们还可使用PPT美化大师和CollageIt Pro等工具，来简化图片墙排版和制作图片墙的过程。

## 3.1 专业资源搜索：为PPT设计融入精彩视觉元素

在PPT设计中，使用独特的素材可以为演示文稿增添视觉上的吸引力。除了百度等常见搜索引擎，还有一些专业的图片素材网站和工具可以帮助我们找到更多精彩的素材。

### 3.1.1 学会使用专业搜图网站

在制作PPT时，我们通常会使用百度、谷歌、搜狗、360等搜索引擎来查找图片素材。然而，用这种方式搜索到的图片的质量往往不高，如果用于商用，一定要关注版权问题。

幸运的是，专业的图片素材网站不仅可以帮助我们找到更多高质量的素材，而且它们的版权清晰。专业设计师通常会选择到这些网站上去获取素材，而不是直接使用搜索引擎。虽然一些专业图片素材网站需要付费下载，但也有一些网站提供免费下载且图片质量很好。在你的浏览器收藏夹中添加下面 4 个图库网站，基本就能够满足日常做PPT 的图片需求了。

### 1. Unsplash

Unsplash是一个国外知名的高清免费图库，无论是个人需要还是商业用途都可以放心使用，而且不用担心侵权问题。Unsplash的首页效果如图 3-1 所示，下方提供了很多最新上传的图片，也可以在搜索框中输入关键字来搜索相应的图片。

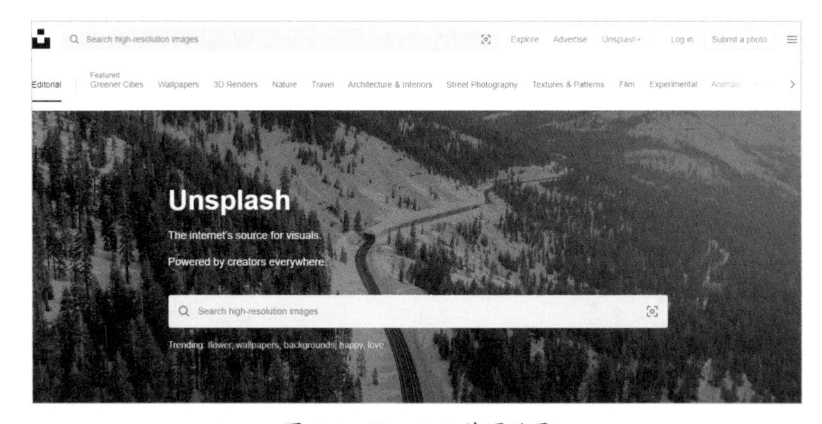


图 3-1　Unsplash 首页效果

### 2. Pixabay

Pixabay是一个面向全球的素材网站，提供大量免费的高质量图片素材。除了图片素材，该网站还提供矢量图、插画等特殊类型图片，而且可以根据类别、尺寸、主要颜色、方向等条件进行限定和筛选。此外，该网站也提供视频和音乐素材，方便一站式搜索PPT制作所需的各种素材。Pixabay首页效果如图 3-2 所示。

图 3-2　Pixabay 首页效果

### 3. Pexels

与Pixabay类似，Pexels也是一个面向全球的素材网站，提供大量免费的高质量图片素材，可供商业使用。其使用方法与Pixabay相似，但搜索响应速度更快。不过，该网站中使用中、英文搜索结果有差别，建议分别搜索，以免错过图片素材。

### 4. Stock Snap

Stock Snap是一个聚合了43个免费图片素材网站内容的网站，提供丰富的素材资源。支持多个关键词搜索，无须注册即可下载，无须担心版权问题。建议使用英文词汇进行搜索，网站响应速度和稳定性一般。

## 3.1.2 四个宝藏级PNG图片网站

在PPT设计中，使用无背景的图片可以赋予页面排版更大的灵活性，带来更出色的视觉效果。例如，我们可以使用无背景的鲨鱼图片来进行排版，这样可以获得更高的自由度，创作出更具设计感的页面，如图3-3所示。相比之下，如果使用带有海洋背景的鲨鱼图片进行排版，会受到很多限制，难以突破常规，难以实现出色的设计效果，如图3-4所示。

图3-3 使用无背景的鲨鱼图片排版

图3-4 使用带背景的鲨鱼图片排版

无背景的图片通常采用PNG格式，我们可以通过专业软件（如Photoshop）进行抠图，也可以直接从网上下载。当从网上下载时，同样需要注意版权问题。以下是四个专业的PNG素材网站的推荐，这些网站可以轻松获取高质量且无版权的PNG图片。

● PNGIMG：该网站拥有至少10万张PNG图片，几乎涵盖了各种类型的素材。可通过英文关键词搜索或选择类别进行查找。找到图片后，只需右击图片并选择“图片另存为”命令即可下载使用。图3-5所示是在该网站搜索鲨鱼得到的结果页面。

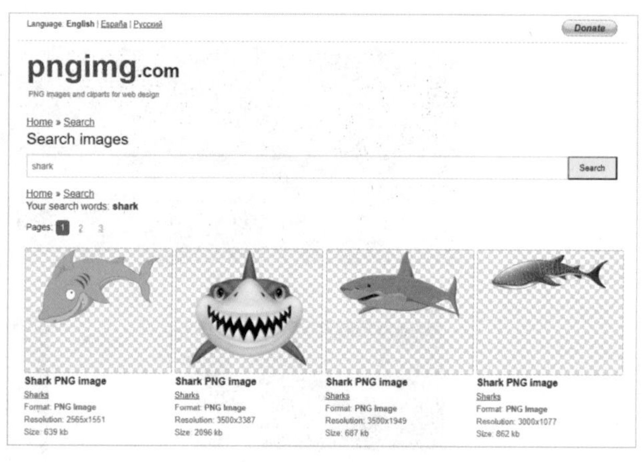


图3-5 PNGIMG

● PNGMART：该网站提供了各种素材，包括动物、食物、办公用品、交通工具等。PNGMART可以作为PNGIMG的补充使用，用户可以通过英文关键词搜索或选择类别进行查找。

● FreePNGs：该网站的素材库非常强大，尤其是基于真实照片抠取的PNG图片非常丰富。用户可以通过逐级筛选类别的方式方便地找到符合同一风格的图片。

● 觅元素：如果你需要设计辅助元素，这个网站可以满足你的需求。它的“免抠元素”专栏收集了各种类型的素材，包括图标、漂浮元素、动植物等，如图 3-6 所示。使用QQ号登录，每月可以免费下载 5 张图片。

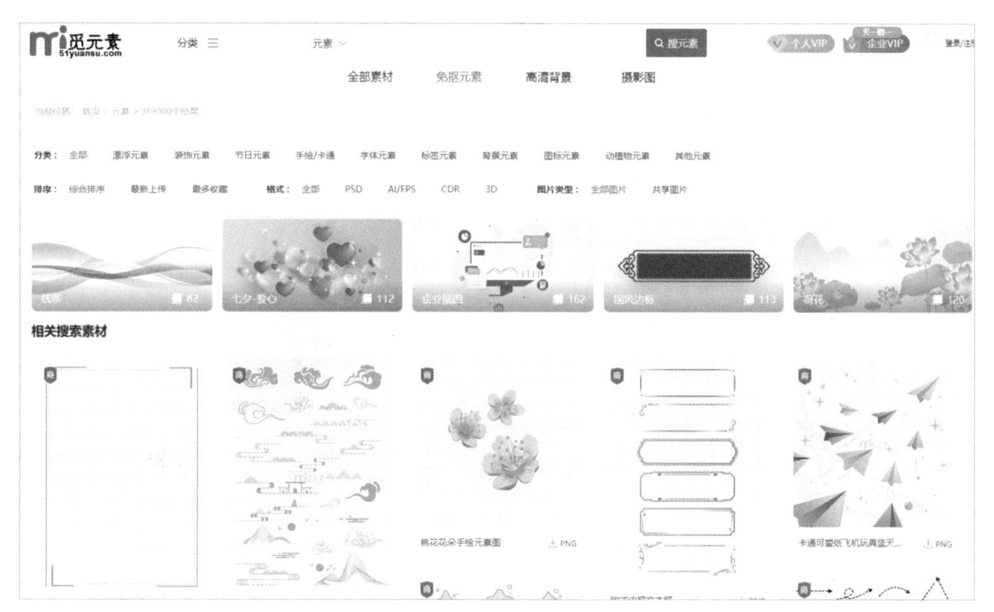


图 3-6 觅元素

**温馨提示●**

PPT提供了广泛的图片格式支持，包括常见的JPG、PNG和BMP。此外，还支持保留GIF动图的动态效果，这在制作特殊动画效果时非常有用，可以事半功倍。SVG、EMF和WMF类型的图片在PPT中能够保持矢量特性，即使放大也不会出现马赛克效果，还可以随意更改填充颜色，并且取消组合后仍然可以重新编辑，这为我们在PPT中绘制各种图形提供了更多可能性。

### 3.1.3 三个网站用于寻找小图标素材

小图标在PPT设计中经常被用来表示不同的概念或功能，将PPT中的描述性文字内容转化为图示，这样可以使阅读更加直观和易于理解。如图 3-7 所示华为发布会PPT中的一页效果，在页面的右侧，通过大量的小图标展示了“手机为中心，全场景延伸”的概念，使万物互联一目了然。此外，使用小图标素材还可以丰富空洞的页面，提升设计感，就像图 3-8 所示的那样。页面中仅用了文字、简单图形和 3 个小图标，一页言简意赅又不失美观的PPT便制作完成。其中的图标形成了符号化的内容类别区分点，在代替部分文字表达概念的同时还避免了页面过于单调和枯燥。

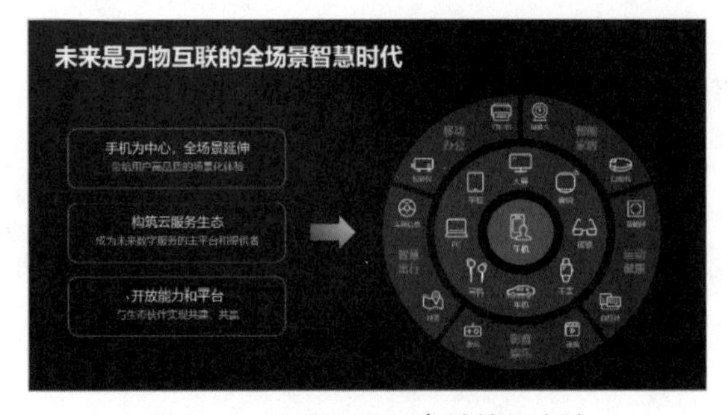


图 3-7　使用小图标素材排版（1）

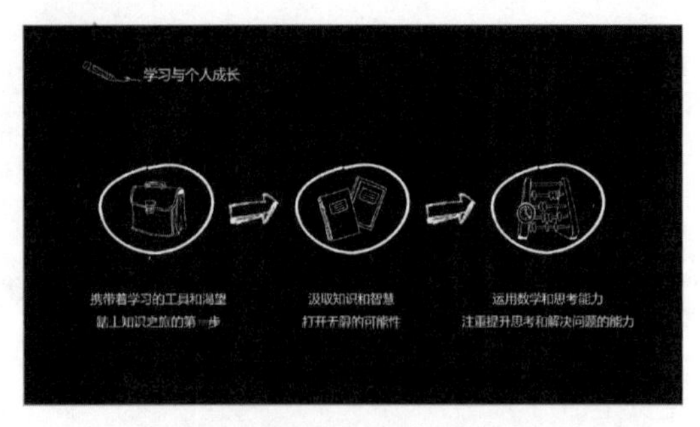


图 3-8　使用小图标素材排版（2）

除了PowerPoint中内置的图标，还可以通过一些专门提供小图标素材的网站来获取合适的图标素材。实际上这类网站有很多，可以免费下载各种各样的小图标素材，能满足一般日常PPT制作中对各种内容表达的需求。在这里，向大家推荐以下三个网站。

- Iconfont：阿里巴巴旗下的一个知名矢量图标库。有AI、SVG、PNG三种矢量格式选择，而且可以在下载前根据页面排版的需要更改填充色，如图3-9所示。这个平台还支持将图标转换为字体，便于前端工程师自由调整与调用。

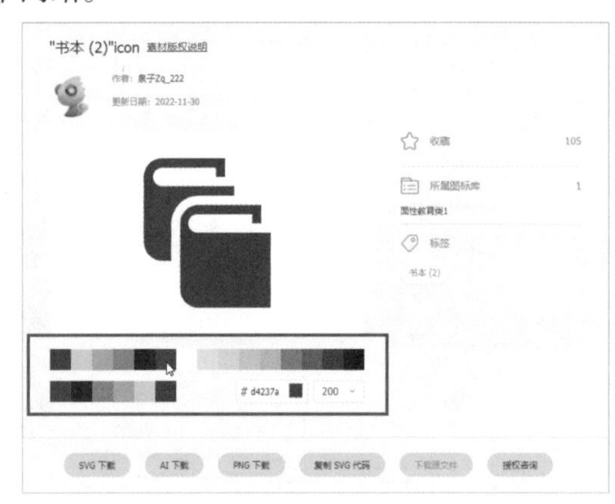


图 3-9　Iconfont

- 字节跳动图标库：这个网站是字节跳动官方的矢量图标共享平台，与阿里巴巴矢量图标库一样拥有丰富的图标素材，而且各具特色。该网站无须登录即可进行搜索和下载，如图3-10所示。在下载之前，还可以调整图标的大小、线条粗细、图标风格和颜色等，非常方便易用。

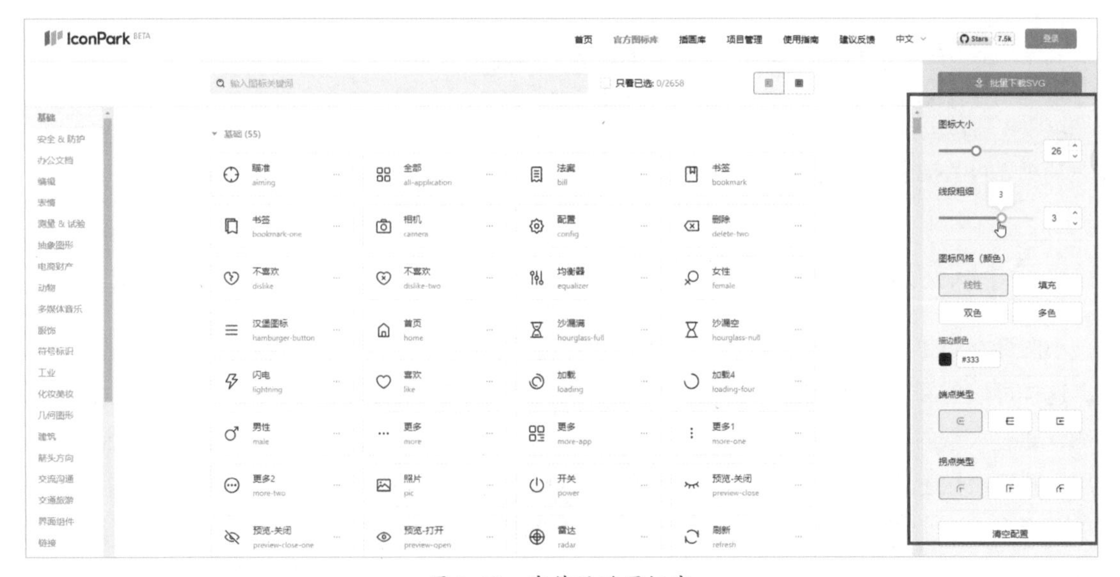


图 3-10　字节跳动图标库

● Undraw：这是一个优秀的国外图标库，图标种类和数量繁多，而且图标比较有质感，如图 3-11 所示。此外，图标可以自由换色，提供PNG和SVG矢量格式下载，可以免费商用。

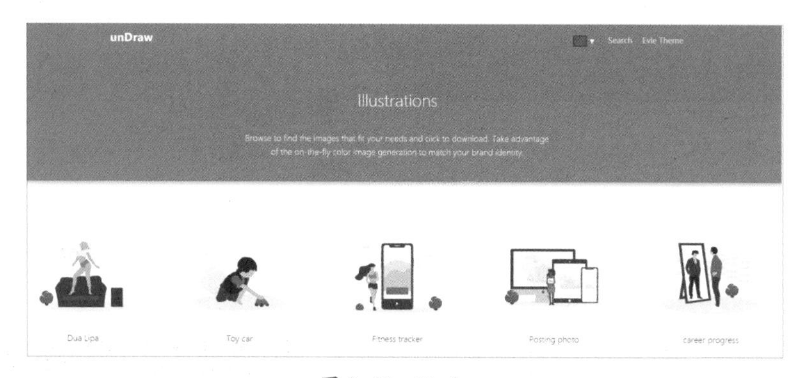


图 3-11　Undraw

**温馨提示●**

在使用小图标时，需要注意保持风格的一致性，使其看起来更加和谐和专业，呈现出更好的效果。也就是说，如果在同一个PPT中选择线性风格的图标，最好让整个PPT中的小图标都使用线性风格的图标；如果选择双色或立体风格，整个PPT中的图标也应该保持一致，尽量避免混用。

### 3.1.4　两个网站寻找样机素材

在PPT设计中，有时候需要展示计算机或手机的外观和功能，这时可以使用截图，并添加相应的样机素材来增加美感，如图 3-12 所示。

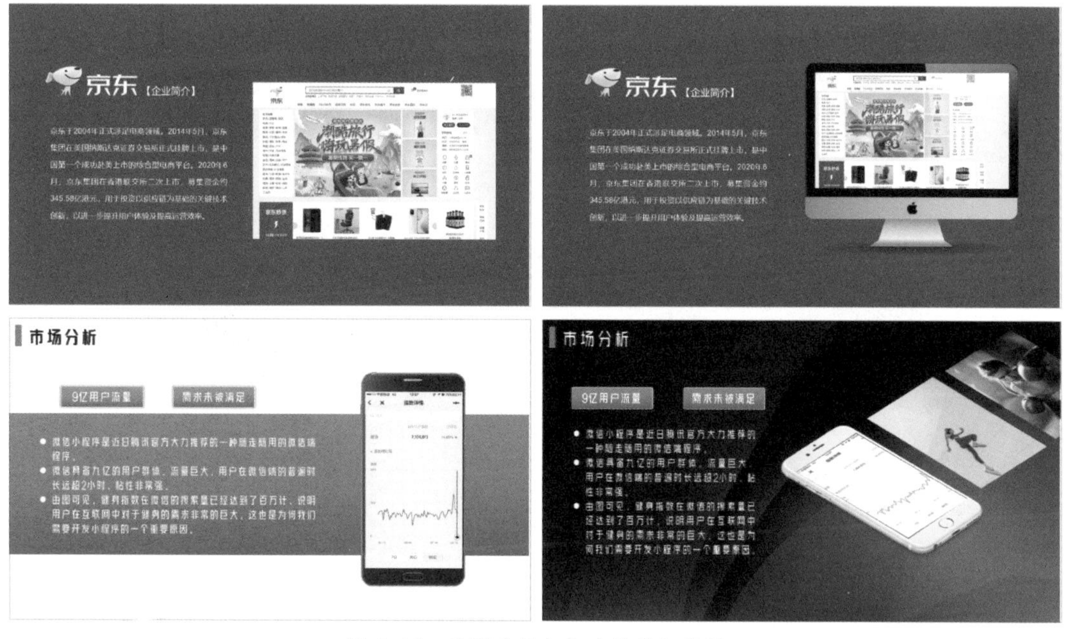


图 3-12　为图片添加相应的样机素材

获取这样的样机素材并不需要我们精通Photoshop等专业图像处理软件，也不需要花费时间去抠图。我们可以直接在专业的样机素材网站上找到现成的素材。下面推荐两个专门提供样机素材的网站。

- MockupPhotos：该网站包含各种各样的手机、计算机、电视等样机素材，既有空场景也有真实场景，可以满足我们对样机的各种需求。在使用时，先单击页面右上角的“Sign up”超链接，完成注册。再将鼠标指向页面左上角的“Browse all”按钮，然后选择“Digital”列表中的一种样机类别，如图3-13所示。接下来，在跳转的样机页面中单击想要的某个样机图，进入编辑界面。单击样机界面区域，选择“Upload Image”命令并上传准备的界面图，如图3-14所示。样机图生成后，可以单击“Download now”按钮将样机图下载到计算机中，如图3-15所示。将下载的样机图插入PPT中，即可使用。

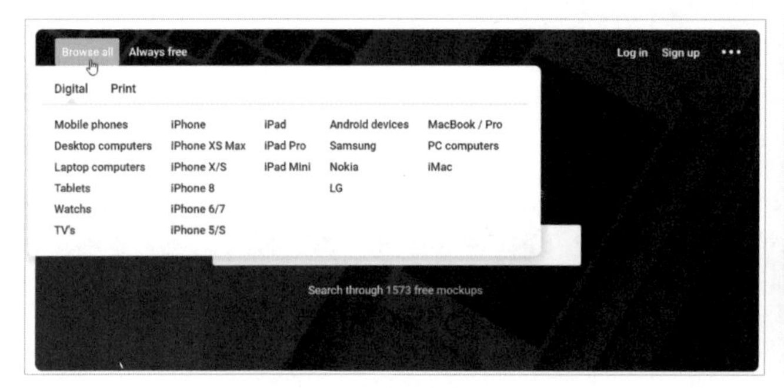


图3-13　选择样机类别

图3-14　选择“Upload Image”命令并上传准备的界面图

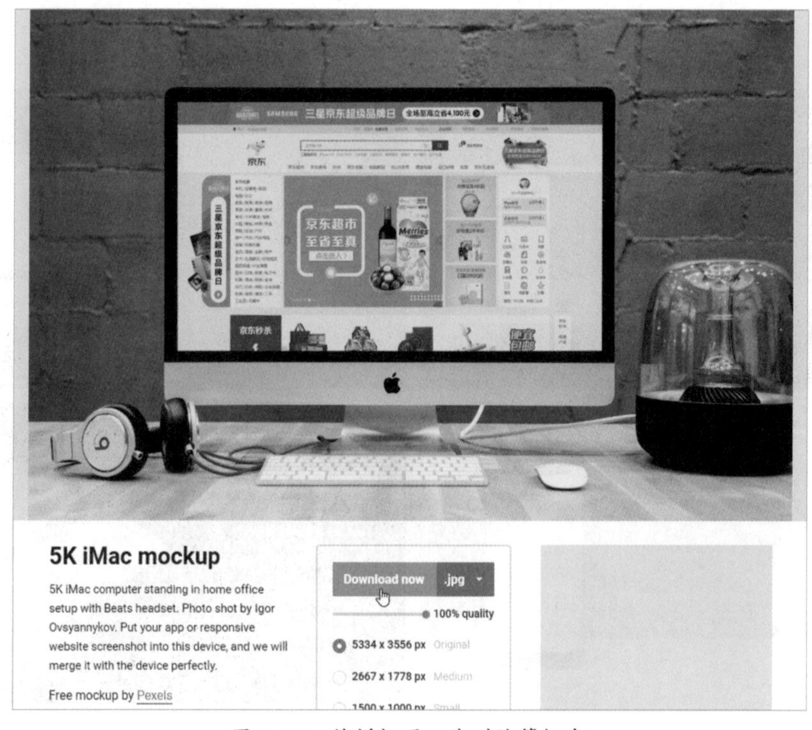


图3-15　将样机图下载到计算机中

● Mockups：与MockupPhotos的风格不同，Mockups提供更纯粹的样机素材，如图 3-16 所示。该网站提供的素材适合用在原本就有背景图或背景色的页面上，可以作为MockupPhotos素材的补充。该网站界面简洁明了，操作起来非常方便。

图 3-16　Mockups

除了手机、计算机、电视等产品，广义的样机素材还包括手提袋、形象墙、广告海报、杯子等。当我们需要在PPT中展示企业形象或呈现海报的真实效果时，也可以考虑使用样机素材。这类样机素材可以在摄图网、包图网等专业设计素材网站中获取，但使用这类素材需要我们掌握一些基本的Photoshop软件操作方法。

### 3.1.5　通过网站获取有冲击力的背景图

背景图在PPT设计中起着很重要的作用，可以营造出不同的氛围和效果。除了可以通过前面介绍的搜图网站来获取背景图，还可以通过专业的制图网站来生成一些有冲击力的背景图。

例如，图 3-17 所示的小米 11 发布会PPT中背景设计采用的“万箭齐发”效果，可以将视觉焦点集中在页面中心，使重要内容更加突出，同时也给人留下深刻的印象。这种背景图实际上就是通过制图网站生成的。这个网站的界面如图 3-18 所示，网站的右上角可以简单地调节颜色、速度、密度等参数，就能够生成符合自己需求的“万箭齐发”背景图。只需单击“save”按钮，即可将其下载到电脑并插入PPT中使用。

除了这个网站，还有许多类似的制图网站。有的可以生成抽象晶格化背景，如图 3-19 所示。有的可以制作类似“黑客帝国”风格的文字滚动背景，如图 3-20 所示。

图 3-17 “万箭齐发”效果

图 3-18 制图网站界面

图 3-19 抽象晶格化背景

图 3-20 “黑客帝国”风格

Cool Backgrounds网站提供了4种核心背景图预设，包括抽象晶格化、科技感粒子线、CSS渐变、SVG等高线等常用的炫酷背景图片，每一种预设都有好几种颜色可以选择。如图3-21所示是默认的科技感粒子线效果，如图3-22所示是Unsplash效果。

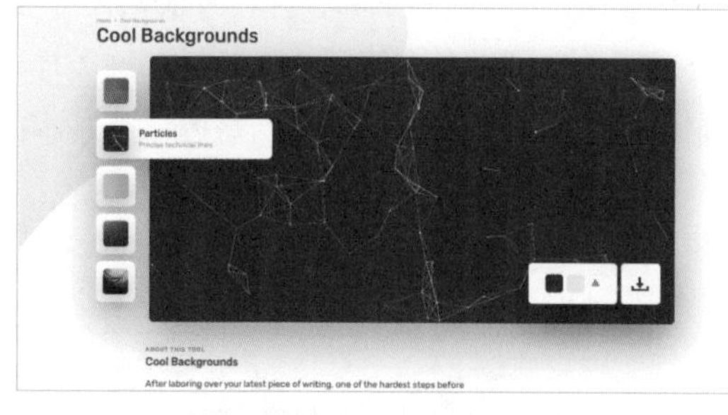


图 3-21 科技感粒子线效果

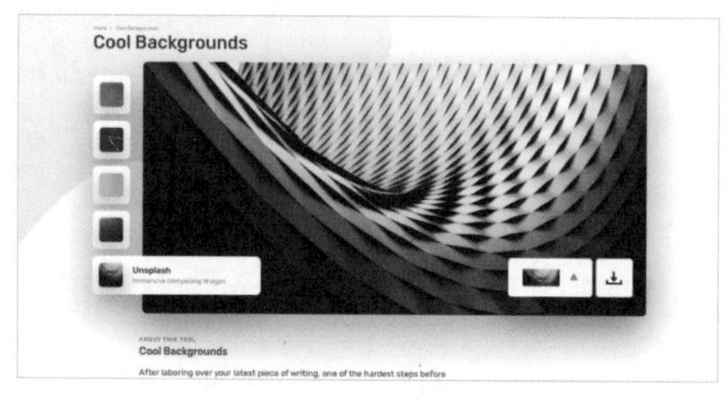


图 3-22 Unsplash效果

bg generator是一个自由度相当高的背景生成器，有炫彩、图形、星系、光变换、多边形、梦幻、条纹等几种预设。不过，这几种样式相对来说都比较传统，推荐理由是它是中文设置界面。无论是哪种预设，只要切换到对应的页面，都可以在页面左侧设置各种选项，生成相应效果。如图3-23所示是bg generator的“炫彩”界面效果。

pattern monster是一个简单的在线矢量背景模型生成器，拥有200多组非常有创意的现代风格的矢量图形背景，经过在线变换调节之后可达到成千上万款背景。网站中的所有背景图片都可以免费下载，使用时需要先选择矢量背景模型，然后在打开的界面中可以调整图案的大小和位置等参数，如图3-24所示。

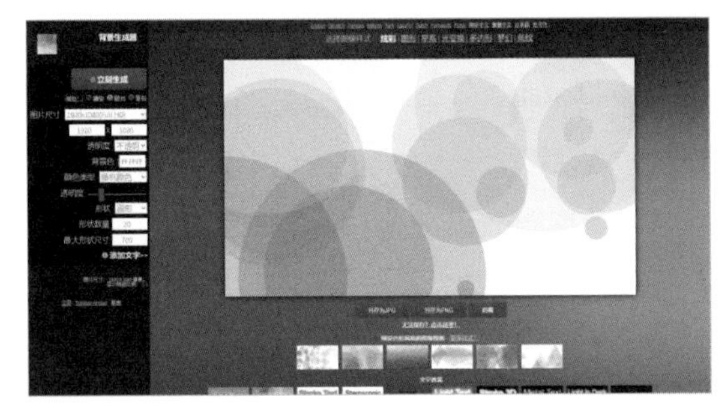
图 3-23 “炫彩”界面效果

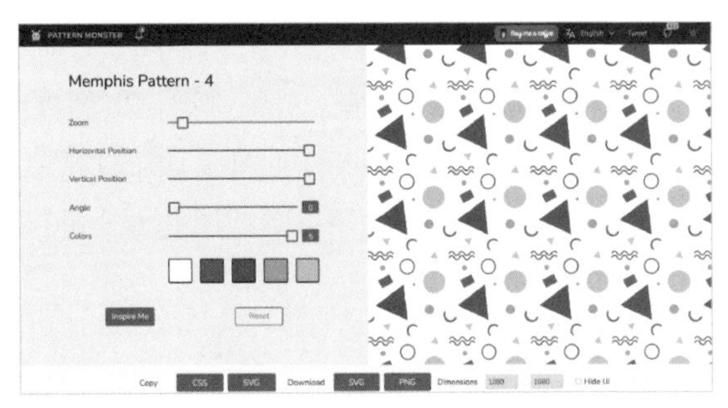

图 3-24 pattern monster

## 3.1.6 三种方法帮你搜索合适的图

为什么高手在PPT中使用的配图总能深入人心？难道他们有特殊的图片资源渠道？当然不是，网络上的图片素材人人都可以搜索到，关键是如何找到合适的图片。以下有几点使用建议，可以让搜索引擎在图片搜索时的效力最大化。

### 1. 使用准确的关键词

在使用搜索引擎时，善于使用关键词可以提高搜索的准确性。对于抽象的需求，可以尝试使用具体的事物作为关键词进行搜索。例如，如果想要找到代表“开心”的图片，可以尝试使用关键词“笑脸”“生日派对”“获胜”等。

同样地，对于具体的需求，也可以使用抽象的词汇作为关键词。例如，如果想要找到展现“站在山顶俯瞰”的图片，可以尝试使用关键词“攀登”“山高人为峰”“成功”等。

当一个关键词无法找到合适的图片时，可以尝试换个角度，联想更多的关键词进行反复搜索或组合搜索。

如果中文关键词无法找到合适的图片，可以尝试将中文关键词翻译成英文进行搜索，也许会有意想不到的收获。比如，在寻找展现“友情”的图片时，可以尝试使用“friendship”进行搜索。

### 2. 多个搜索引擎组合使用

在寻找图片时，大部分人喜欢使用搜索引擎进行搜索。但如果在一个搜索引擎中找不到合适的图片，不妨尝试换一个搜索引擎试试。比如图 3-25 和图 3-26 分别展示了使用百度和搜狗搜索同一个关键词“向日葵”时得到的不同图片结果。

图 3-25 百度搜索“向日葵”

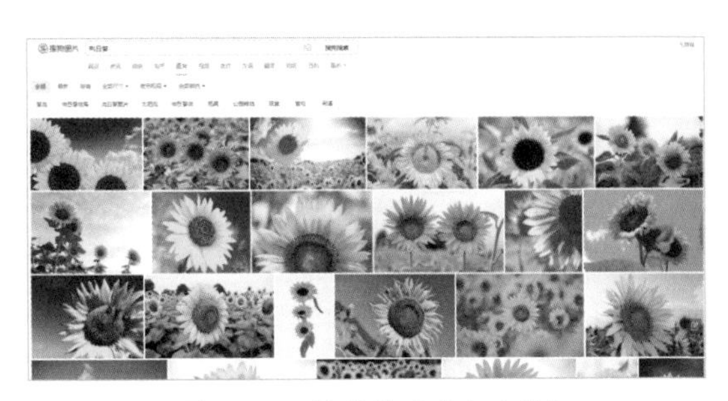
图 3-26 搜狗搜索“向日葵”

### 3. 以图搜图

百度、360、搜狗等搜索引擎都提供以图搜图的功能，即通过使用一张已有的图片，可以更精确地找到相似或相同的图片。此外，如果你有一张带水印或尺寸较小的图片，想要找到无水印或大尺寸的图片，可以尝试使用以图搜图的方式进行搜索。以图搜图的另一个功能是根据单张图片找到系列图片。

下面举个例子，来看一看以图搜图的具体操作步骤。

**第1步** 打开浏览器，进入百度的首页界面，或者进入百度的图片搜索界面；单击搜索框中右侧的照相机图标，如图 3-27 所示。

**第2步** 在弹出的一个小界面中，将需要作为搜索对象的小图片拖动到该界面中的“拖拽图片到这里”框中，如图 3-28 所示。

图 3-27 单击搜索框中右侧的照相机图标

图 3-28 拖动图片上传

**温馨提示**

百度的以图搜图功能提供了三种方法上传图片，如果是网络图片，可以直接粘贴图片的网址到搜索框中；如果是本地图片，可以单击“选择文件”按钮，然后指定要上传的图片文件；也可以直接把图片拖动到“拖拽图片到这里”框中。

**第3步** 等待图片加载成功后，就会打开新的页面，在其中可以看到与上传图片类似的多个来源的图片，单击即可查看有没有高清的图片，如图 3-29 所示。

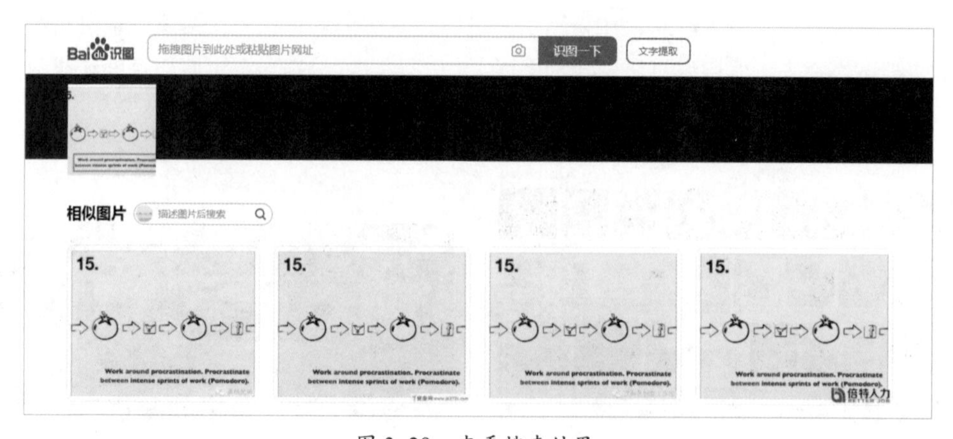


图 3-29 查看搜索结果

**第4步** 在搜索结果界面的下方还显示了这张图片的多个来源，单击其中一个来源链接，如图 3-30 所示。

图 3-30 单击其中一个来源链接

**温馨提示**

这里只是以图片为例介绍搜索方法，PPT 素材不仅包括图片素材，还包括表格素材、图标素材、逻辑图素材、音频素材、视频素材。不同的素材有不同的寻找渠道，但有些搜索方法是相通的。找到素材后还要正确处理素材并合理保存使用，才能发挥素材的最大功效。

**第5步** 打开链接对应的页面，可以看到这张图片原来出自的文章内容，如图 3-31 所示。

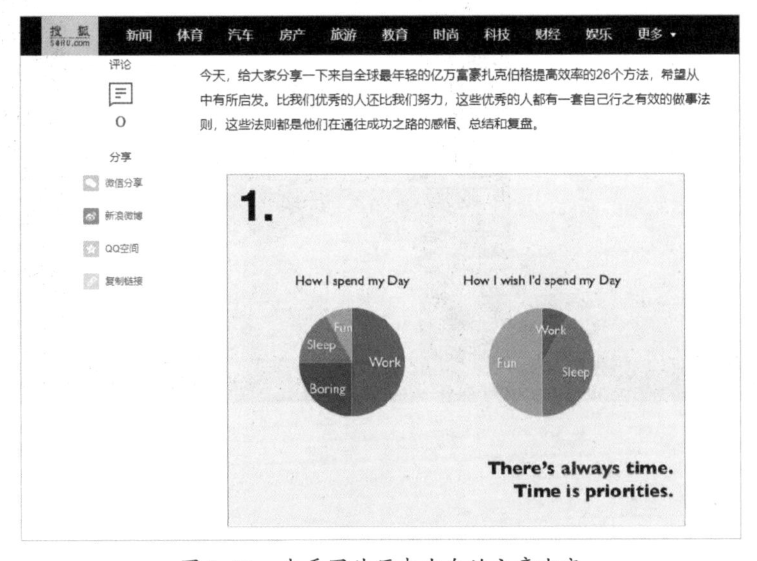


图 3-31 查看图片原来出自的文章内容

### 3.1.7 图片精度太低的解决方法

在PPT中插入一张像素过低的图片素材时，人为放大，可能会导致显示效果模糊、出现锯齿和马赛克。当你通过前面介绍的以图搜图方法也无法找到像素更高的替代图片时，可以借助一些图像处理工具，例如Topaz Gigapixel AI。这个工具可以通过人工智能技术无损提升图片的分辨率和清晰度，使得图片在PPT中的展示更加精细和清晰。

让我们来看一个例子。在图3-32中，我们展示了一张大小只有20.9KB的图片，分辨率仅为320px×447px。将其插入幻灯片之后，图片变得不清晰，从而影响了PPT的质量。

图3-32 分辨率低的图片

为了解决这个问题，我们将该图片拖入Topaz Gigapixel AI软件窗口中打开。然后，在右侧选择想要放大的倍数（默认为2倍，即2x）。通过软件的智能算法处理，可以在预览对比中看到图片的清晰度有了很大提升，而且没有出现其他图片处理软件常见的马赛克现象，如图3-33所示。最后，只需要单击“保存”按钮，即可将放大后的图片保存到计算机中，并插入PPT中使用。

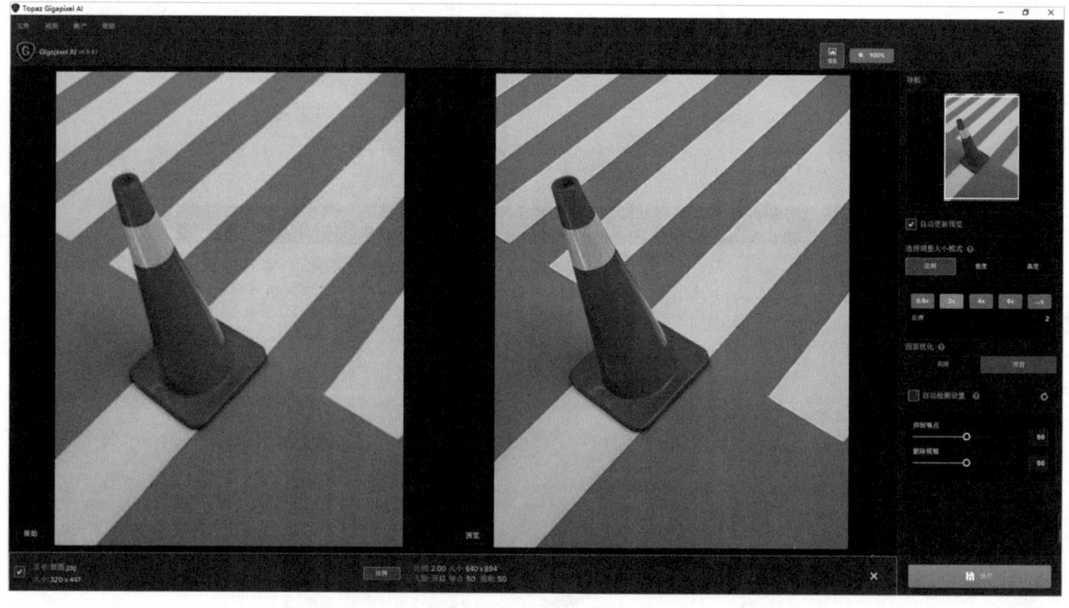

图3-33 使用Topaz Gigapixel AI软件放大图片

**温馨提示●**

在未压缩的状态下，图片素材越多、精度越高，PPT文件就越大，读取、开启、保存的时间也越长，对计算机的要求也会提高。因此，非大屏演示需求下，一般插入PPT中的图片大小建议1～2MB，确保清晰即可，没必要用精度过高的图片。

## 3.2 提升PPT视觉效果：使用讯飞星火解锁图片应用技巧

前面我们分享了很多找图片的方法，相信大家在获取图片素材方面已不会有太大的问题。然而在设计PPT时，优化图片的应用是提升视觉效果的重要一环。接下来，我们就来探索如何使用讯飞星火解锁图片应用技巧。

### 3.2.1 通过讯飞星火掌握PPT用图原则

对于PPT初学者而言，可能会面临无法找到具有感染力和优秀品质的图片的困境。然而，我们至少可以避免使用一些不恰当的图片，以免降低PPT的质量。下面，我们先向讯飞星火咨询PPT中用图的基本原则。

提问：PPT中使用图片需要注意哪些基本原则?

**讯飞星火AI:**

在PPT中使用图片时，需要遵循以下基本原则。

1. 突显主题原则：使用恰当的图片可以更好地表达主题，这比文字更具有说服力。

2. 清晰原则：无论是使用矢量图还是高分辨率位图，图片必须清晰，同时，图表、文本和公式中的符号也需要统一和规范。

3. 视线方向原则：如果图片中只有一个人且没有文字，人物的视线应向内；当图片中既有单个人物又有文字时，人物的视线应偏向文字。

4. 排版注意原则：精心制作的图片需要放置在合适的位置，注意排版，否则可能造成页面不美观。

5. 修饰类图片的使用原则：尽可能选用简单干净的图片，避免使用过于复杂的图片；保持图片样式低调，减少多余的效果，不要喧宾夺主。

6. 版权原则：使用的图片必须尊重版权，避免侵权行为。

7. 质量原则：图片的质量直接影响到PPT的整体效果，因此，选择高质量的图片是非常重要的。

8. 合适原则：图片的大小、颜色、亮度等应与PPT的主题内容相适应。

讯飞星火的建议不仅全面，还按优先顺序对这些原则进行了排序。通过遵守这些基本原则，可以有效地利用图片来支持幻灯片的内容，提升演示的质量和效果。下面详细介绍图片使用原则。

#### 1. 避免使用不相关的图片

在使用图片方面，对于许多新手来说，首先需要注意不要没有明确目的地随意滥用图片，也不要仅仅出于美观或个人喜好而添加与内容无关的图片。有时候，即使没有图片也比使用一些不相关或不恰当的图片更好，因为后者可能会降低PPT的质量，甚至带来不必要的麻烦。

在PPT中使用图片应该具有明确的目的，优秀的PPT通常在以下4种情况中使用图片。

● 展示：使用图片展示作品、工作成果、产品或团队成员，并进行辅助说明。有时候，一张图片能比文字描述更直观和真实地传达信息。例如，图3-34所示的幻灯片中配有效果图能够让观众直接看到上海外滩气象信号塔的外观，给他们留下更直观的印象。当展示产品或设计作品时，一般会选择黑色或灰色的背景，以突出图片本身。

● 解释：有时候，某些概念用语言描述显得苍白无力，让人难以理解。通过配上图片，观众可以更直观地接受信息。这类图片通常不需要过多追求审美，但需要能够准确清晰地解释内容。例如，图3-35所示的三张手机图片直观地解释了“远程协助”的概念。

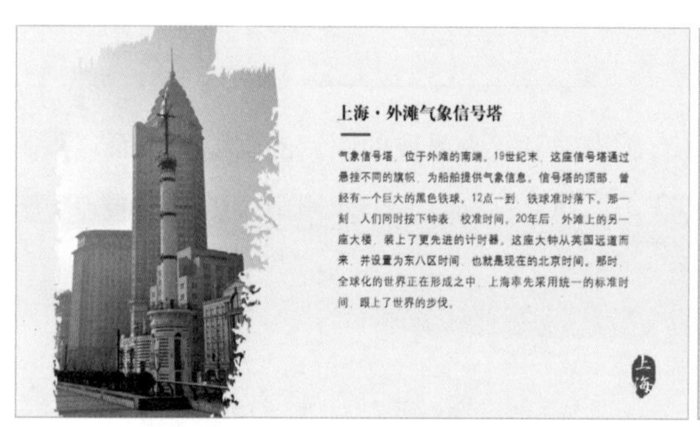


图3-34 使用图片展示PPT内容

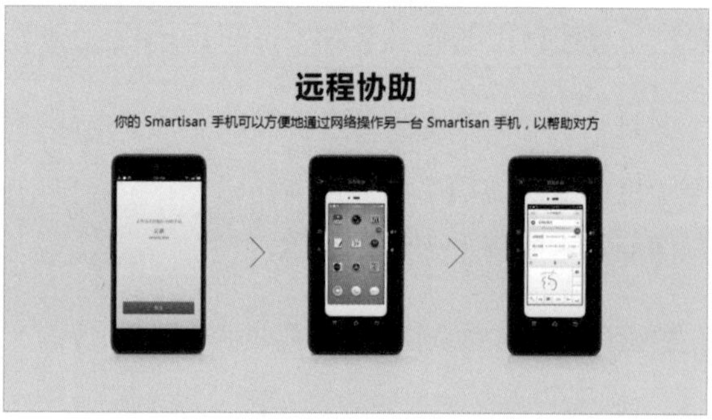

图3-35 使用图片解释“远程协助”概念

● 渲染：为了增强文字的感染力，有时候需要添加图片来营造氛围。在这种情况下，图片的使用方式通常是以全图覆盖整个页面。例如，图3-36所示的幻灯片中，通过使用海景美图，增强了对旅行的定义，同时图片中的围栏又体现了向内延展的思维旅行概念。

● 增强设计感：巧妙地使用小图标、花纹图片等可以增强PPT的设计感。例如，图3-37的幻灯片中的四个图标图片赋予了目录以扁平化风格的设计感。

图3-36 使用图片增强对旅行的定义

图3-37 使用图片增强PPT的设计感

检验PPT配图是否目的明确、有必要的方法是，询问自己：“为什么一定要在这张幻灯片上使用这张图片？”如果能够给出三个或三个以上的理由，那么这张图片就应该用。你可以从图片是否与主题内容相关和图片在页面中的作用等方面来进行思考。

### 2. 确保图片清晰度

像素低、模糊的图片会降低PPT页面的质量，使观众失去阅读的兴趣。在专业图片素材网站下载原图通常可以保证清晰度，而在使用搜索引擎搜索图片时，应该提前筛选尺寸较大、画面内容较清晰的图片。

为了确保图片足够清晰，可以采取以下两种方法。首先，在选择图片时，要选择尺寸较大的图片，如图3-38所示。其次，在搜索图片时，可以添加“高清”关键词，或直接选择搜索框下方的“高清”选项，这样搜索到的图片基本上都是高质量的。

图 3-38　选择搜索尺寸较大的图片

### 3. 注意图片的版权问题

随着版权意识的提高，滥用带有版权声明的图片或可能侵犯肖像权的图片会让PPT显得不严谨，甚至在商业用途下可能面临法律风险。在下载图片时，要注意图片所有权人的版权声明，尽量避免使用来源不明的图片。如图3-39所示是视觉中国图库素材网站的图片下载页，右侧明确注明了版权信息，下载时需要注意这些信息。

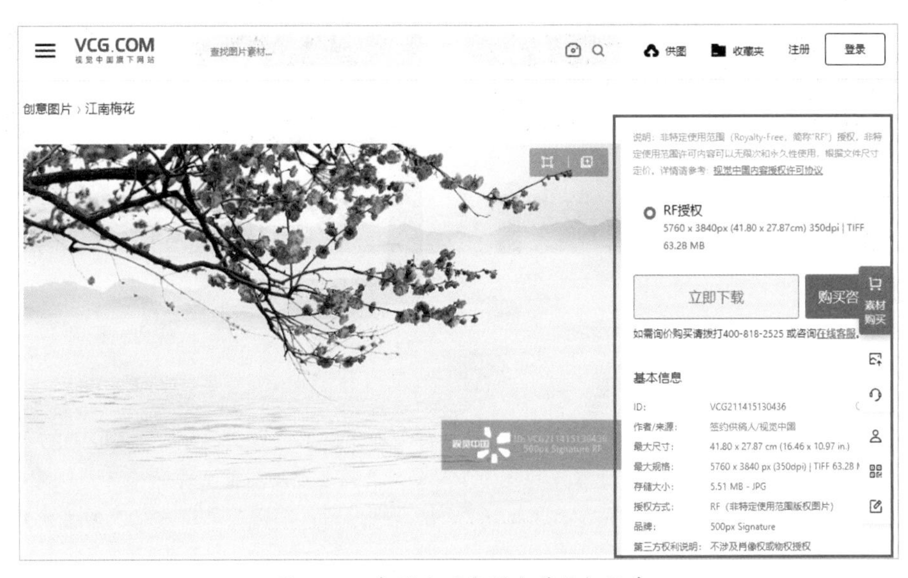


图 3-39　在图片下载页查看版权信息

另外，从网上下载的图片有时会带有水印，如图 3-40 所示。将这样的图片插入PPT中不仅会影响阅读，还会给人一种盗图的感觉，显得不专业。如果必须使用这样的图片，最好先去除水印再使用。

图 3-40　在PPT中使用带有水印的图片不专业

**温馨提示●**

如果找到的图片素材带有水印，你又不熟悉Photoshop修图，可以使用Inpaint轻松去除图片上的水印。在Inpaint中，只需选择水印区域，软件会自动计算并擦除水印，最终的图片看起来没有任何痕迹。

### 4. 避免使用变形失真的图片

变形、拉伸或失真的图片也会让PPT呈现劣质感，应尽量避免使用。此外，在更改图片大小时，除了需要注意图片不能过大和过小，还要注意锁定纵横比进行调节，确保等比例缩放。仅仅改变图片的长度或宽度可能会导致原本正常的图片扭曲变形。

很多人在幻灯片中使用图片时，会为了让图片适应幻灯片而只改变图片的长度，或只改变图片的宽度，如图 3-41 中的图片，明显拉伸变形。在处理这类问题时，最好先将整张图片放大，然后使用裁剪功能将多余的部分裁剪掉，如图 3-42 所示。

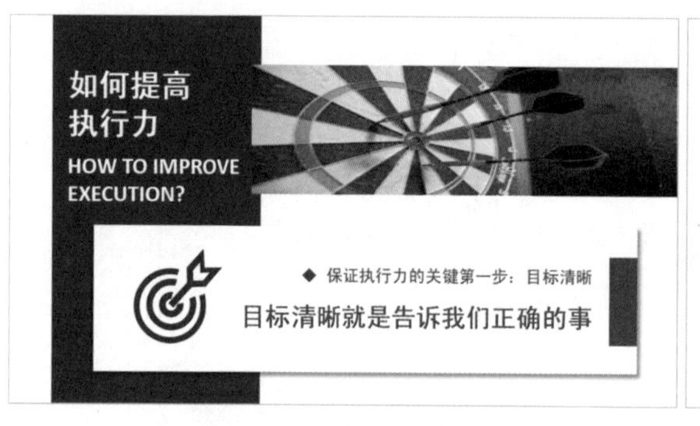


图 3-41　图片被拉伸变形

图 3-42　正确处理图片

**温馨提示●**

对于不同的PPT制作，应该采用不同的图片应用技巧，具体使用时，我们可以和ChatGPT交流，了解PPT基本的用图原则。例如，ChatGPT可以帮助我们了解如何选择合适的图片主题和风格，以及如何根据演示的目的和受众来选择合适的图片。通过与ChatGPT交流，我们可以获得有关图片应用的宝贵建议，从而提升PPT的视觉效果。

### 3.2.2 灵活使用六种方式在 PPT 中插入图片

PowerPoint提供了多种插入图片的方式，灵活使用这些插入方式，可以更加方便地将图片应用到PPT中，提升视觉效果。

#### 1. 使用“图片”按钮插入图片

这是新手常用的方式。单击“插入”选项卡“图像”组中的“图片”按钮，在弹出的下拉菜单中提供了 3 种插入图片的路径，如图 3-43 所示。选择“此设备”命令，将打开“插入图片”对话框，在其中可以选择插入计算机中保存的图片；选择“图像集”命令，可以插入系统提供的图像集中的图片，包括图片、图标、人像抠图、贴纸、插图、卡通人物等；选择“联机图片”命令，可以插入必应提供的网络图片。这种方式可以一次插入一张或多张图片到某一页幻灯片内，但操作步骤相对较多。

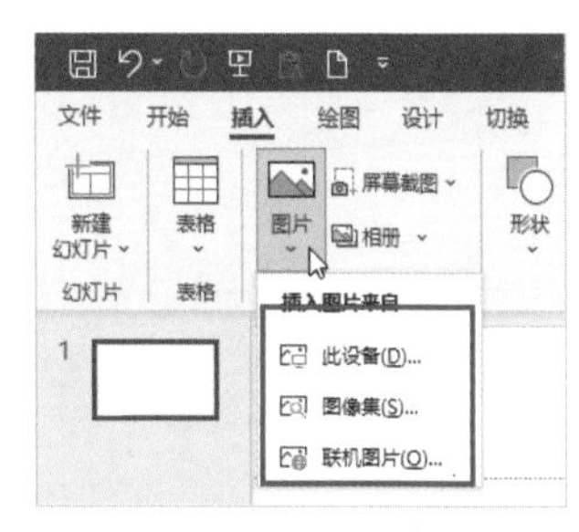


图 3-43 插入图片的 3 种路径

#### 2. 通过拖曳方式插入图片

将某个文件夹中的图片直接拖曳到PowerPoint窗口中，释放鼠标即可插入图片。这种方式可以一次插入多张图片，操作步骤简单高效，但需要注意的是，一次拖曳多张图片后，它们仅能插入某一张幻灯片内。

#### 3. 使用复制粘贴方式插入图片

从文件夹中复制要插入的图片文件，然后切换到PowerPoint窗口，按【Ctrl+V】快捷键即可将图片粘贴到PPT中。这种方式操作步骤较少，简单高效。此外，还可以从Word文档、其他PPT、网络中复制图片后按【Ctrl+Alt+V】快捷键进行选择性粘贴，转换图片格式后插入PPT中，如图 3-44 所示。

#### 4. 使用更改图片方式插入图片

在PPT中右击某张图片，在弹出的快捷菜单中选择“更改图片”命令，可以用计算机中的其他图片替换当前的图片，如图 3-45 所示。这种方式可以方便地保留已设定好的版式和动画效果，比重新调整版式、添加动画等要方便得多。

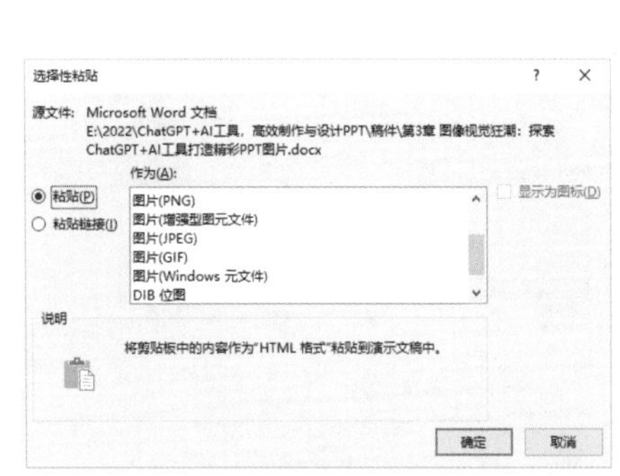


图 3-44 选择性粘贴图片

图 3-45 快速更改图片

### 5. 使用图片填充方式插入图片

在设置形状属性时，可以将图片以图片填充方式插入PPT。即插入某个形状后，在格式设置任务窗格中选择“图片或纹理填充”方式，然后单击“图片源”栏中的“插入”按钮选择要插入的图片，如图3-46所示。使用这种方式可以将图片以填充方式插入形状中，使得图片与形状完美结合，可以创造出更加独特的效果。

图3-46　使用图片填充方式插入图片

### 6. 使用相册方式插入图片

相册功能可以将多张图片以一页一张的方式快速插入一个新建的PPT文档中。只需要单击“插入”选项卡下“图像”组中的“相册”按钮，如图3-47所示。在打开的“相册”对话框中，单击“文件/磁盘”按钮，选择要插入的所有图片并导入，然后调整图片的排列顺序，设置图片版式（默认为“适应幻灯片尺寸”方式），如图3-48所示，单击“创建”按钮，即可新建一个相册PPT，其中的图片将按照指定的顺序和版式进行排布。接下来，只需在相册PPT中选中所有图片页面，按【Ctrl+C】快捷键复制，然后切换到要插入这些图片的原PPT指定位置，按【Ctrl+V】快捷键粘贴即可。通过这种方式可以快速插入大量图片到当前的PPT，且能保持每张图片占一页幻灯片的效果，提高了插入图片的效率。

图3-47　单击“相册”按钮

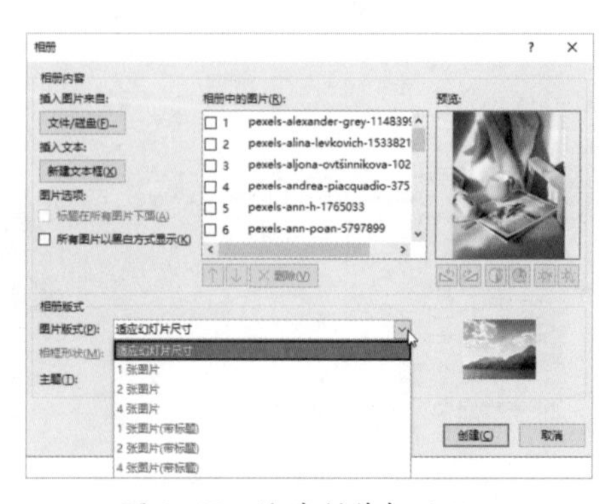


图3-48　快速制作相册PPT

## 3.2.3 在 PPT 中更改图片效果的方法

有时候，为了让一张图片与PPT的背景或内容更加和谐，可能需要调整图片的效果。PowerPoint中提供了一些常用的图片效果处理功能，能进行简单的图片效果处理，从而创建出更加丰富和吸引人的演示场景。

### 1. 调整图片的清晰度和亮度 / 对比度

在幻灯片中插入图片后，可以使用PowerPoint提供的更正功能对图片的亮度、对比度、锐化和柔化等效果进行调整，使图片效果更佳。

例如，要对演示文稿中的图片亮度和对比度进行调整，或者校正昏暗图片的效果，可以在选择图片后，单击“图片格式”选项卡下“调整”组中的“校正”按钮，在弹出的下拉菜单中选择需要的选项。如果没有合适的预设亮度/对比度选项，就直接选择“图片校正选项”命令，显示出“设置图片格式”任务窗格，通过拖动滑块来调整清晰度、亮度和对比度的值，即可实时查看改变图片的清晰度、亮度和对比度后的视觉效果，如图 3-49 所示。

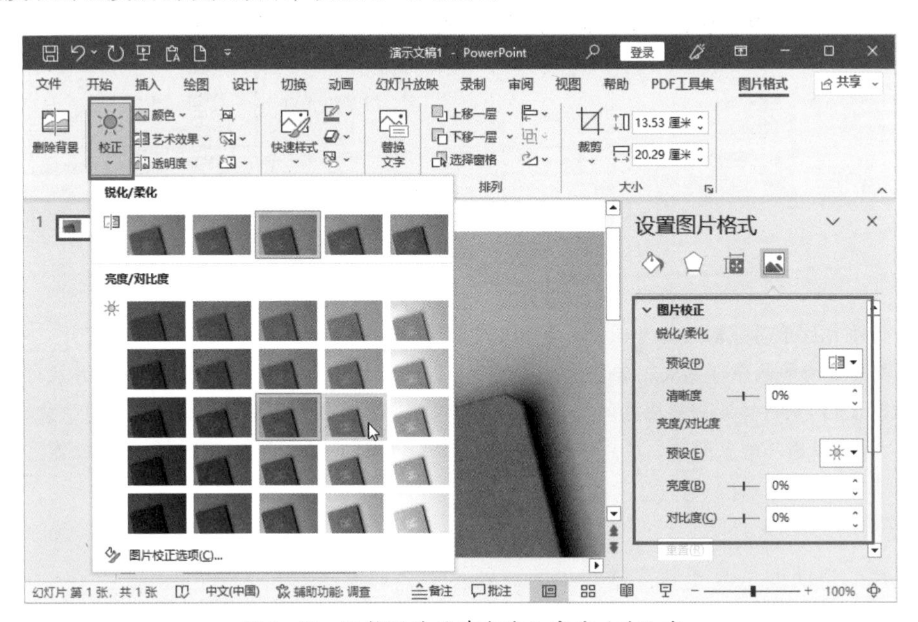


图 3-49 调整图片的清晰度和亮度/对比度

> **温馨提示**
>
> 如果对校正后的图片效果不满意，还可以单击“图片格式”选项卡下“调整”组中的“重置图片”按钮或“设置图片格式”任务窗格中的“重置”按钮，还原到校正前的效果。

### 2. 调整图片的颜色

当一页幻灯片中配有多张图片时，由于图片明度、色彩饱和度差别很大，尽管经过排版，整页幻灯片还是显得凌乱不堪。此时可以利用PowerPoint中的“颜色”功能，对所有图片重新着色，将其统一在同一色系下。

同理，有时分别在不同幻灯片页面但逻辑上具有并列关系的多张配图，也可以采用重新着色的方式来增强页面的系列感。

如果要更改图片颜色，可以单击“图片格式”选项卡下“调整”组中的“颜色”按钮，在弹出的下拉菜单的“重新着色”栏中选择需要着色的效果，或者在“设置图片格式”任务窗格的“图片颜色”栏中进行设置，如图 3-50 所示。

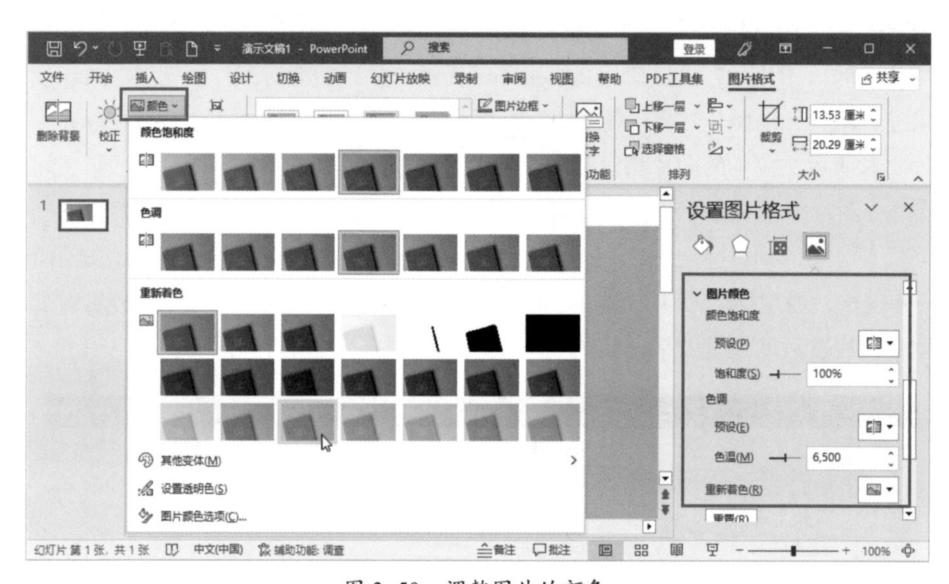


图 3-50 调整图片的颜色

**温馨提示●**

如果多张图片位于同一幻灯片页面中，要为它们设置相同的颜色，仅需要选中这些图片，然后按一张图片的方式执行重新着色即可完成。若多张图片位于不同幻灯片页面，则先对其中一张图片执行重新着色，并按【Ctrl+Shift+C】快捷键复制该图片的属性，然后依次选择其他图片，按【Ctrl+Shift+V】快捷键粘贴属性即可；或执行完一张图片的重新着色后，依次选中其他图片，按【F4】键重复执行重新着色操作。

### 3. 更改图片透明度

调整图片的透明度是改变其视觉效果的一种有效方式。有时，为了让某个图片素材与PPT的背景更融洽，需要对图片的透明度做调整。另外，在PPT中，图片具有一定透明度之后，可通过改变PPT页面背景颜色，达到图片重新着色的效果，如图 3-51 所示。

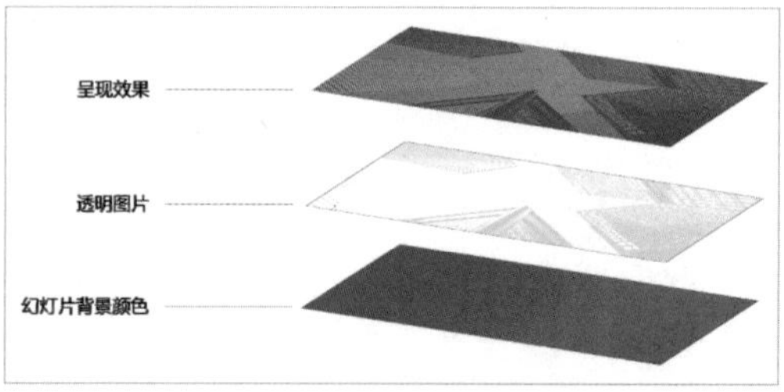

呈现效果
透明图片
幻灯片背景颜色

图 3-51 通过更改图片透明度显示其他图层内容

更改图片透明度的方法也很简单，选择图片后，单击“图片格式”选项卡下“调整”组中的“透明度”按钮，在弹出的下拉菜单中选择需要的效果，或者选择“图片透明度选项”命令，然后在“设置图片格式”任务窗格的“图片透明度”栏中进行设置，如图 3-52 所示。

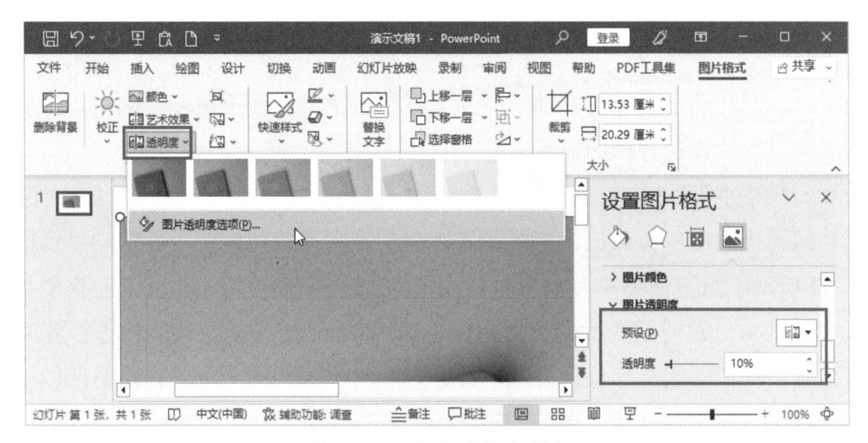


图 3-52　更改图片透明度

## 4. 为图片应用艺术效果

在PowerPoint中设置图片格式时，有一个类似Photoshop滤镜的功能可供使用，即“艺术效果”。添加“艺术效果”，只需要单击“图片格式”选项卡下“调整”组中的“艺术效果”按钮，然后在弹出的下拉菜单中选择需要的效果，即可让原本效果一般的图片形成各种独特的艺术画风格。

用户可以根据需要为图片应用相应的艺术效果，以增加图片的艺术感。值得一提的是，通过使用“艺术效果”中的“发光边缘”效果，可以将图片转换为单一色彩的线条画，如图3-53所示。

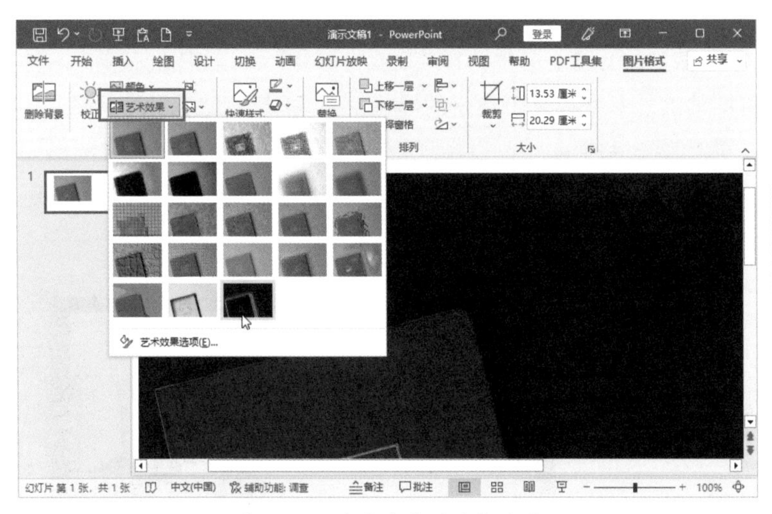


图 3-53　为图片应用艺术效果

**温馨提示●**

想让有背景的图片中的主体物件变成线条画，需要先将图片的清晰度、对比度均调整为100%，再将图片重新着色为黑白色，尽量凸显主体，然后应用“发光边缘”效果，最后将图片中的背景设置为透明色。

**温馨提示●**

除了对图片效果进行调整，PowerPoint还提供了多种图片样式，通过应用图片样式，可以快速提升图片外观的整体效果。图片的样式即组合应用大小、方向、裁剪、边框、效果等操作后实现的图片风格，选中图片后，在“图片工具 格式”选项卡下“图片样式”组中选择需要的样式即可一键应用，能够减少很多操作。单击“图片边框”按钮，可以为图片单独设置边框效果。单击“图片效果”按钮，可以为图片添加阴影、映像、发光、柔化边缘、棱台和三维旋转等效果，使图片更具立体感。

### 3.2.4 高级裁剪法让图片更有设计感

在制作PPT时，图片并不是随意放到幻灯片上就可以了。为了突出图片的重点或实现更好的排版布局，经常需要对图片进行合理的裁剪。

选择图片后，单击“图片格式”选项卡下“大小”组中的“裁剪”按钮就可以进入图片裁剪状态了。此时，图片四周将出现裁剪标记，将鼠标光标移动到图片裁剪标记上并拖动，可以轻松地裁剪图片，如图3-54所示。与调整图片大小类似，按住【Ctrl】键和【Shift】键的同时拖动控制点可以实现对称和等比例的裁剪。裁剪后，我们可以再次单击“裁剪”按钮返回裁剪状态，此时可以看到原图被分为裁剪区域和保留区域两部分，被裁剪部分显示为半透明的灰色。在保留区域中，我们仍然可以对原图进行移动、缩放和旋转操作，以调整裁剪后的保留区域。

图3-54 裁剪图片

除了默认的裁剪方式，还可以在“裁剪”下拉菜单中选择“裁剪为形状”和“按比例裁剪”两种方式。通过“裁剪为形状”，可以将图片的外形变成某个指定的形状，而“按比例裁剪”则提供了多种裁剪比例，如1:1、2:3、3:2、方形、纵向和横向等，以实现精确的裁剪。将图片裁剪成圆形如图3-55所示，按1:1比例裁剪的图片如图3-56所示。巧妙地使用图片裁剪功能可以使页面排版更具设计感和表现力。

图3-55 将图片裁剪成圆形

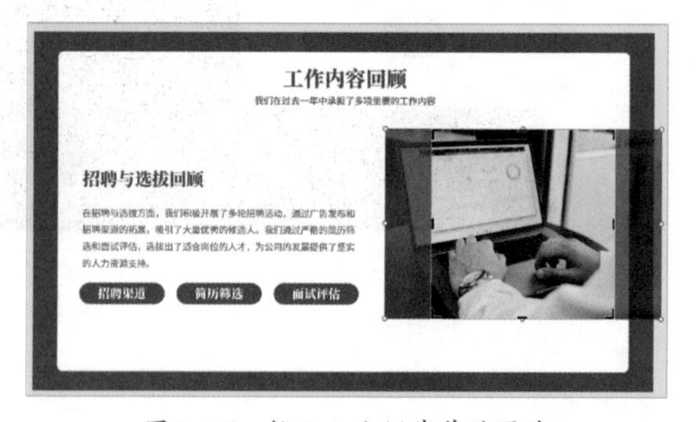


图3-56 按1:1比例裁剪的图片

除了上述常见的裁剪方式，还有一种不常用但非常实用的方式，即通过形状与图片的“相交”来裁剪。在PowerPoint的“形状格式”选项卡下可以找到一组“合并形状”工具，其中的“相交”命令可以实现这种裁剪。具体操作如下：首先选中图片，然后选中覆盖在图片上的形状，最后执行“相交”命令，如图3-57所示，即可将形状遮盖的部分裁剪出来，如图3-58所示。

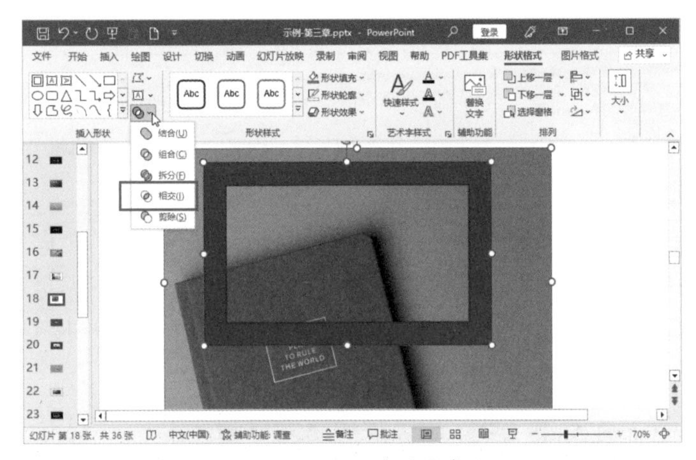

图 3-57 执行“相交”命令

图 3-58 裁剪后的效果

相较于直接将图片裁剪为形状的方法，这种方式有以下两个优势。

（1）可以预先编辑形状，例如绘制等比例的圆形、心形或其他软件预设形状中没有的图形（而使用“裁剪为形状”方式，则需要在裁剪后调整比例以达到等比例形状）。如图 3-59 所示，通过形状与图片的“相交”裁剪，我们可以得到具有艺术化边缘感的图片。

图 3-59 通过裁剪制作具有艺术化边缘感的图片

（2）可以更好地指定原图需要保留的位置，只需调整形状覆盖图片的区域即可。此外，裁剪后仍然可以单击“裁剪”按钮返回裁剪状态，改变图片保留区域的状态，如图 3-60 所示。

图 3-60 通过裁剪可以随时调整被显示的效果

### 3.2.5 用 removebg 搞定抠图

有时候，我们可能需要将图片中的背景去除，只保留需要的部分，以便更好地融入PPT中的设计。在Photoshop中有抠图的功能，其实，在PowerPoint中也能抠图。因此，有些简单的抠图任务可以直接在PowerPoint中完成，效果也不错。

在PowerPoint中选中图片后，单击“图片格式”选项卡下的“删除背景”按钮，进入抠图状态，如图3-61所示。在该状态下，紫色覆盖的区域表示要删除的部分，其他区域则会被保留。然后使用“背景消除”选项卡下的“标记要保留的区域”和“标记要删除的区域”工具，在图片上进行绘制。通过勾画需要保留内容轮廓的方式，使得紫色覆盖要删除的部分，如图3-62所示。

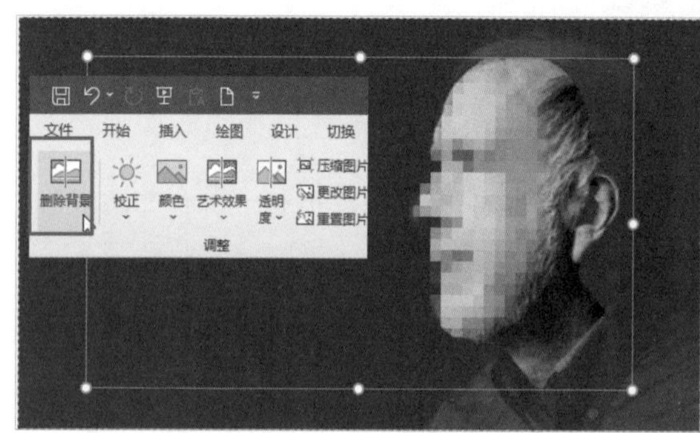


图3-61 进入抠图状态

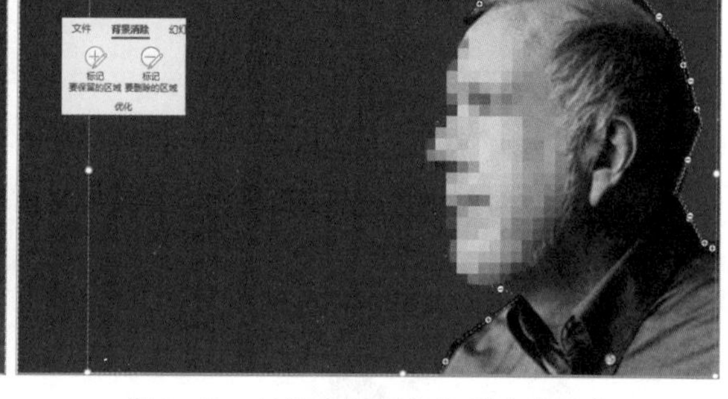

图3-62 标记要保留和要删除的区域

完成勾画后，单击图片外的任意区域，退出“删除背景”状态，抠图就完成了，如图3-63所示。

虽然PowerPoint中“删除背景”的抠图效果不如Photoshop精细，但可以通过添加图片边框的方式来弥补细节上的不足。在保留区域周围可以添加任意多边形边框，取消填充色，并设置边框颜色和粗细程度，效果如图3-64所示。

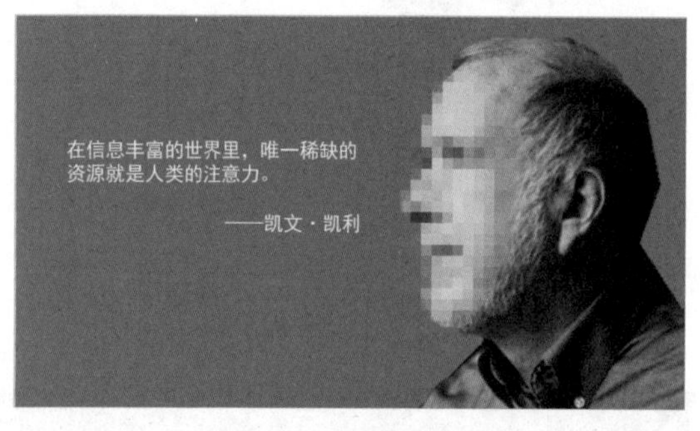


图3-63 完成抠图

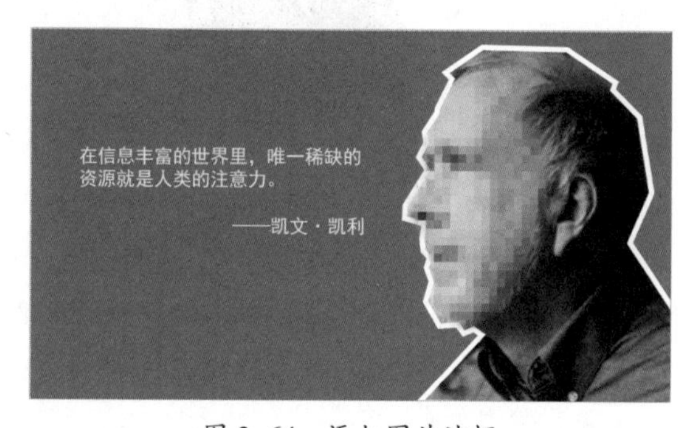


图3-64 添加图片边框

**温馨提示●**

如果图片的背景是纯色的，且背景色与保留区域颜色对比明显，那么可使用PowerPoint提供的设置透明色功能将纯色图片背景设置为透明色。通过单击图片中的某个颜色，该颜色部分将被去除。这种方式可以有效实现抠图。然而，对于背景色与保留区域颜色相近，或者保留区域内有大片与背景色相同的区域时，这种方式的抠图效果可能不太理想。

在处理一些复杂背景的图片时，手动抠图是一项烦琐且耗时的任务，而且抠图效果也无法保证，有一些工具可以帮助我们快速实现背景去除。例如，removebg是一个强大的在线工具，单击网页中的“上传图片”按钮，从计算机中选择要进行背景抠除的图片，它就可以自动识别并去除图片中的背景，使你能够轻松地将前景对象插入PPT中，节省时间和精力，如图3-65所示。

图3-65 使用removebg抠图

## 3.2.6 用AI画匠实现个性化图片

如果你想要为PPT添加一些独特的个性化图片效果，使用AI智能绘画软件是一个不错的选择。不仅可以节省时间，而且还可以快速产生高质量的作品。

AI智能绘画软件有很多，Midjourney绘画出图效果很惊艳，但使用门槛不低，对于很多人来说尝试成本有些高。这里为大家分享一个简单的AI绘画软件——创客贴AI画匠。

AI画匠支持文生图和图生图两种形式。如果想使用照片进行图片生成，就选择图生图模式。如果想根据自己的创意生成图片，那就选择文生图模式。选择文生图模式后，先在文本框中输入画面的描述，然后根据需求进行风格和画面的选择，创客贴AI画匠提供的选择有风格、艺术家、相机镜头等，选择完就可以输出绘画作品了，如图3-66所示。

图3-66 用AI画匠生成个性化图片

**温馨提示●**

如果让AI画匠生成海报，会在右下角提供一个易写文案，只要输入需求，就可以让AI帮你写文案，这样做设计和撰写文案效率都很高。AI画匠还提供了一个创意展览社区，在其中可以看到其他用户分享的绘画作品（包括对应的关键词），可以直接复制使用。

## 3.3 运用高级图像技巧：打造突出视觉效果的演示文稿

在设计PPT时，除了选择合适的素材和使用图片应用技巧，还有一些高级图像技巧可以打造突出的视觉效果。本节将介绍一些运用高级图像技巧的方法，包括PPT排版与导出，以及如何提取PPT内的图片。

### 3.3.1 这样操作，一百张图片瞬间整齐排版

当一页幻灯片上有多张图片时，应该避免随意和凌乱的排列。通过裁剪和对齐的方式，可以让这些图片以相同的尺寸整齐地排列，使页面看起来更加干净清爽，让观众感到更加轻松。

一种经典的排版方式是等分排列，每张图片都具有相同的大小，也可以通过替换其中一些图片为色块来增加一些变化，如图3-67～图3-70所示。

图3-67　竖向四等分排列　　图3-68　替换其中一些图片为色块来增加变化

图3-69　等分的同时合并一些区域　　图3-70　合并一些区域并替换为色块来增加变化

如图3-71所示的图片墙PPT页面，它将大量的图片整齐地排列在一页PPT中，非常适合用于团队展示和工作回顾等场景。

图 3-71　图片墙PPT页面

然而，要实现这样的页面，通常需要逐张插入图片并调整尺寸，这会耗费大量时间和精力。此时，可以利用表格布局、表格格式转换和图片域来简化这个过程，从而极大地提高制作效率。以插入 100 张图片为例，具体操作步骤如下。

**第1步** 插入一张包含 100 个格子的表格。在“插入”选项卡下单击“表格”按钮，在弹出的下拉菜单中选择“插入表格”命令。在弹出的对话框中设置行和列的数值为 10，然后单击“确定”按钮，如图 3-72 所示。

**第2步** 调整表格的状态。将插入的表格拉伸填满整个幻灯片页面，并选中表格。在“表设计”选项卡下设置任意颜色的填充色，单击“边框”按钮，在弹出的下拉列表中选择“无框线”选项，取消所有边框线，如图 3-73 所示。

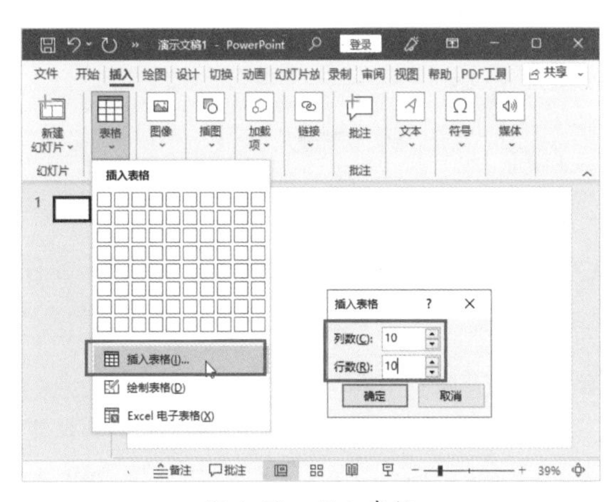

图 3-72　插入表格

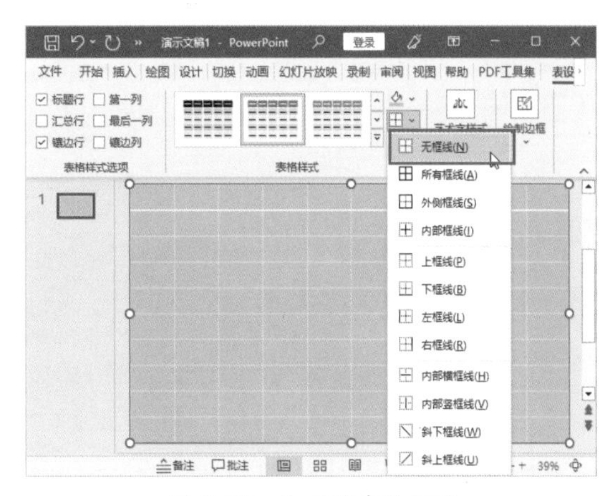


图 3-73　取消所有边框线

**第3步** 转换表格格式。选中表格后，按【Ctrl+X】快捷键剪切表格，然后按【Ctrl+Alt+V】快捷键打开“选择性粘贴”对话框，将表格转换粘贴为“图片（增强型图元文件）”格式，如图 3-74 所示。

**第4步** 分割表格，确定排列矩阵的最小格子尺寸。选中转换为图片格式后的表格，按【Ctrl+Shift+G】快捷键取消组合，在弹出的提示对话框中单击“是”按钮即可。再重复取消组合一次，就得到了 100 个同等大小的矩形，如图 3-75 所示。

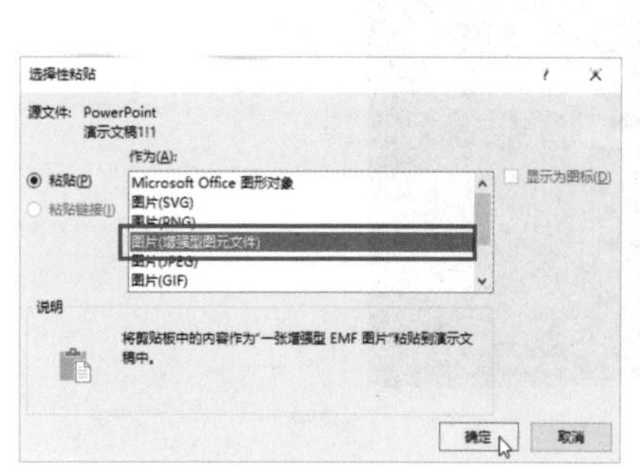


图 3-74 将表格转换粘贴为“图片（增强型图元文件）”格式

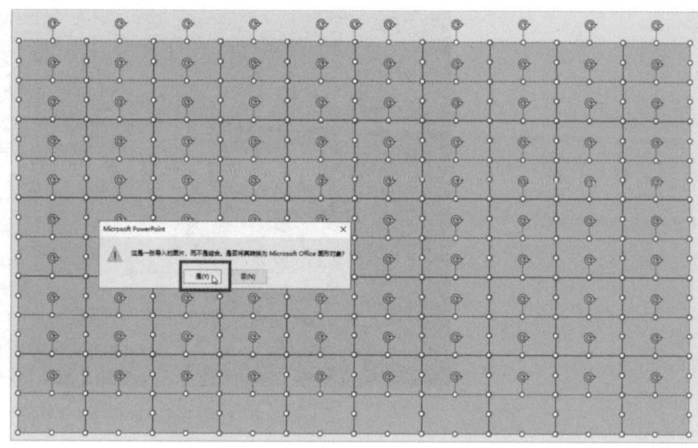


图 3-75 取消组合得到 100 个矩形

第5步 删除 99 个矩形，只保留左上角的一个矩形。然后按【Ctrl+X】快捷键剪切矩形，单击“视图”选项卡下的“幻灯片母版”按钮，切换至幻灯片母版视图，如图 3-76 所示。

第6步 在空白母版中按【Ctrl+V】快捷键粘贴矩形，然后单击“幻灯片母版”选项卡下的“插入占位符”按钮，在弹出的下拉菜单中选择“图片”命令，如图 3-77 所示，再拖动鼠标光标绘制一个与矩形大小相同的图片占位符。

图 3-76 只保留一个矩形并剪切到幻灯片母版中

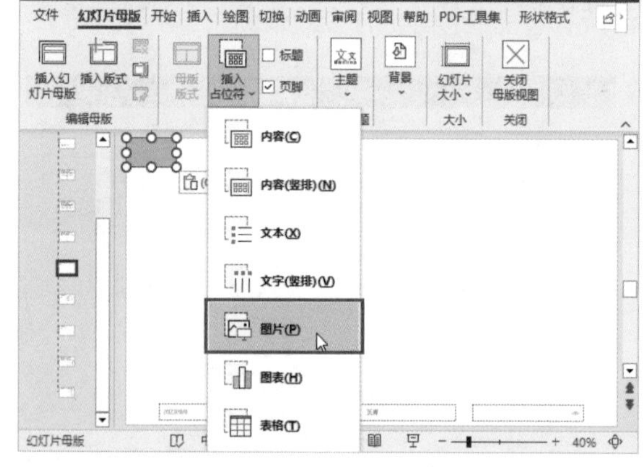


图 3-77 绘制一个与矩形大小相同的图片占位符

第7步 横向复制得到 10 个相同的图片占位符，可以使用按【F4】键“重复上一步操作”的方法来加快复制。然后选中这 10 个图片占位符，进行对齐操作，并再向下复制得到 10 行，这样就得到了一个包含 100 个图片占位符的幻灯片母版页面，如图 3-78 所示。

第8步 在“开始”选项卡下单击“版式”按钮，选择刚刚制作好的幻灯片母版版式，然后打开计算机中存放有 100 张待插入图片的文件夹，全选这些图片，拖入 PowerPoint 窗口的幻灯片页面中，如图 3-79 所示。

图 3-78　复制图片占位符

图 3-79　插入图片到幻灯片中

此时，你会发现这 100 张图片自动填充到了图片域中，整齐地排列着，无须再次调整尺寸和排列顺序，如图 3-80 所示。完成图片排版后，你还可以继续增加蒙版、文字等进行进一步设计，以达到图 3-71 所示的图片墙效果。

图 3-80　查看插入图片效果

## 3.3.2 PPT 导出图片，高清必备设置

在将PPT导出为JPG或PNG格式的图片时，我们希望图片的质量能够保持高清。但是，默认情况下通过PowerPoint生成的图片像素有可能达不到要求。如果需要将图片打印成大尺寸的海报，可能会出现模糊的情况。

也许有人觉得页面尺寸越大，导出的图片也会越大。理论上，可以通过增大页面尺寸来提高导出图片的像素。然而，这种方式会导致页面元素的精度要求增加，排版变得更加复杂，文字字号需要选择超大字号，小尺寸图片插入后会显得很小。

在不借助任何插件的情况下，提高导出图片精度的最佳方法是修改注册表。以下是具体的操作步骤。

**第1步** 按【Win+R】快捷键打开“运行”对话框，输入“regedit”并单击“确定”按钮，如图3-81所示。

**第2步** 在打开的注册表编辑器中，定位到HKEY_CURRENT_USER\SOFTWARE\Microsoft\Office\XX.0\PowerPoint\Options（其中XX对应计算机中安装的Office版本，例如PowerPoint 2019对应的是16.0）。在窗口右侧空白处右击，在弹出的快捷菜单中选择“新建”→“DWORD(32位)值”命令，如图3-82所示。

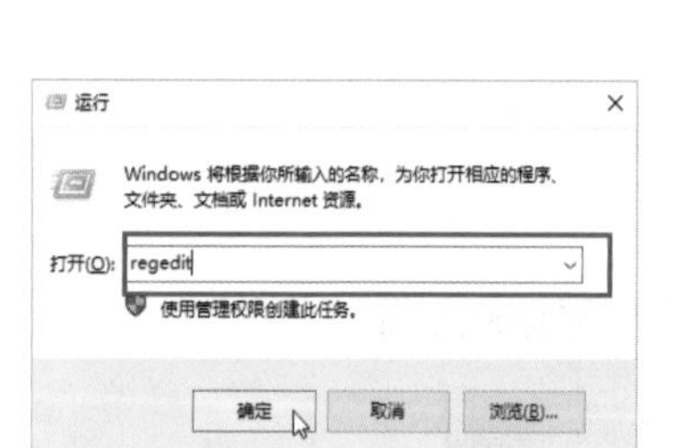


图3-81 运行“regedit”

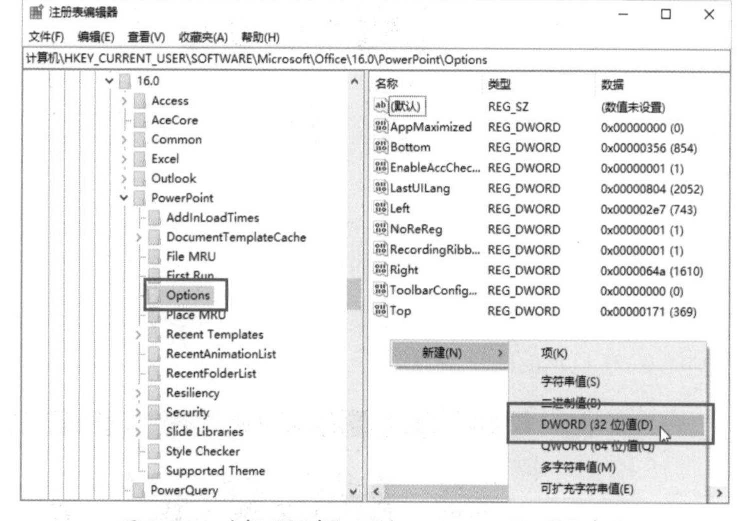


图3-82 选择“新建”→“DWORD(32位)值”命令

> **温馨提示**
> 将PPT导出为PNG或TIFF格式，它们支持无损压缩，可以保持图片质量。

**第3步** 将新建的注册表值重命名为“ExportBitmapResolution”，如图3-83所示。

**第4步** 双击重命名后的“ExportBitmapResolution”注册表值，在弹出的对话框中选中“十进制”单选按钮，然后输入数值数据（该数值对应导出图片的分辨率的十进制值，例如输入“1024”，PowerPoint 2003最大可输入“307”），单击“确定”按钮，并关闭注册表编辑器，如图3-84所示。

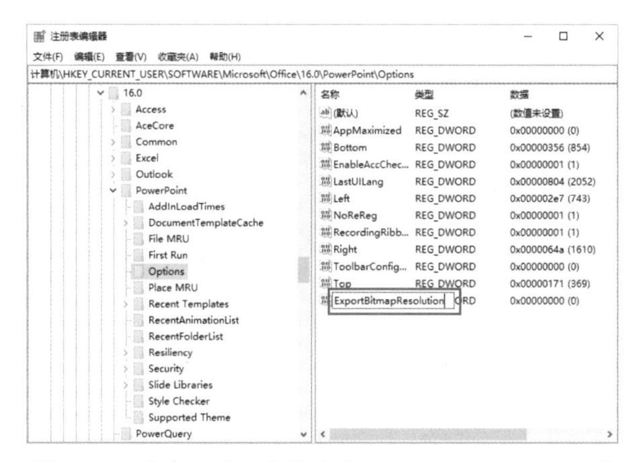


图 3-83　重命名注册表值为“ExportBitmapResolution”

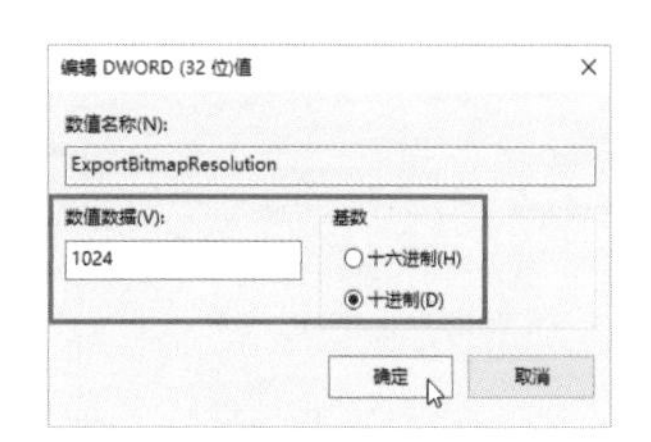


图 3-84　编辑 DWORD(32 位)值

现在，再将PPT文件另存为JPG图片时，就会发现导出的图片像素比默认方式导出的图片要大得多。如图 3-85 所示是默认导出JPG图片时某张幻灯片的属性参数，图 3-86 是修改注册表后导出的同一张幻灯片的属性参数。

图 3-85　默认导出图片时某张幻灯片的属性参数

图 3-86　修改注册表后导出的该幻灯片的属性参数

需要注意的是，通过选中页面上的组合、图片或形状等元素，然后从右键菜单中选择“另存为图片”的方式导出的图片像素不会因为注册表的修改而提高。

### 3.3.3 快速提取出 PPT 内所有图片

有时候，我们可能需要将PPT中的所有图片提取出来，以便进行其他用途的处理或使用。在处理包含大量图片的PPT文件时，逐个进行图片另存操作会非常耗时。为了提高效率，我们可以将PPT文件转换为压缩文件并提取其中的图片，具体操作步骤如下。

**第1步** 打开PPT所在文件夹，并在窗口上方选中“文件扩展名”复选框，以显示出PPT文件的扩展名。然后选中PPT文件，按【F2】键进入重命名状态，并将PPT的扩展名改为“.zip”，即压缩文件格式，如图3-87所示。

第2步 在PPT文件图标上右击，在弹出的快捷菜单中选择“解压到当前文件夹”命令，使用压缩软件将压缩文件内的所有文件解压缩，如图3-88所示。

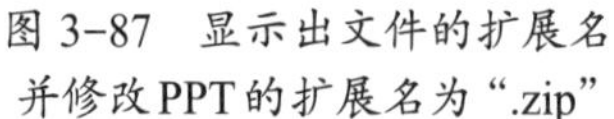

图3-87 显示出文件的扩展名并修改PPT的扩展名为“.zip”

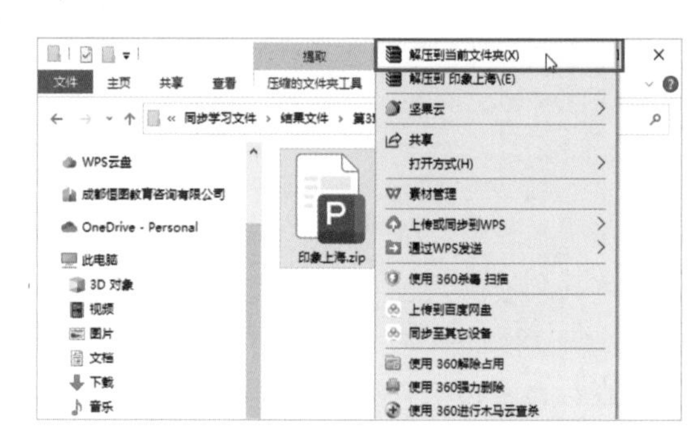


图3-88 解压文件

第3步 打开解压后的ppt文件夹中的media子文件夹，就可以在其中看到PPT中使用的所有图片，如图3-89所示。这样，就完成了图片的提取过程。

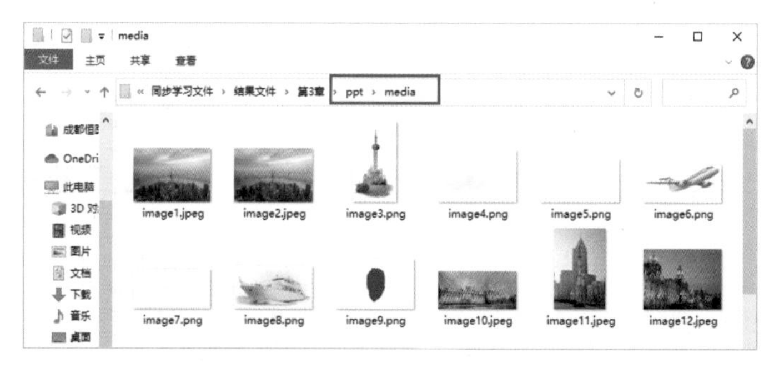


图3-89 查看PPT中使用的所有图片

### 3.3.4 PPT中常见的图文搭配方式

在制作幻灯片的过程中，主要的难点就在于如何将图片和文本进行有机的组合，而设计的重心是要考虑图片的排版方式。同一张图片可以通过不同的排版方式呈现出截然不同的效果。下面就结合图片排版的基本技巧来介绍几种常见的图文搭配方式。

#### 1. 全屏型

将一张图片占满整个幻灯片页面，特别适合质量较好的图片。这种排版方式能够充分展现图片的视觉优势，表现力非常出色。在这种排版方式下，为了确保文字内容醒目而不破坏整体和谐，可以利用图片本身的留白区域放置文字，或者添加形状作为文字的衬托。

如图3-90所示的红墙有一大片纯色，放上白色的文字就很显眼。图3-91所示的山峰上面的天空部分也比较空旷，排版文字效果也不错。

图 3-90　利用图片中的大面积色块排版文字（1）

图 3-91　利用图片中的大面积色块排版文字（2）

当素材中没有大面积空白的图片时，同样可以添加清晰的文字，只不过需要在文字下方添加形状，使其成为色块将文字衬托出来，如图 3-92 所示。这种方式也能增强全图型幻灯片的设计感。如图 3-93 所示直接在文本框下方添加整块矩形色块，色块颜色与背景形成差异。

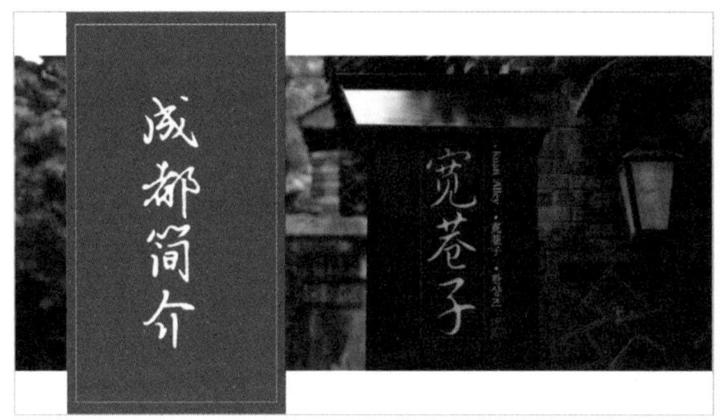


图 3-92　在文字下方添加形状（1）

图 3-93　在文字下方添加形状（2）

**温馨提示●**

当需要将插入的图片排列到某对象的下方或上方时，就需要对图片的叠放顺序进行调整。选择图片后，单击“图片格式”选项卡下“排列”组中的“上移一层”或“下移一层”下拉按钮，在弹出的下拉菜单中选择命令即可实现叠放顺序的调整。

在图片上利用形状衬托文字，最简单的方法是使用纯白色的形状，纯白色基本和各种图片百搭。当然，形状不一定是规矩的矩形，可以是各种不规则效果，如图 3-94 和图 3-95 所示。

图 3-94　在图片上利用形状衬托文字（1）

图 3-95　在图片上利用形状衬托文字（2）

我们还可以将图片与形状和线条相结合，以在整齐的基础上增加设计感，如图 3–96 和图 3–97 所示。

图 3–96　将图片与形状相结合

图 3–97　将图片与形状和线条相结合

为了让图片更有整体性，还可以将衬底形状调节为半透明，如图 3–98 所示。若图片本身有部分并不太重要，还可以添加渐变透明色形状作为遮罩，突出图片重点部分，如图 3–99 所示。

图 3–98　在图片上添加半透明形状

图 3–99　在图片上添加透明度渐变的形状

当然，根据图片与版式风格情况，也可以只对部分文字或单个文字添加形状衬底。

### 2. 分割型

对于比例或质量不适合全屏排版的图片，可以采用页面分割式排版。可以将页面左右分割（如图 3–100 和图 3–101 所示）、上下分割（如图 3–102 和图 3–103 所示），或者拦腰分割（如图 3–104 和图 3–105 所示）。根据图片素材的特点来选择设计，以充分利用图片素材，使页面显得大气。

图 3–100　左右分割（1）　　图 3–101　左右分割（2）

图 3-102　上下分割（1）

图 3-103　上下分割（2）

图 3-104　拦腰分割（1）

图 3-105　拦腰分割（2）

### 3. 整齐型

当一页幻灯片上有多张图片时，可以通过裁剪和对齐操作使图片整齐排列，这是提升页面美观性的简单方式。除了前面介绍的完全整齐类型的排版，还可以根据实际情况排成像图 3-106 所示的图片大小不尽相同的整齐版式，或者排成像图 3-107 所示的斜向拼贴版式。

图 3-106　图片大小不尽相同的整齐版式

图 3-107　斜向拼贴排版

### 4. 创意型

有时候，根据图片情况和内容的需要可以进行创意排版。例如，可以尝试斜线排版、圆弧形排版等非传统的方式，如图 3-108 和图 3-109 所示。

图 3-108　斜线排版

图 3-109　圆弧形排版

当只有一张图片时，可以通过裁剪（如图 3-110 和图 3-111 所示）、整体与局部混排（如图 3-112 所示）、重新着色（如图 3-113 所示）等方式实现多张图片的创意排版，从而增强页面的视觉效果。

图 3-110　对一张图片进行裁剪排版（1）

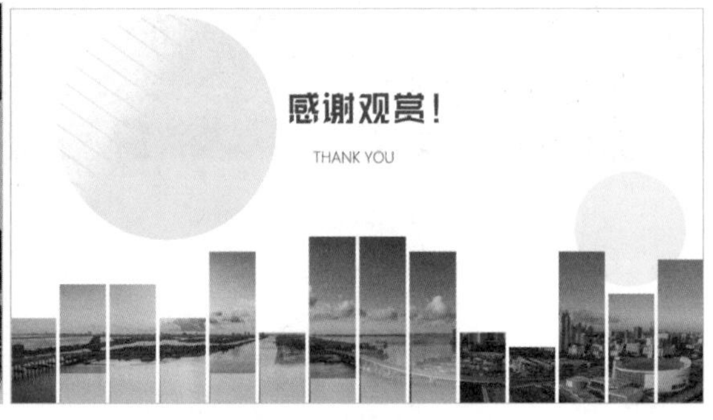


图 3-111　对一张图片进行裁剪排版（2）

图 3-112　整体与局部混排

图 3-113　对一张图片重新着色排版

## 高手秘技

本章我们从PPT中的图片应用层面进行讲解，首先可以通过ChatGPT和其他AI工具的帮助，发现独特的素材资源，掌握PPT图片的插入和处理技巧，并运用高级图像技巧进行排版和导出，从而打造精彩的PPT视觉效果。接下来，分享两个工具为PPT设计注入精彩的视觉元素。

## 高手秘技06：使用PPT美化大师，素材获取更简单

在设计PPT时，寻找合适的素材是一个非常重要的环节。素材的选择和使用直接影响到PPT的视觉效果和质量。想要快速获取高质量的素材，也可以使用PPT美化大师这个工具。

PPT美化大师是一款功能强大的素材获取工具，它提供了丰富多样的素材资源，包括图片、图标、模板等。通过使用PPT美化大师，可以快速找到合适的素材，并将其应用到PPT设计中。安装PPT美化大师成功后，启动PowerPoint就可以看到“美化”选项卡，包括“更换背景”“魔法换装”“在线素材”“资源广场”等选项，均可以获取丰富的素材，如图3-114所示。

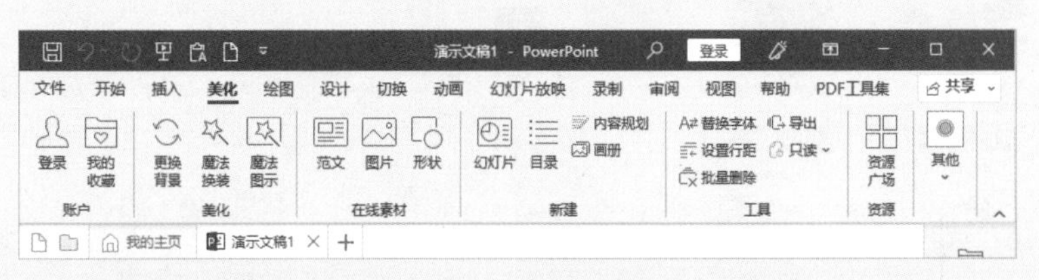


图3-114 “美化”选项卡

PPT美化大师的“我的主页”中提供了种类丰富的模板，且方便搜索，如图3-115所示。

图3-115 PPT美化大师提供的模板

## 高手秘技07：使用CollageIt Pro，图片墙排版更轻松

前面我们介绍了通过表格、母版、图片占位符来制作图片墙的方法，操作过程比较复杂，对大家的PPT能力要求相对较高。其实想要快速实现图片墙的排版，还可以使用CollageIt Pro这个工具。

CollageIt Pro是一款功能强大的图片排版工具，可以帮助大家快速创建漂亮的图片墙效果。用户可以选择不同的排版样式和布局，自动将多张图片排列在一起，并根据需要进行调整和优化，具体操作步骤如下。

**第1步** 安装并启动CollageIt Pro，在弹出的对话框中可以看到CollageIt Pro提供的多种预设图片墙排版样式，根据需要选择一种合适的拼图模板，单击“选择”按钮，如图3-116所示。

**第2步** 进入软件主界面，将要插入的所有图片拖入左侧的“照片列表”区，这些图片就将自动按选定的模板完成拼合，如图3-117所示。在右侧设置区，可对图片墙的尺寸、背景、图片间隙、图片位置、照片裁剪区域等进行调整设置。预览生成的图片墙效果，并根据需要进行调整和优化，满意后单击“输出”按钮即可。

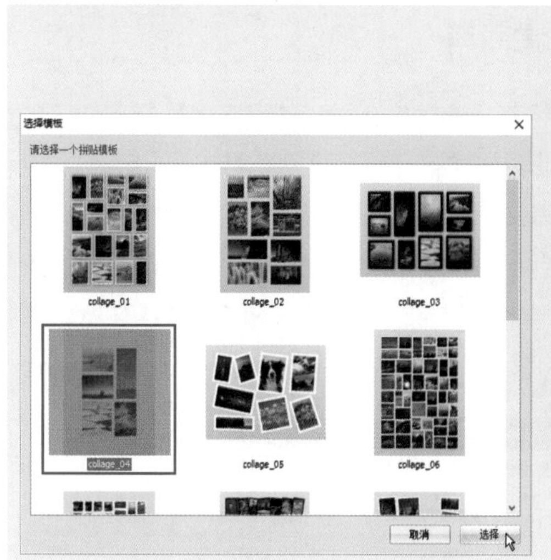


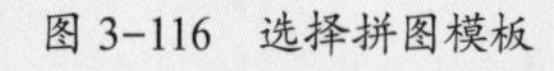

图 3-116 选择拼图模板

图 3-117 插入要拼合的所有图片并对图片墙的各参数进行设置

**第3步** 在弹出的对话框中可以设置输出图片的格式和质量等，如图 3-118 所示。然后就可以将图片墙以图片形式保存到计算机中，插入PPT使用，如图 3-119 所示。

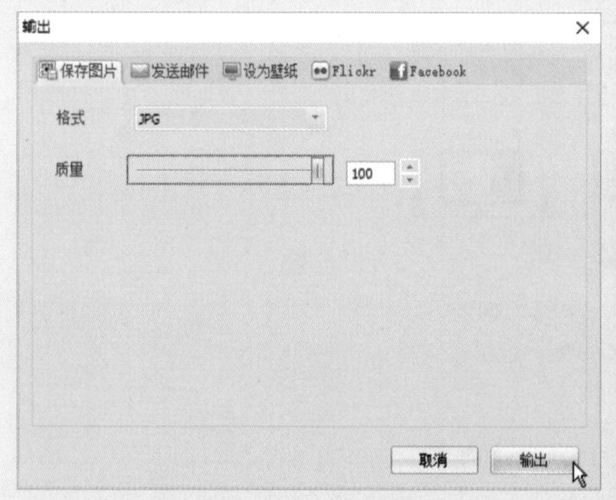


图 3-118 设置输出图片的格式和质量等

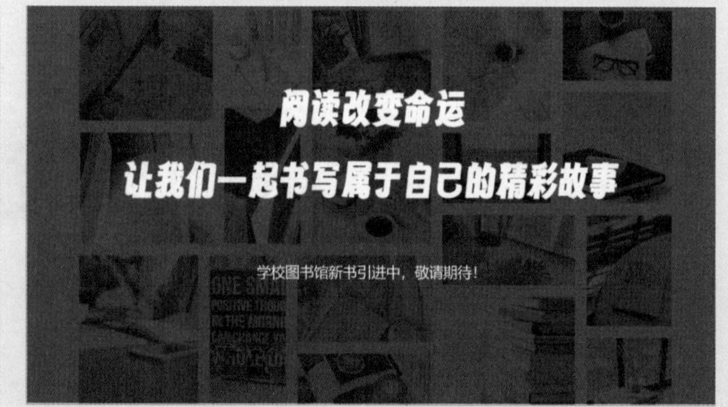


图 3-119 利用图片墙制作的PPT页面

通过使用Collagelt Pro制作图片墙可以保留图片比例，能够横、竖版图片混排，节省时间和精力。

**温馨提示**

Collagelt Pro还可以自动扫描PPT文件并提取其中的所有图片，并保存为单独的文件，方便后续使用。

第 4 章

# 数据展示全攻略：表格、图表与 SmartArt 图形的巧妙应用

在PPT设计中，数据展示是非常重要的一环。本章将介绍如何巧妙应用表格、图表和SmartArt图形来展示数据，以打造令人惊艳的PPT内容。我们将利用ChatGPT和智能工具来获取设计建议和技巧，避免表格变形，处理表格数据和格式，以及利用表格进行等份裁切图片。此外，我们还将介绍AI智能图表生成工具，帮助你在PPT中创造数据奇迹。最后，我们将探讨如何利用SmartArt图形来展示创意和流程，并分享一些非常规用法。

希望本章的内容能够帮助大家在数据展示方面取得更加出色的成果，让你的PPT内容更加引人注目和有说服力。

## 4.1 表格设计技巧：ChatGPT 助你打造令人惊艳的 PPT 表格

在展示数据或对不同项目进行对比时，与用大段文字描述相比，使用表格会显得更加清晰明了。表格在实现PPT内容画面化、提升演讲沟通效果方面的作用不容小觑。然而，设计出令人惊艳的PPT表格并不是一件容易的事情。

本节将介绍如何使用ChatGPT来创建表格，以及获取表格设计方面的建议和技巧。你能学习到将表格从Excel复制到PPT时如何避免发生变形，并能学习到一种有趣的表格用法——等份裁切图片，让你的表格更加生动有趣。

### 4.1.1 通过 ChatGPT 自动创建表格数据

在很多工作场景中，我们需要处理大量的数据，并将其整理成表格形式。手动创建表格数据可能会非常耗时且容易出错。但是，通过ChatGPT的帮助，就可以快速而准确地生成表格数据，从而提高工作效率。

用ChatGPT处理Excel表格，主要需要用到的工具是ChatGPT和VBA代码。下面展示一个自动化创建表格数据的具体案例。假设正在制作一份世界杯宣传的PPT，其中一页幻灯片中需要整理最近5届世界杯的得奖数据，并将其记录在表格中。通过ChatGPT自动化创建表格的具体操作步骤如下。

> **温馨提示●**
> VBA代码是一种强大的编程语言，专门用于Excel、Word、PowerPoint等Microsoft Office软件。通过编写简单的指令和操作，可以实现自动化、自定义和数据处理等功能，就像编写计算机程序一样。利用VBA代码，可以轻松控制Microsoft Office软件执行各种任务，例如自动填充表格、读取和处理数据、创建自定义工具栏等。这样，你将能够以更高效的方式完成工作，提升工作效率。

**第1步** 向ChatGPT提问“请列举出最近5届世界杯的冠军、最佳球员、最佳射手、最佳射手的进球数”，并复制返回的结果，如图4-1所示。

**第2步** 将复制的ChatGPT生成的数据进行粘贴作为提示内容，要求它根据这些数据生成VBA代码，如图4-2所示。

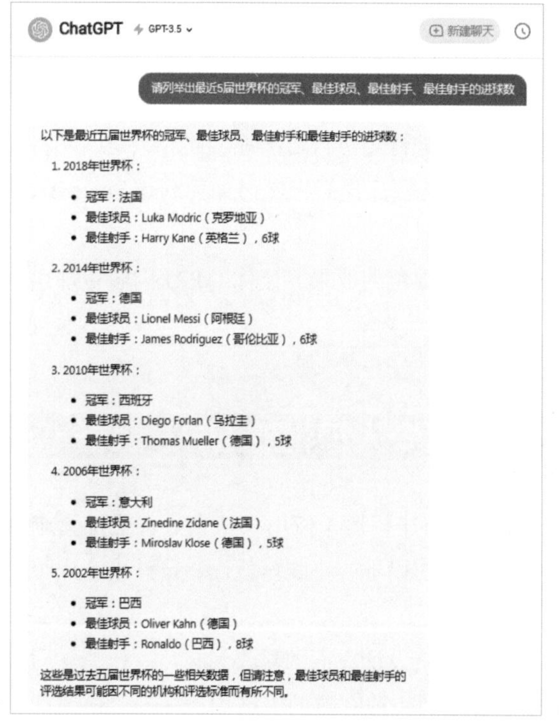


图4-1 向ChatGPT提问并复制答复内容

图4-2 要求ChatGPT根据提问内容生成VBA代码

**第3步** 稍后即可获得ChatGPT生成的答案，复制这些内容，如图4-3所示。

**第4步** 打开Excel，单击“开发工具”选项卡下“代码”组中的“Visual Basic”按钮，进入VBA程序面板，然后在左侧列表框中的“Sheet 1”选项上右击，在弹出的快捷菜单中选择“插入”→“模块”命令，如图4-4所示。

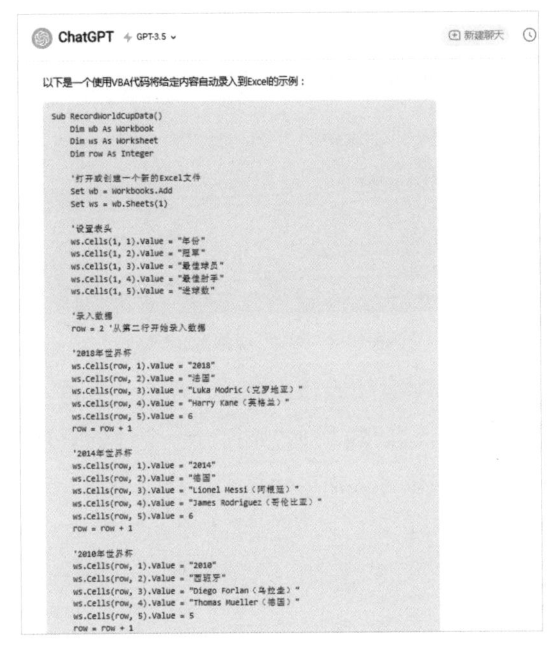


图 4-3　复制 ChatGPT 答复内容

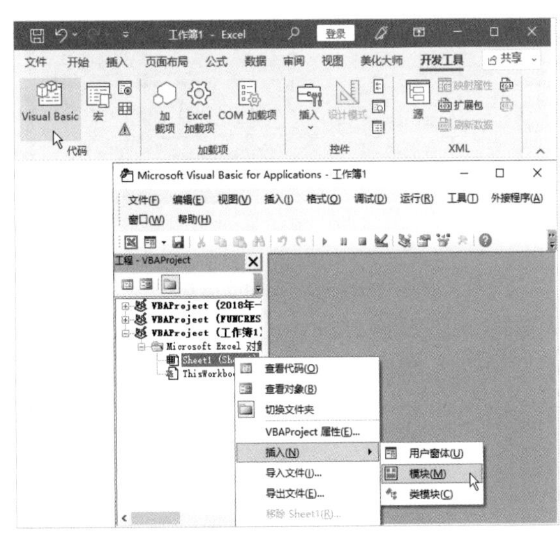


图 4-4　选择“插入”→“模块”命令

**第5步** 进入模块代码页面，将复制的ChatGPT生成的数据粘贴到该页面中。选择“运行”→“运行子过程/用户窗体”命令，如图 4-5 所示。

**第6步** 返回Excel页面，就可以看到表格已经创建好了，如图 4-6 所示。

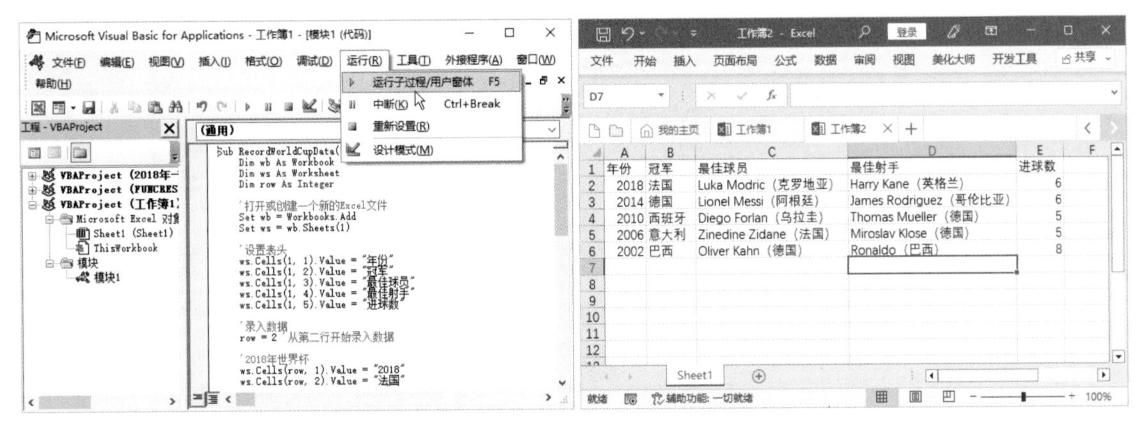


图 4-5　粘贴 ChatGPT 生成的数据并选择“运行子过程/用户窗体”命令

图 4-6　查看创建的表格

## 4.1.2 使用 ChatGPT 获取表格设计方面的建议和技巧

在PPT中，表格常常被认为是一种难以驾驭的元素，因为它们通常呈现出单调的线框和枯燥的数字，如图 4-7 和图 4-8 所示，给信息传达带来了困难，观众也很难对其产生兴趣。

花生种子含有的能量

| 种子 | 种子的质量（克） | 水量（毫升） | 燃烧前的水温（℃） | 燃烧后的水温（℃） | 测定出的热量（焦） | 每克所含的能量（焦） |
|---|---|---|---|---|---|---|
| 花生1 | 0.6 | 30 | 28 | 46 | 2268 | 3780 |
| 花生2 | 0.7 | 30 | 28 | 50 | 2772 | 3960 |
| 花生3 | 0.9 | 30 | 28 | 60 | 4032 | 4480 |

平均每克所含的能量：4073焦

图 4-7　常见表格（1）

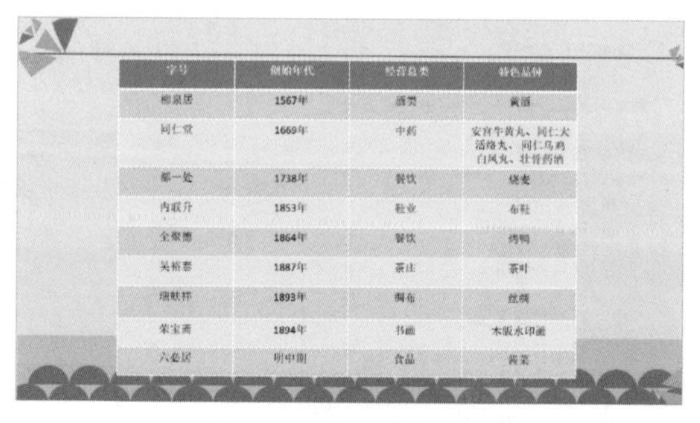

| 字号 | 创始年代 | 经营总类 | 特色品种 |
|---|---|---|---|
| 柳泉居 | 1567年 | 酒类 | 黄酒 |
| 同仁堂 | 1669年 | 中药 | 安宫牛黄丸、同仁大活络丸、同仁乌鸡白凤丸、壮骨药酒 |
| 都一处 | 1738年 | 餐饮 | 烧麦 |
| 内联升 | 1853年 | 鞋业 | 布鞋 |
| 全聚德 | 1864年 | 餐饮 | 烤鸭 |
| 吴裕泰 | 1887年 | 茶庄 | 茶叶 |
| 瑞蚨祥 | 1893年 | 绸布 | 丝绸 |
| 荣宝斋 | 1894年 | 书画 | 木版水印画 |
| 六必居 | 明中期 | 食品 | 酱菜 |

图 4-8　常见表格（2）

然而，在必须使用表格的情况下，我们可以通过一些调整，使表格更美观、易读。具体如何调整呢？我们可以与ChatGPT进行对话，咨询关于表格设计的问题，如“如何选择合适的表格样式”“如何布局表格内容”等，让ChatGPT帮助我们获取表格设计方面的建议和技巧。下面，先不针对具体情况，让ChatGPT提供一些对制表有用的建议。

**提问：**PPT中设计表格的技巧。

**ChatGPT:**

设计表格时，以下是一些技巧可以帮助你创建清晰、易读和吸引人的表格。

1. 选择合适的表格类型：根据你的数据类型和目的选择适当的表格类型，如基本表格、矩阵表格、交叉表格等。

2. 简洁明了的布局：确保表格布局简洁明了，使数据易于阅读和理解。使用清晰的线条和网格线来分隔行和列。

3. 保持一致的样式：使用一致的字体、字号和颜色来呈现表格内容。这有助于提高可读性和一致性。

4. 使用合适的标题和标签：为表格添加清晰的标题和标签，以便读者了解表格内容和意义。要使用有意义的标题和标签，避免使用过于晦涩的术语。

5. 高亮显示关键数据：使用粗体、斜体、颜色或其他方式突出显示重要的数据或信息。这有助于读者更快地理解和记忆关键内容。

6. 限制表格行数：如果可能，尽量限制表格的行数，以避免表格过于拥挤和混乱。如果表格内容较多，可以考虑使用分页或折叠功能。

7. 添加图表或图形：如果适用，可以在表格旁边或内部添加图表或图形，以帮助读者更好地理解数据趋势和关系。

8. 使用合适的单位和格式：确保表格中的数据使用正确的单位和格式，以避免混淆和误解。例如，使用百分比、货币符号或适当的度量单位。

9. 避免信息重复：避免将相同的信息在多个表格中重复显示，以免造成混淆和冗余。

10. 打印预览和测试：在最终展示之前，务必进行打印预览并测试表格的可读性和完整性。确保表格在不同屏幕和打印设备上都能正常显示。

通过运用这些技巧，你可以创建出具有清晰结构和吸引力的表格，使你的PPT更具可视化效果和信息传达能力。

ChatGPT提供的表格设计建议比较全面。为了方便大家理解，下面针对容易忽视的部分进行深入讲解并加以完善。

### 1. 选择合适的情况使用表格

并非所有类型的数据都适合用表格展示。通常只有在两种情况下，表格才是展示内容的最佳选择。

（1）展示多项目数据明细：当需要清晰地展示多个项目的具体数据时，表格是非常合适的选择。通过表格，观众可以直观地了解不同项目的具体数据，而不仅仅是对数据大小有个模糊的概念。

（2）展示多项目情况：在某些特殊情况下，比如展示调查问卷等复杂分类情况下的信息，表格是最佳选择。这类信息项目通常在三条以上且分类情况复杂，难以用单纯的文字、图形、图表来展示。如图4-9所示，我们可以使用表格来展示不同商品在不同店铺的销售情况调查，通过表格的条理清晰性，观众可以更容易理解和分析数据。

不同商品在不同店铺的销售情况

销量很好“✓”；销量不好“×”；情况不明确“？”；无法调查用空白表示。

| | 保健食品 | 零食 | 洗护用品 | 玩具 | 生活用品 |
|---|---|---|---|---|---|
| 药店 | ✓ | | ✓ | ? | |
| 大超市 | | × | ? | | ✓ |
| 小超市 | × | | ✓ | ? | × |
| 零售摊 | ? | ✓ | × | | |
| 医院门口的商店 | ✓ | | | × | ✓ |
| 小区超市 | | × | ✓ | ? | |

图4-9　多项目情况适合用表格来展示

### 2. 保持一致的格式

统一字号、字体、字体颜色、对齐方式（包括水平和垂直两个方向上的对齐）等格式，使表格内容规范、统一。内容较短时，一般采用居中对齐；内容较长时居中对齐效果则往往不佳，建议选择左对齐，如图4-10所示，右侧三列采用居中对齐，左侧第一列采用左对齐。

| 车型对比 | 雅阁2018 230TURBO舒适 | 凯美瑞2021 2.0E精英版 | 迈腾2020 280TSI舒适 |
|---|---|---|---|
| | ¥17.98万 | 17.98万 | 18.69万 |
| 上市时间 | 2019.07 | 2021.02 | 2019.12 |
| 发动机 | 1.5T 117马力 L4 | 2.0L 178马力 L4 | 1.4T 150马力L4 |
| 变速箱 | CVT无级变速 | CVT无极变速（模拟10档） | 7挡干式双离合 |
| 尺寸（mm） | 4893*1862*1449 | 4885*1840*1455 | 4865*1832*1471 |
| 整备质量（kg） | 1478 | 1530 | 1445 |
| 排量（L） | 1.5 | 2.0 | 1.4 |
| 最高车速(km/h) | 190 | 205 | 208 |
| NEDC综合油耗（L/100km） | 6.4 | 5.5 | 5.8 |
| 供油方式 | 直喷 | 混合喷射 | 直喷 |
| 轮胎规格 | 225/50 R17 | 205/65 R16 | 215/60 R16 |
| 座椅材质 | 仿皮 | 织物 | 真皮 |
| 中控屏幕 | 普通液晶屏 | 触控液晶屏 | 触控液晶屏 |
| 扬声器数量 | 4喇叭 | 6喇叭 | 8喇叭 |

图4-10　保持一致的格式

为了使表格看起来更整齐，同类信息的单元格应保持统一的行高和列宽。操作也很简单，选择同类的行或列后，单击“布局”选项卡中的“分布行”或“分布列”按钮即可。如果单元格中的文字不是很多，最好将其放在一行显示，可以通过拖动表格的边框来增加列宽，确保文字能够在单行显示。

### 3. 调整表格的样式

PowerPoint中预置了一些表格样式，其中包含许多大气、美观的样式。可以在“表设计”选项卡下的“表格样式”列表中选择一个样式应用于表格，如图4-11所示。套用表格样式后，表格的效果立即得到增强，如图 4-12 所示，但是这样的效果过于常见，也就没有新意了。

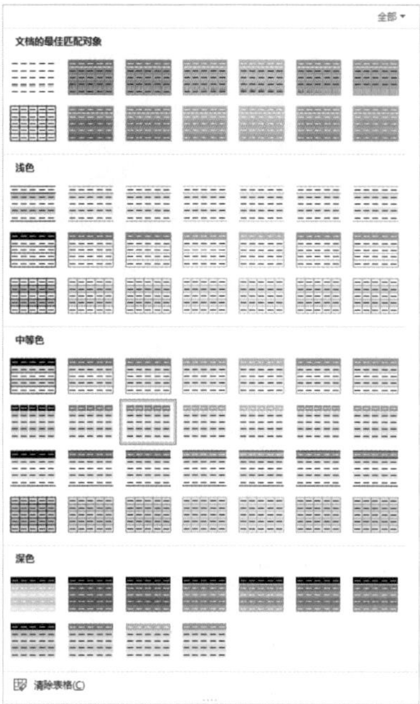

图 4-11　套用表格样式

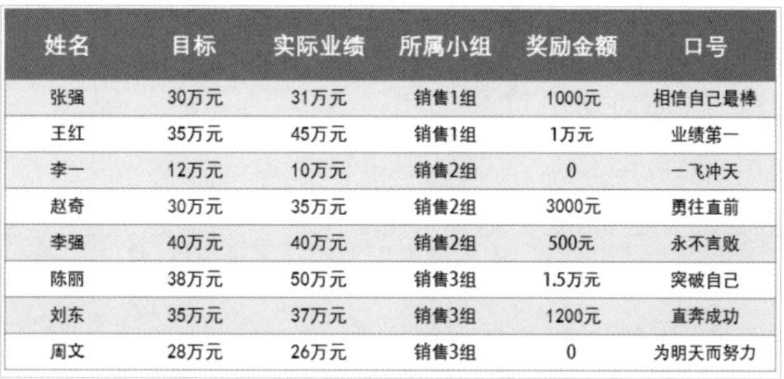

| 姓名 | 目标 | 实际业绩 | 所属小组 | 奖励金额 | 口号 |
| --- | --- | --- | --- | --- | --- |
| 张强 | 30万元 | 31万元 | 销售1组 | 1000元 | 相信自己最棒 |
| 王红 | 35万元 | 45万元 | 销售1组 | 1万元 | 业绩第一 |
| 李一 | 12万元 | 10万元 | 销售2组 | 0 | 一飞冲天 |
| 赵奇 | 30万元 | 35万元 | 销售2组 | 3000元 | 勇往直前 |
| 李强 | 40万元 | 40万元 | 销售2组 | 500元 | 永不言败 |
| 陈丽 | 38万元 | 50万元 | 销售3组 | 1.5万元 | 突破自己 |
| 刘东 | 35万元 | 37万元 | 销售3组 | 1200元 | 直奔成功 |
| 周文 | 28万元 | 26万元 | 销售3组 | 0 | 为明天而努力 |

图 4-12　常见套用表格样式效果

想要表格样式既美观又个性，还需要从以下三个方面去优化。

● 数字格式化。对于数字，可以考虑使用合适的格式化，如货币格式、百分比格式等，以增加可读性和易理解性。

● 颜色选择。选择适合主题和内容的颜色，使表格更加美观。可以使用品牌色或与PPT主题相匹配的颜色。

为了提高表格的可读性，当表格行数较多时，可以使用不同的背景色来区分相邻的行，使行与行之间更加清晰地区分开来。如图 4-13 所示的页面中的表格，采用了灰色和乳白色两种颜色来区分内容行。

另外，如图 4-14 所示的页面表格，每个部分的行都采用了不同的颜色来区分，进一步增强了表格的可辨识性。

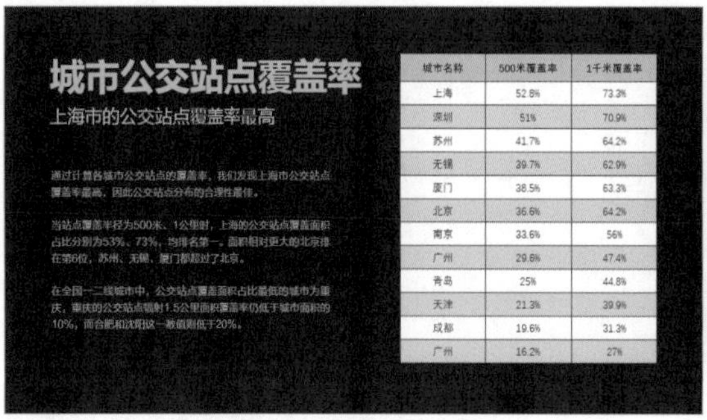

| 城市名称 | 500米覆盖率 | 1千米覆盖率 |
| --- | --- | --- |
| 上海 | 52.8% | 73.3% |
| 深圳 | 51% | 70.9% |
| 苏州 | 41.7% | 64.2% |
| 无锡 | 39.7% | 62.9% |
| 厦门 | 38.5% | 63.3% |
| 北京 | 36.6% | 64.2% |
| 南京 | 33.6% | 56% |
| 广州 | 29.6% | 47.4% |
| 青岛 | 25% | 44.8% |
| 天津 | 21.3% | 39.9% |
| 成都 | 19.6% | 31.3% |
| 广州 | 16.2% | 27% |

图 4-13　采用两种颜色来区分表格的内容行

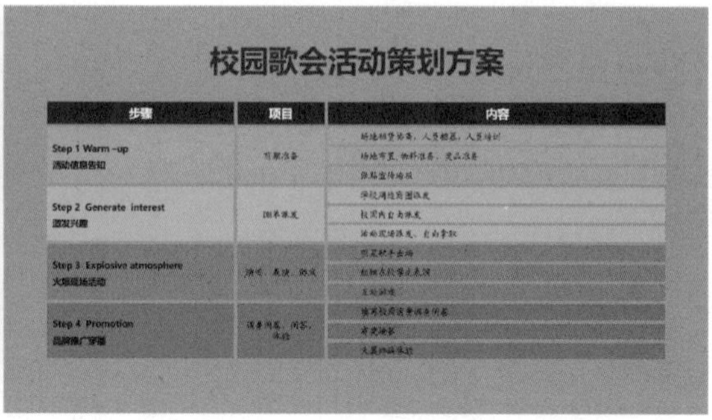

| 步骤 | 项目 | 内容 |
| --- | --- | --- |
| Step 1 Warm-up<br>活动信息告知 | [illegible] | [illegible] |
| Step 2 Generate interest<br>激发兴趣 | [illegible] | [illegible] |
| Step 3 Explosive atmosphere<br>火爆现场活动 | [illegible] | [illegible] |
| Step 4 Promotion<br>品牌推广宣传 | [illegible] | [illegible] |

图 4-14　采用不同颜色来区分每个部分的行

当表格的列存在项目分类，或需要提醒观众进行列的区分时，可以为表格的列设置不同的底纹填充色，或者使用同一色系的不同深浅度来区分各列，以便观众根据列查看信息。如图 4–15 所示，表格的目的是展示各列信息的对比情况，所以为列进行了多种填充色的设置。如图 4–16 所示，表格的左右两边都是相同的项目分类，为了提醒观众进行列的区分，为左右两边的列设置了不同的填充色，使表格的信息分类一目了然。

企业号与服务号、订阅号的区别

| | 企业号 | 服务号 | 订阅号 |
|---|---|---|---|
| 面向人群 | [illegible] | 面向企业、政府或组织，用以对用户进行服务 | 面向媒体和个人提供一种信息传播方式 |
| 消息显示方式 | [illegible] | 出现在好友会话列表首层 | 折叠在订阅号目录中 |
| 消息次数限制 | [illegible] | 每月主动发送消息不超过4条 | 每天群发一条 |
| 验证关注者身份 | [illegible] | 任何微信用户扫码即可关注 | 任何微信用户扫码即可关注 |
| 消息保密 | [illegible] | 消息可转发、分享 | 消息可转发、分享 |
| 高级接口权限 | 支持 | 支持 | 不支持 |
| 定制应用 | [illegible] | 不支持，新增服务号需要重新关注 | 不支持，新增服务号需要重新关注 |

图 4–15　为列设置不同的底纹填充色

2022年夏季求职期城市平均薪酬分布

薪酬水平进入全国前十的城市，基本分布在长三角、珠三角地区。沈阳、哈尔滨、长春作为东北三省省会，其薪酬水平在34个城市中排名靠后，尤其是哈尔滨和长春，排在最后两位。

| 排名 | 城市 | 平均薪酬 | 排名 | 城市 | 平均薪酬 |
|---|---|---|---|---|---|
| 1 | 北京 | 9240 | 10 | 苏州 | 6719 |
| 2 | 上海 | 8962 | 11 | 南京 | 6680 |
| 3 | 深圳 | 8315 | 12 | 重庆 | 6584 |
| 4 | 广州 | 7409 | 13 | 福州 | 6522 |
| 5 | 杭州 | 7330 | 14 | 贵阳 | 6437 |
| 6 | 宁波 | 7152 | 15 | 成都 | 6402 |
| 7 | 佛山 | 7017 | 16 | 武汉 | 6331 |
| 8 | 东莞 | 6998 | 17 | 南昌 | 6235 |
| 9 | 厦门 | 6886 | 18 | 昆明 | 6230 |

图 4–16　为不同项目所在数据的列设置不同的填充色

● 线框设计。选择合适的线框样式和粗细，使表格看起来更清晰、易读。其实，尽量减少底纹填充和边框线的使用，可以使表格呈现极简效果，给观众带来整洁、干净、清爽的视觉感受。对表格使用细线条或者去掉部分线框可以减少视觉干扰，如图 4–17 所示的表格，统一了内部边框横向线磅值，统一取消了所有纵向线；同时，又特别取消了外部边框横向线 1，让头行文字从表格中突出；将横向线 2 和最底端的横向线 8 统一设置为更粗的线条，以界定表内、表外。经过这样的设置，表格视觉效果得到了提升。

纵向线1　纵向线2　纵向线3　纵向线4　纵向线5

横向线1 … 横向线8

| IPO年度 | 首付款（亿美元） | 总交易额（亿美元） | 退出所用年数 |
|---|---|---|---|
| 2020年 | 21.302 | 2.10 | 4.8 |
| 2019年 | 12.20 | 2.209 | 7.9 |
| 2018年 | 8.95 | 2.23 | 7.8 |
| 2017年 | 6.31 | 2.83 | 7.7 |
| 2016年 | 15.732 | 2.6 | 8.6 |
| 2015年 | 11.25 | 1.41 | 7 |

图 4–17　线框设计

### 4. 高亮显示关键数据

有时候，表格需要突出显示某些重要数据，例如表头、最大值或最小值，可以通过加粗 / 增大文字、改变颜色、设置底纹等方式来突出重点。

**温馨提示●**

表格的第一行通常被称为表头，用于显示项目名称。对表头（或表头下的第一行）进行特殊的修饰是提升表格设计感的一种方式。

例如，想要强调表格中的重点文字内容，可以为其设置不同的字体颜色，也可以增大字号，同时改变颜色，如图 4–18 和图 4–19 所示。

几种无机盐缺乏时的症状和食物来源：

| 无机盐种类 | 缺乏时的症状 | 食物来源 |
|---|---|---|
| 含钙的无机盐 | 儿童患佝偻病，中老年患骨质疏松症 | |
| 含磷的无机盐 | 厌食，贫血，肌无力，骨痛等 | 豆、奶类、鱼、蛋、瘦肉…… |
| 含铁的无机盐 | 缺血性贫血(乏力，头晕等) | 动物肝脏、豆、蛋、奶…… |
| 含碘的无机盐 | 地方性甲状腺肿，儿童智力和体格障碍 | 海带、紫菜、虾…… |
| 含锌的无机盐 | 生长发育不良，味觉发生障碍 | 瘦肉、坚果、猪肝、鱼…… |

图 4-18　为重点文字内容设置不同的字体颜色

4 2023年费用支出占比表

| 收支级别一 | 金额 | 费率 |
|---|---|---|
| 管理费用-房租 | 12800 | |
| 管理费用-工资 | 360000 | |
| 管理费用-设计费 | 15000 | |
| 管理费用-咨询费 | 40000 | |
| 管理费用-社保费 | 45000 | |
| 管理费用-招待费 | 98000 | |
| 销售费用-劳务费 | 2700 | |
| 管理费用-住房公积金 | 6000 | |
| 管理费用-制作费 | | |
| 管理费用-办公费 | | |
| 管理费用-差旅费 | | |
| 销售费用-差旅费 | | |
| 销售费用-制作费 | | |
| 管理费用-服务费 | | |
| 管理费用-交通费 | | |
| 管理费用-福利费 | | |
| 其他费用 | | |

图 4-19　改变重点文字内容的字体格式

如果想要强调某一行或某一列的信息，可以将这一行或这一列设置为与其他行/列对比更强烈的填充色。这样可以更加突出该行或该列的重要性，如图 4-20 和图 4-21 所示。

| 产品 | 小米笔记本AIR 13.3英寸 | 宏碁T5000-54BJ | 三星910S3L-M01 | ThinkPad 20DCA089CD |
|---|---|---|---|---|
| 产品毛重 | 2.48kg | 3.77kg | 2.28kg | 2.9kg |
| 颜色 | 银 | 银 | 白 | 黑 |
| CPU类型 | 酷睿双核i5处理器 | i5-6300HQ | i5-6200U | i5-5200U |
| 内存容量 | 8GB | 4GB | 8GB | 8GB |
| 硬盘容量 | 256GB | 1T | 1TB | 1TB |
| 类型 | NVIDIA 940MX独显 | NVIDIA GTX950M独显 | 英特尔核芯显卡 | AMD R5 M240独立显卡 |
| 显存容量 | 独立1GB | 独立2GB | 共享系统内存（集成） | 独立2GB |
| 屏幕规格 | 13.3英寸 | 15.6英寸 | 13.3英寸 | 14.0英寸 |
| 物理分辨率 | 1920×1080 | 1920×1080 | 1920×1080 | 1366 x 768 |
| 屏幕类型 | LCD | LED背光 | LED背光 | LED背光 |

图 4-20　改变某行数据的填充色进行强调

企业号与服务号、订阅号的区别

| | 企业号 | 服务号 | 订阅号 |
|---|---|---|---|
| 面向人群 | 面向企业、政府、事业单位和非政府组织，实现生产管理、协作运营的移动化。 | 面向企业、政府或组织，用以对用户进行服务 | 面向媒体和个人提供一种信息传播方式 |
| 消息显示方式 | 出现在好友会话列表首层 | 出现在好友会话列表首层 | 折叠在订阅号目录中 |
| 消息次数限制 | 最高每分钟可群发200次 | 每月主动发送消息不超过4条 | 每天群发一条 |
| 验证关注者身份 | 通讯录成员可关注 | 任何微信用户扫码即可关注 | 任何微信用户扫码即可关注 |
| 消息保密 | 消息可转发、分享，支持保密消息，防成员转发。 | 消息可转发、分享 | 消息可转发、分享 |
| 高级接口权限 | 支持 | 支持 | 不支持 |
| 定制应用 | 可根据需要定制应用，多个应用聚合成一个企业号 | 不支持，新增服务号需要重新关注 | 不支持，新增服务号需要重新关注 |

图 4-21　改变某列数据的填充色进行强调

为了让表头内容更加突出，还可以在增加文字字号的同时，为其设置不同的填充颜色来与表格内的行形成明显对比。如图 4-22 所示，这样的效果比整个表格的列都采用相同样式要更加出色。此外，也可以在表头中插入图片，以增加表格的生动性，如图 4-23 所示。

| 产品 | 小米笔记本AIR 13.3英寸 | 宏碁T5000-54BJ | 三星910S3L-M01 | ThinkPad 20DCA089CD |
|---|---|---|---|---|
| 产品毛重 | 2.48kg | 3.77kg | 2.28kg | 2.9kg |
| 颜色 | 银 | 银 | 白 | 黑 |
| CPU类型 | 酷睿双核i5处理器 | i5-6300HQ | i5-6200U | i5-5200U |
| 内存容量 | 8GB | 4GB | 8GB | 8GB |
| 硬盘容量 | 256GB | 1T | 1TB | 1TB |
| 类型 | NVIDIA 940MX独显 | NVIDIA GTX950M独显 | 英特尔核芯显卡 | AMD R5 M240独立显卡 |
| 显存容量 | 独立1GB | 独立2GB | 共享系统内存（集成） | 独立2GB |
| 屏幕规格 | 13.3英寸 | 15.6英寸 | 13.3英寸 | 14.0英寸 |
| 物理分辨率 | 1920×1080 | 1920×1080 | 1920×1080 | 1366 x 768 |
| 屏幕类型 | LCD | LED背光 | LED背光 | LED背光 |

图 4-22　表头字体格式和填充方式

图 4-23　在表头中插入图片

## 4.1.3 避免从 Excel 复制到 PPT 时表格变形的方法

在表格编辑方面，Excel具备许多专业优势，因此许多人选择在Excel软件中编辑表格，并将其复制到PPT中进行展示。然而，在将Excel中的表格复制到PPT中时，经常会遇到表格变形的问题，如表格的样式发生了改变，原本在Excel中编辑的格式全部丢失了。

这种情况实际上是由于PowerPoint默认使用了“使用目标样式”粘贴方式，导致了表格样式的改变。如果想要保留原Excel文件中的表格样式，可以在“开始”选项卡下的“粘贴”下拉列表中选择“保留源格式”方式进行粘贴，如图 4-24 所示。图 4-25 展示了两种粘贴方式的对比。

图 4-24　选择性粘贴

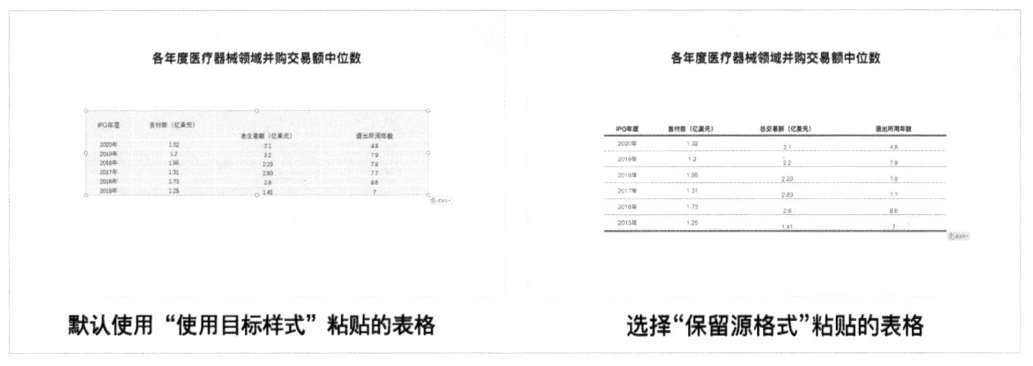


图 4-25　“使用目标样式”和“保留源格式”两种粘贴方式的效果对比

除了这种粘贴选项，还有其他选项可供选择。其中，“嵌入”选项会以Excel工作表对象的方式粘贴表格，粘贴后仍然保留Excel的编辑功能，双击表格即可在Excel中打开并进入编辑状态；“图片”选项会将表格转换为增强型图元文件的图片格式，并粘贴到幻灯片中，通过“取消组合”命令可以继续编辑内容；“只保留文本”选项则只会粘贴表格的文字内容到幻灯片中。

那么，当我们将表格从Excel复制到PPT页面中时，如果Excel表格内容发生变化，粘贴到PPT后是否会自动更新相应内容呢？答案是肯定的。只需要在复制表格后，切换到PowerPoint，按【Ctrl+Alt+V】快捷键打开“选择性粘贴”对话框，然后选中“粘贴链接”单选按钮，并在右侧选择“Microsoft Excel工作表 对象”选项，即可将页面中的表格与Excel表格建立关联，如图 4-26 所示。当Excel表格（与PPT文件放在同一文件夹中）中的内容发生变化时，PPT中的表格也会自动更新，无须手动修正更新。

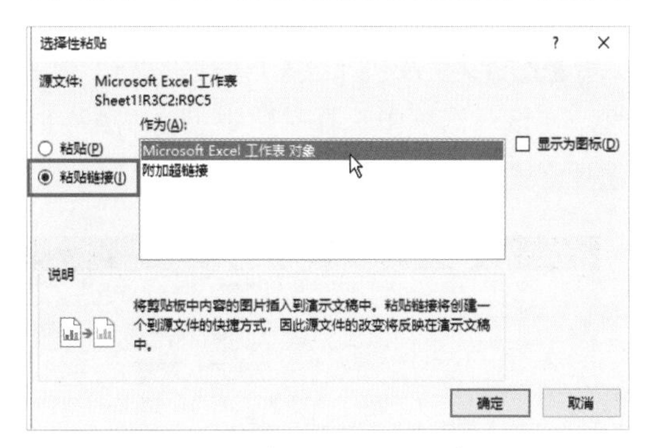


图 4-26　选中“粘贴链接”单选按钮

### 4.1.4　表格的另类应用：通过等份裁切图片实现创意效果

除了用于展示数据，表格还可以用于其他一些创意。前面我们已经介绍了如何使用表格布局来插入大量图片，其实，表格还有一种有趣的用法，即将表格用作等份裁切图片的工具。

你可以将一张大的图片分割成多个小的等份，并将它们放置在表格的单元格中。这样可以创造出一种独特的图像展示效果，吸引观众的注意力。这样的图片效果在第 3 章中也有展示，下面解析具体的操作步骤。

**第1步** 将需要裁剪的图片插入PPT，并插入一个与图片大小相同的表格（要根据图片分成的份数来创建行和列），将表格的填充色和外部框线设置为无，采用粗细一致的内部框线，如图 4–27 所示。

**第2步** 按【Ctrl+X】快捷键剪切图片，然后选中整个表格，右击，在弹出的快捷菜单中选择"设置形状格式"命令，如图 4–28 所示。

图 4–27 创建图片同等大小的表格并设置内部框线

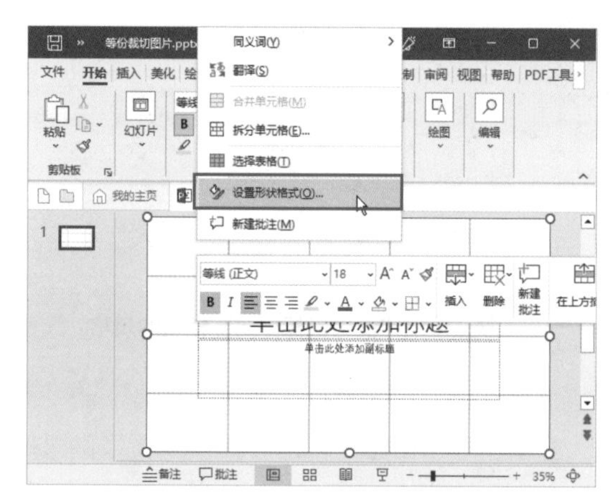
图 4–28 剪切图片并为表格设置形状格式

**第3步** 显示出"设置形状格式"任务窗格，在其中设置表格的填充方式为"图片或纹理填充"，然后单击"剪贴板"按钮，将刚刚剪切的图片填充进去，并选中"将图片平铺为纹理"复选框，如图 4–29 所示。

**第4步** 按【Ctrl+X】快捷键剪切表格，然后按【Ctrl+Alt+V】快捷键打开"选择性粘贴"对话框。在该对话框中选择粘贴类型为"图片（增强型图元文件）"，单击"确定"按钮，将表格转换为图片格式，如图 4–30 所示。

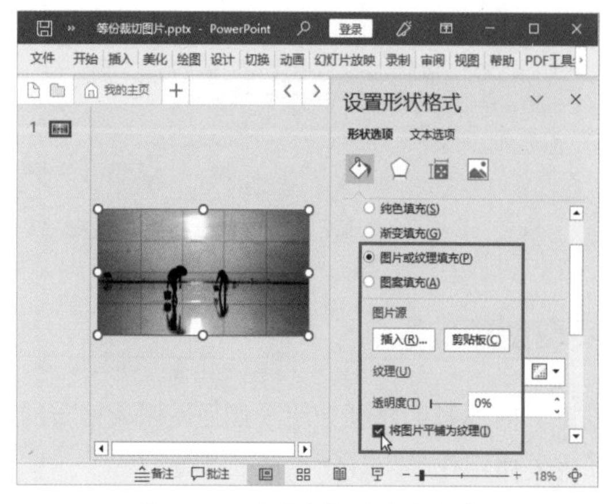
图 4–29 设置表格的填充方式

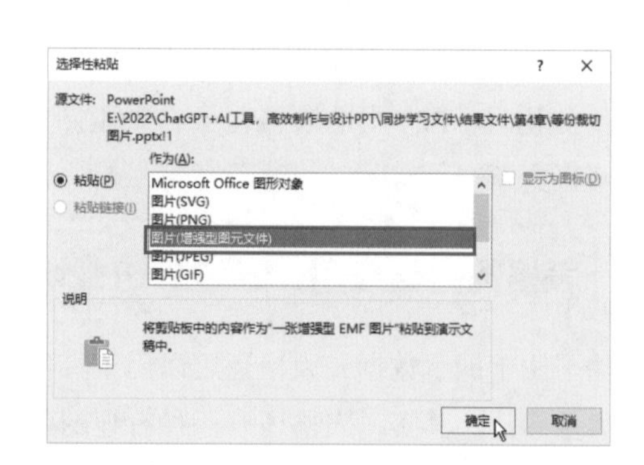
图 4–30 选择粘贴类型为"图片（增强型图元文件）"

**第5步** 选中已转换为图片格式的表格，按【Ctrl+Shift+G】快捷键取消组合。在弹出的提示对话框中单击“是”按钮，如图 4-31 所示。再次按【Ctrl+Shift+G】快捷键取消所有组合。

**第6步** 经过上述操作后，原来的图片就被裁剪成了多块等大小的小图。此时，你可以删除页面上不需要的表格边框和透明轮廓，然后重新排列这些小图的排版效果，如图 4-32 所示。

图 4-31　取消表格的组合

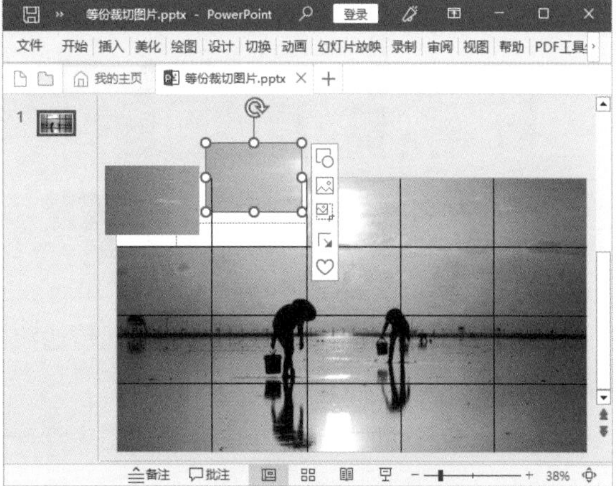


图 4-32　排版被裁剪成多块的图片小图

**温馨提示**

通过利用表格将图片等份裁切的技巧，可以在PPT中实现更丰富的图片动画效果。例如，通过切换动画，可以让看似完整但实际上被等份分割的图片实现由散到聚、由聚到散的动画特效。

## 4.2 数据可视化艺术：AI 智能图表生成工具的应用

图表是PPT中常用的一种元素，相比文字和表格，它能更直观地呈现数据，佐证某个结论。本节将与ChatGPT讨论最佳图表类型和数据可视化方法，介绍四个方法来提升图表的表达力，学习如何调整默认图表的外观，以及浏览四个网站来提升图表设计素养。此外，我们还会介绍可视化图表工具，它能根据输入的数据自动生成美观的图表。

### 4.2.1 与 ChatGPT 讨论最佳图表类型和数据可视化方法

在制作PPT时，我们常常需要向观众传达大致的数据对比和趋势。为了更好地呈现这些信息，使用图表是一个不错的选择。

下面以一个具体案例来说明。假设正在分析 2022 年上半年的入职人数和离职人数，我们想要传达的信息是哪个月是人员流动的高峰期。在这种情况下，使用图表可以更好地呈现这个信息。

如图 4-33 所示，我们可以使用柱状图来展示每个月的入职和离职人数。通过直观的视觉效果，观众可以迅速理解数据的对比和趋势。图表的标题也可以清晰地表达我们的分析目的。

相比之下，如果将上述图表转换成表格形式，效果如图 4-34 所示。观众可能需要花费更多的时间来阅读和分析这些数据，很难快速地找到人员流动的高峰期。

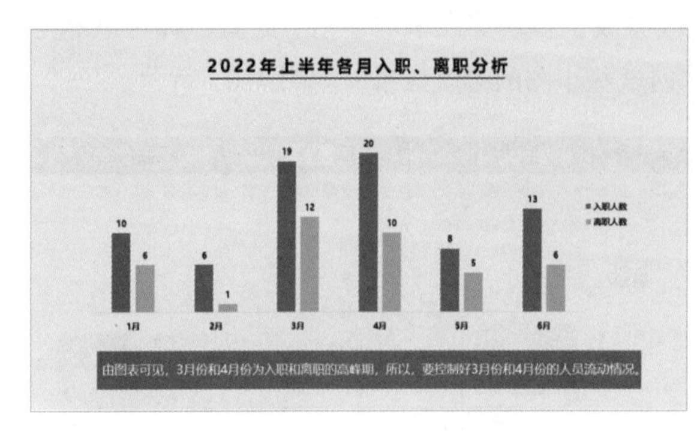


图 4-33　柱状图

2022年上半年各月入职、离职分析

| 月份 | 入职人数 | 离职人数 |
|---|---|---|
| 1月 | 10 | 6 |
| 2月 | 6 | 1 |
| 3月 | 19 | 12 |
| 4月 | 20 | 10 |
| 5月 | 8 | 5 |
| 6月 | 13 | 6 |

由表可见，3月份和4月份为入职和离职的高峰期，所以，要控制好3月份和4月份的人员流动情况。

图 4-34　表格

因此，在PPT中使用图表可以更好地传达数据对比、趋势和占比等情况，帮助观众快速掌握所有数据的整体倾向。

在进行数据可视化时，选择合适的图表类型和数据可视化方法至关重要。在PowerPoint中，有十几种不同类型的图表可供选择，如果不了解它们的用途和特点，可能很难做出正确的选择。对于新手来说，有些图表看起来很相似，比如柱状图和条形图。那么，什么时候应该选择柱状图，什么时候应该选择条形图呢？

下面，我们与ChatGPT进行对话，讨论关于最佳图表类型和数据可视化方法的问题。

**提问：** 请介绍不同的图表类型。

**ChatGPT:**

以下是常见的几种图表类型。

1. 折线图：用于显示数据随时间或其他连续变量而变化的趋势。折线图通常用于分析数据的变化趋势和比较不同组之间的差异。

2. 柱状图：用于比较不同类别或组之间的数据。柱状图通常用于显示离散的数据，每个类别或组对应一个垂直柱子，柱子的高度表示数据的大小。

3. 饼图：用于显示各个部分在整体中的比例关系。饼图通常用于展示百分比或比例数据，展示效果更加直观。

4. 散点图：用于显示两个变量之间的关系。散点图通常用于观察变量之间的相关性或趋势，并可用于检测异常值。

5. 条形图：与柱状图类似，用于比较不同类别或组之间的数据。条形图通常用于显示离散的数据，每个类别或组对应一个水平条形，条形的长度表示数据的大小。

6. 面积图：类似于折线图，用于显示数据随时间或其他连续变量而变化的趋势。面积图的区域下方填充颜色，表示数据的大小。

7. 箱线图：用于显示数据的分布情况和异常值。箱线图通常包含了最小值、第一四分位数、中位数、第三四分位数和最大值，可以帮助观察数据的集中趋势、离散程度和异常值情况。

8. 热力图：用于显示数据在二维空间中的分布情况。热力图通常使用颜色编码来表示数据的密度或强度，颜色越深表示数值越大。

这些图表类型都有各自的特点和适用场景，根据数据的特点和分析目的选择合适的图表类型可以更好地展示和解读数据。

上面列出的前 7 种图表类型都可以在 PowerPoint 中直接插入。为了方便大家理解，下面针对常用的图表类型和其对应的数据进行介绍。

### 1. 数据大小对比：柱状图和条形图

柱状图和条形图都使用矩形条来显示不同项目的数据大小，观众可以通过比较矩形条的高度和长度来判断数据的大小。它们的区别在于，当项目名称很长时，应该选择条形图，如图 4–35 所示，条形图的排列方式使得即使项目名称很长，也不会影响显示效果。相比之下，如果选择使用柱状图，项目名称过长可能会导致排列拥挤，文字模糊不清，如图 4–36 所示；而当项目名称较短时，则可以选择柱状图，也可以选择条形图。

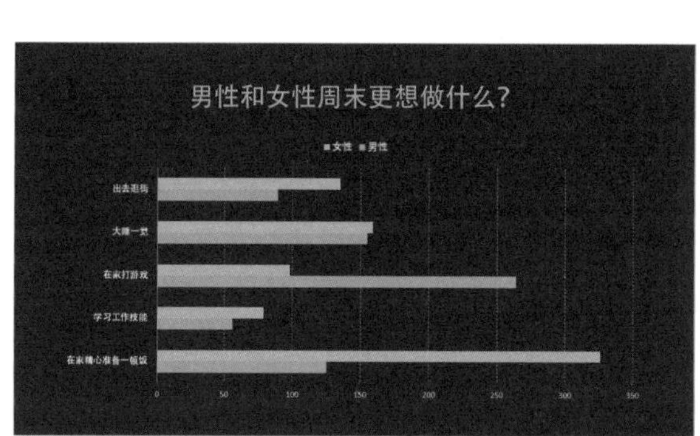


图 4–35　条形图

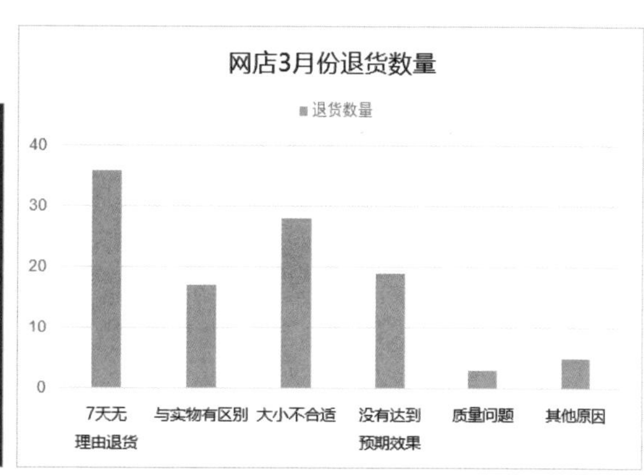


图 4–36　柱状图

如果需要展现几个子项目之间的大小和占比情况，可以使用堆积柱状图、堆积百分比柱状图，以及堆积条形图、堆积百分比条形图。如图 4–37 所示的堆积柱状图，表现了一周内每天不同渠道新注册用户的数量。图 4–38 所示的堆积条形图，表现了 3 类产品在不同季度的销售情况。

图 4–37　堆积柱状图

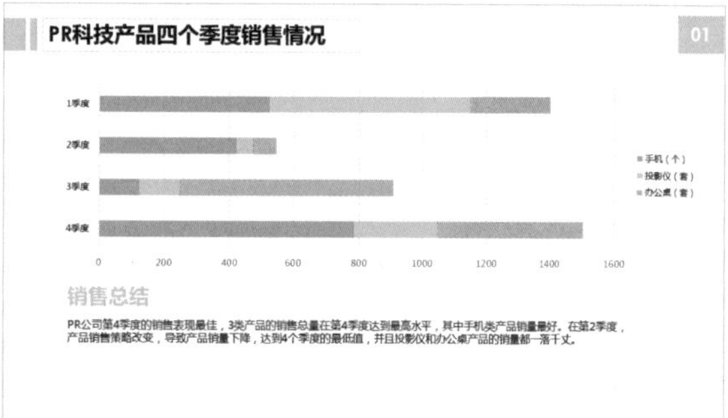


图 4–38　堆积条形图

### 2. 数据趋势：折线图、面积图

当需要表现连续时间段内的数据变化趋势时，折线图和面积图是较常用的选择。折线图可以通过折线的趋势来判断数据的走向，如图 4-39 所示；而面积图不仅可以展示趋势，还能体现数据的积累，如图 4-40 所示。

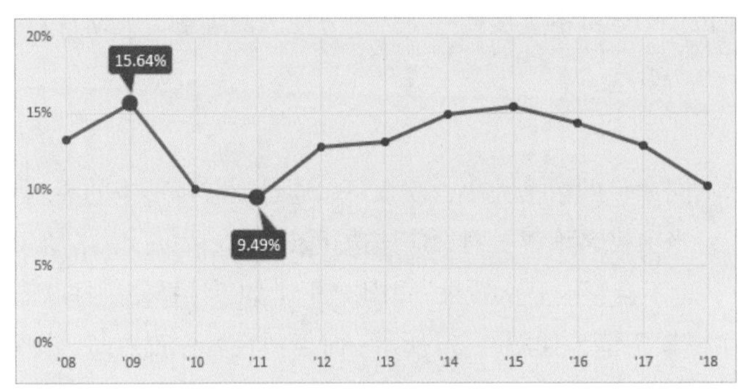


图 4-39 折线图

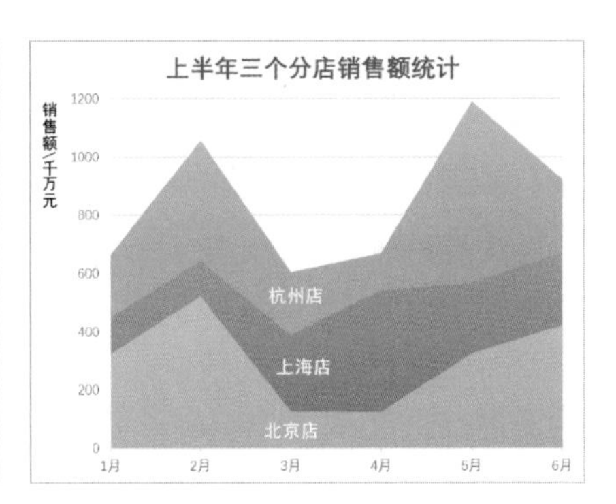


图 4-40 面积图

在制作折线图和面积图时，我们可以调整线条的样式，使图表更加美观。例如，通过调整折线为平滑线，可以更加突出数据的连续趋势，如图 4-41 所示。方法为在折线上右击，在弹出的快捷菜单中选择“设置数据系列格式”命令，在打开的“设置数据系列格式”任务窗格中选中“平滑线”复选框，如图 4-42 所示。

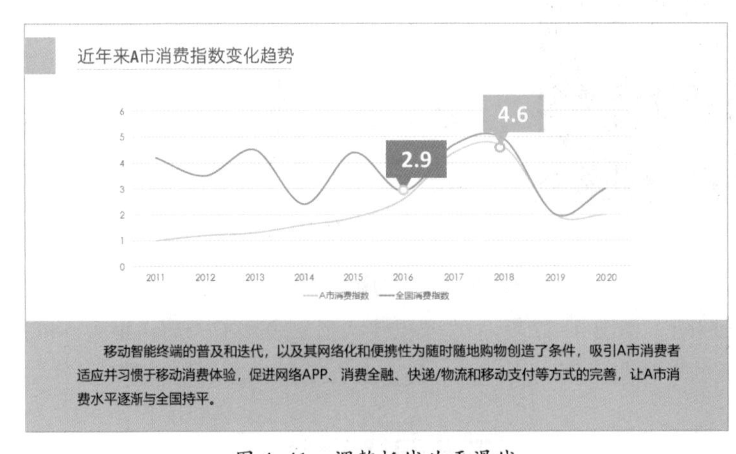


图 4-41 调整折线为平滑线

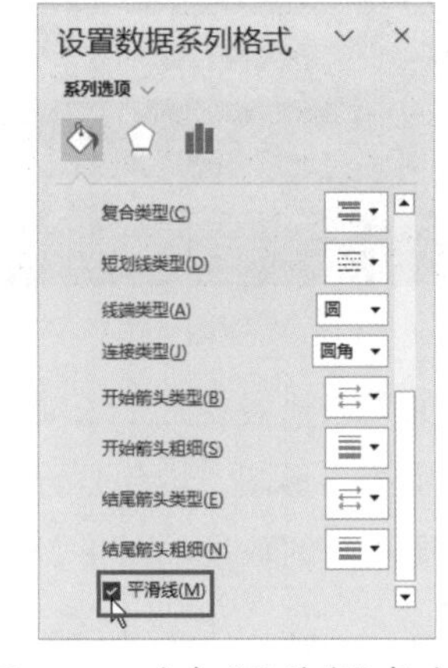


图 4-42 选中“平滑线”复选框

**温馨提示**

在制作面积图时，需要注意表示不同项目的面积之间是否存在遮挡情况。如果有项目的面积被其他排在前面的面积遮挡了，无法看到趋势，此时应该分别选择各面积，调整填充色的透明度，确保所有项目的趋势和变化都能清晰地展示出来。

### 3. 数据比例：饼图

当需要展示不同项目之间的数据占比时，饼图是最佳选择，如图 4-43 所示。饼图的扇形体现了不同项目的占比关系，而所有扇形的比例总和为 1，表示这些项目共同构成了一个整体。

默认情况下，饼图有图例，添加数据标签后只显示数据。这种情况需要对照着图例，再看数据标签，降低了阅读效率，十分不方便。如果在数据标签中同时显示扇形区域的名称和数据，阅读起来就会方便很多，具体设置如图 4-44 所示。另外，可以对扇形进行排序，以便观众更容易理解数据的大小关系。

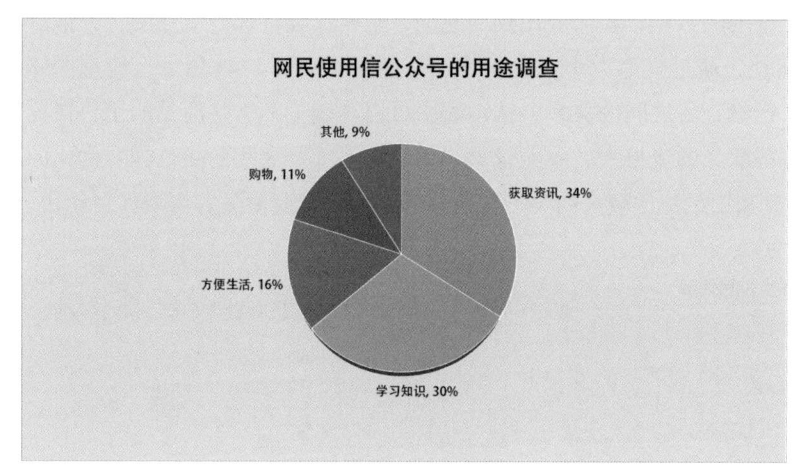


图 4-43　饼图

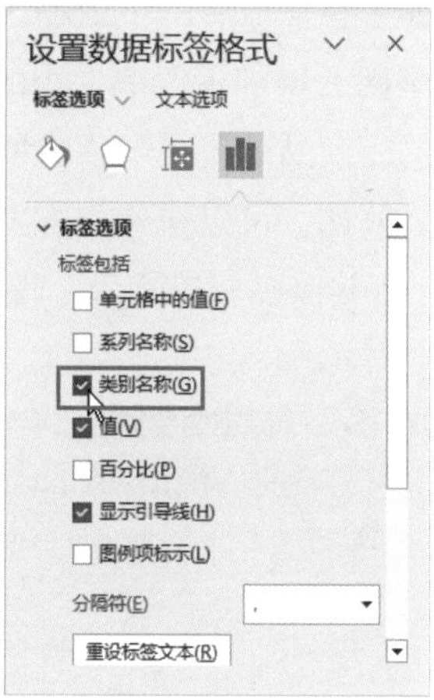

图 4-44　设置数据标签的显示内容

如果需要展示多个数据占比情况，可以使用多个饼图来展示，以避免页面显得单调和不方便排版设计，如图 4-45 所示。此外，还有一种特殊的饼图类型是圆环图，它通过圆环的长短来体现数据的占比关系，如图 4-46 所示。圆环图可以具有丰富的填充和边框样式，可以制作出效果独特的图表。

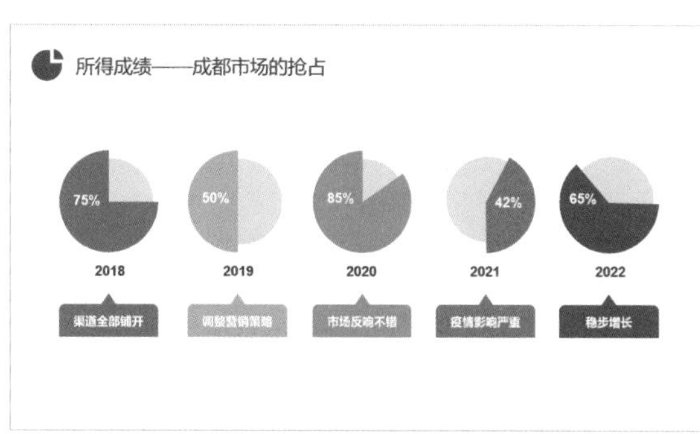


图 4-45　用多个饼图展示多个数据占比情况

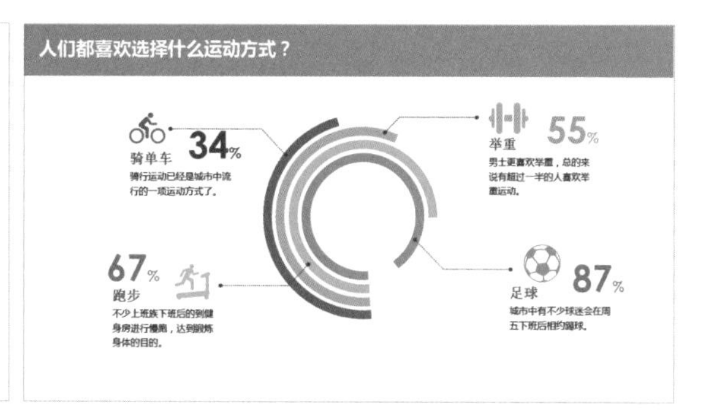


图 4-46　圆环图

**温馨提示●**

要制作出如图 4-46 所示的圆环图，需要一些小技巧，关键在于设置辅助数据。即需要为每个项目都添加一个对应的辅助数据，这个辅助数据的大小等于 100% 减去项目数据大小。根据数据创建圆环后，再将代表辅助数据的圆环片段设置为无填充、无边框格式，该圆环片段就会“消失不见”了。

### 4. 数据分布：散点图

散点图通过将数据点在二维坐标系中展示出来，可以清晰地展示数据之间的关系和分布情况。下面以一个具体的例子来说明。

图 4-47 展示了 2022 年 A、B 两市食品消费水平与月收入的关系。通过散点图，可以直观地观察到两市中不同收入和食品消费水平的分布情况，并且可以发现它们之间的关系。

如果想在散点图中表示 3 个维度的数据，就需要用到气泡图，它是比较特殊的散点图，在散点图的基础上增加了气泡大小的属性，通过气泡大小来表示第三个参数。如图 4-48 所示，气泡图体现了网店商品的流量、收藏量、销量三者之间的关系，从图表中可以快速了解这些商品的销售情况分布。例如，可以快速分析出哪些商品的流量大、收藏量大、销量却不大，这些商品是需要优化的商品；哪些商品属于流量、收藏量和销量都比较大的类型，这些商品属于优质商品，需要保持销售。

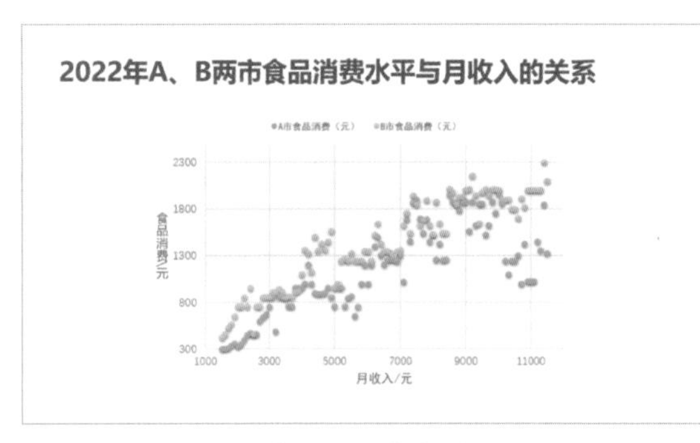


图 4-47　散点图

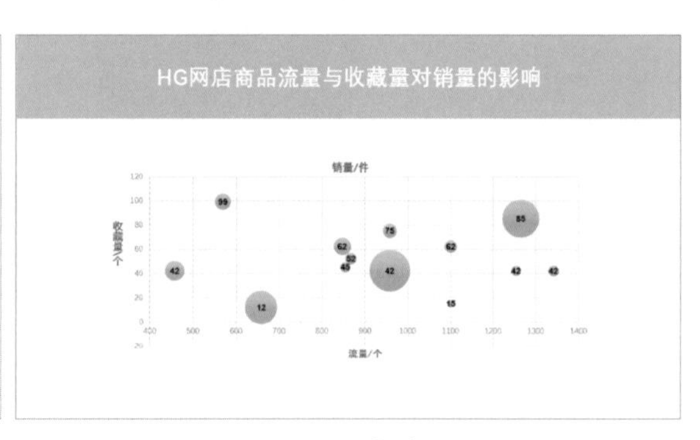


图 4-48　气泡图

### 5. 数据转化：漏斗图

漏斗图是一种流程化的图表，可以有效地展示对象从开始到结束的各个阶段状态，并且可以通过比较各个阶段的数据，找出问题所在并制定改进措施。图 4-49 展示了某大宗产品销售的完整流程，并统计了每个阶段的数据。图 4-50 展示了某两个网站产品的用户转化的完整流程，并统计了每个阶段的用户数量。通过漏斗图，我们可以清楚地看到用户在不同阶段的转化情况。

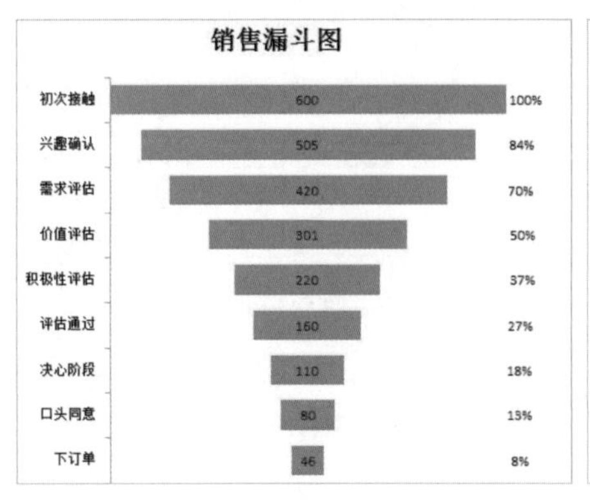


图 4-49　用漏斗图展示销售的完整流程

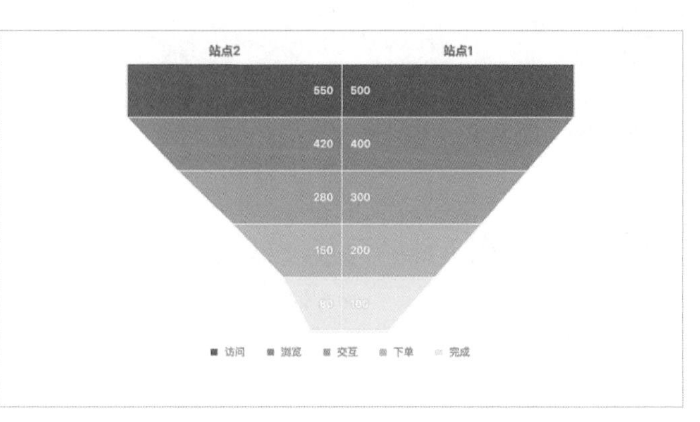


图 4-50　用漏斗图展示用户转化完整流程

#### 6. 综合数据：雷达图、组合图

当需要展示多个数据项目的综合数据时，可以选择雷达图或组合图。雷达图适合展示项目较多的综合数据，通过扩展雷达图的边界，即使数据项目很多，也能够清晰地展示出来。例如，图 4-51 展示了一种通过雷达图展示的数据变化情况，即使有多个数据项目，也不会显得拥挤。

如果数据的类型和侧重点不同，可以选择组合图。组合图可以同时展示数据的大小和趋势，并综合体现它们之间的关系。例如，图 4-52 展示了一个组合图，同时展示了 3D 电影数量和市场份额的数据。

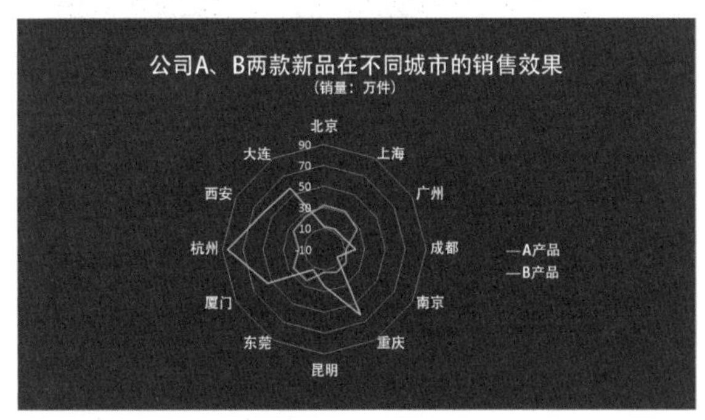


图 4-51　雷达图

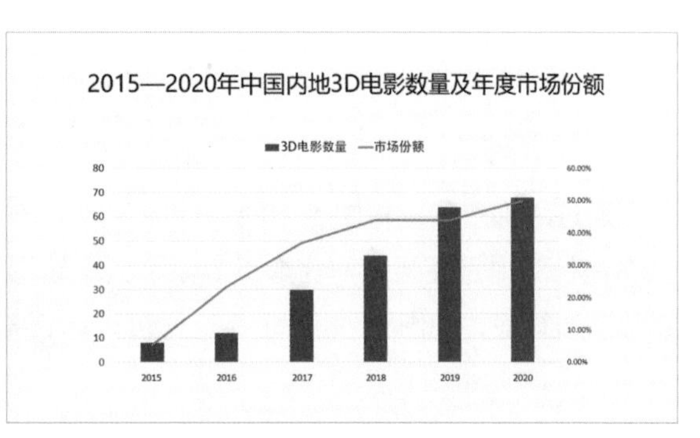


图 4-52　组合图

需要注意的是，当数据项目的数量单位不同时，最好使用次坐标轴来展示不同单位的数据，以避免混淆。如图 4-52 中一个数据项是市场份额，另一个数据项是 3D 电影数量，两者的数量单位不同。如此一来，用一个坐标轴体现两种单位的数据就会出错，因此将市场份额数据项目放到了次坐标轴上。

### 4.2.2 四种方法提升图表的表达力

在 PPT 中，我们可以利用丰富的预制图表类型，从常用的柱状图和饼图到复杂的曲面图和旭日图，只需输入数据即可自动生成。然而，使用图表的关键在于让它具有明确的表达重点，而不是简单的数据统计呈现。想要提升图表的表达力，可以掌握以下四种实用的方法。

#### 1. 差异化填色

对比是呈现差异的有效方式。如果要运用对比原则突出图表中与众不同的元素，最方便快捷的方式就是改变颜色。利用对比色能增强突出效果，如图 4-53 所示的图表，一眼就能看出我们要分析的主要数据——中国和美国的相应数据。

通过更换特别的填充色来突出图表中的重点部分，是一种很常用的方法，特别适用于各个数据点之间数值大小变化不大的图表。例如，图 4-54 所示的柱状图中，将代表抖音 App 下载量的柱条填充成紫色，与其他 App 的柱条形成鲜明对比，这样能更清晰地表达“抖音受到越来越多人欢迎”的观点。

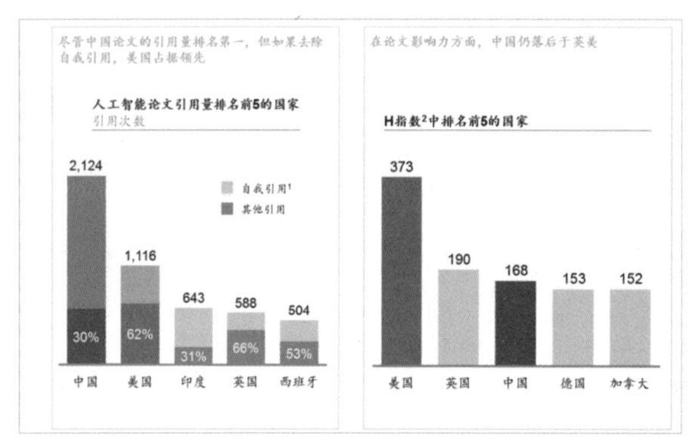


图 4-53　运用对比色突出图表中与众不同的元素

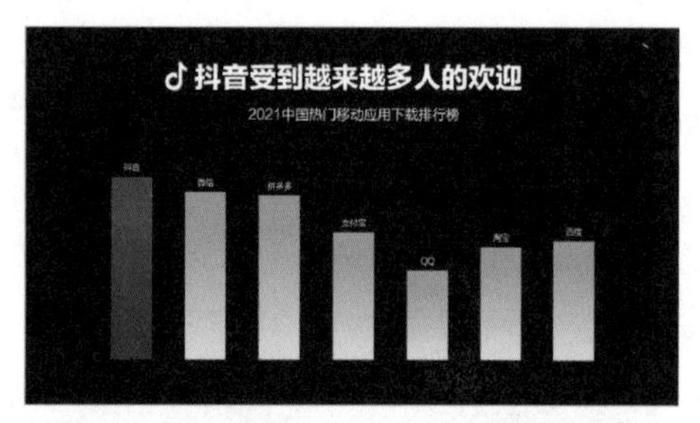


图 4-54　为图表中的重点部分更换填充色

## 2. 形状辅助

通过添加形状，将图表中的关键部分圈出来，以指明重点和聚焦观众的注意力。例如，我们可以在柱状图中需要强调的柱形下方添加一个矩形衬底，如图 4-55 所示，或者在折线的起点和终点添加圆形衬底，如图 4-56 所示，这样可以起到突出重点的作用。

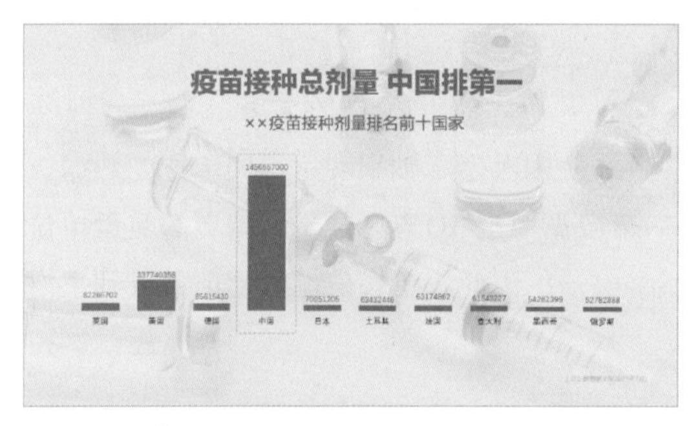


图 4-55　在需要强调的柱形下方添加一个矩形衬底

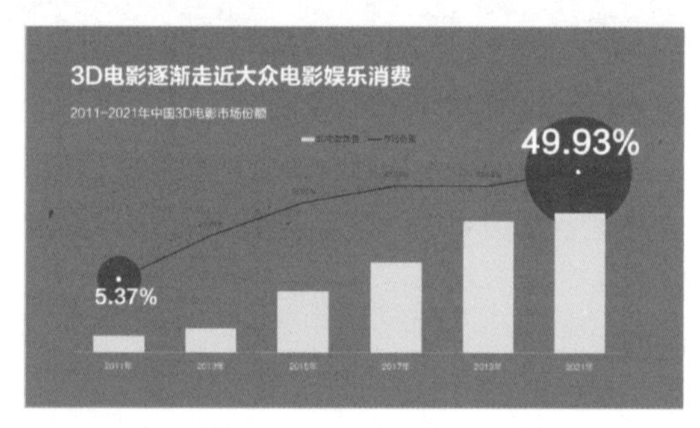


图 4-56　在折线的起点和终点添加圆形衬底

还可以使用虚线对图表中的未来数据进行强调，一种方法是将图表中某一数据系列设置为虚线边框空白填充，如图 4-57 所示；另一种方法是在图表创建完成后，再添加一条虚线进行分隔，如图 4-58 所示。

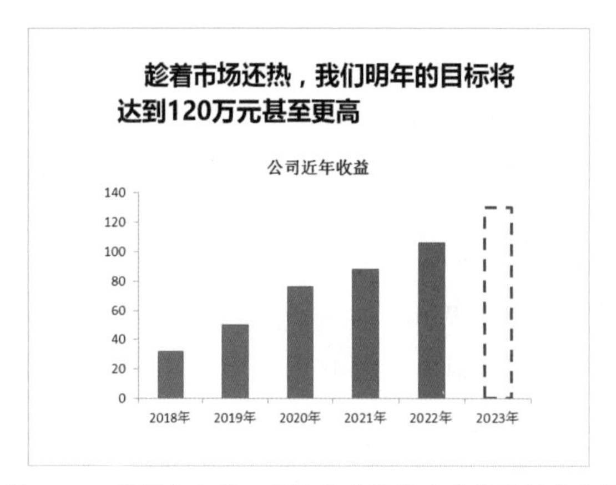


图 4-57　将图表中某一数据系列设置为虚线边框空白填充

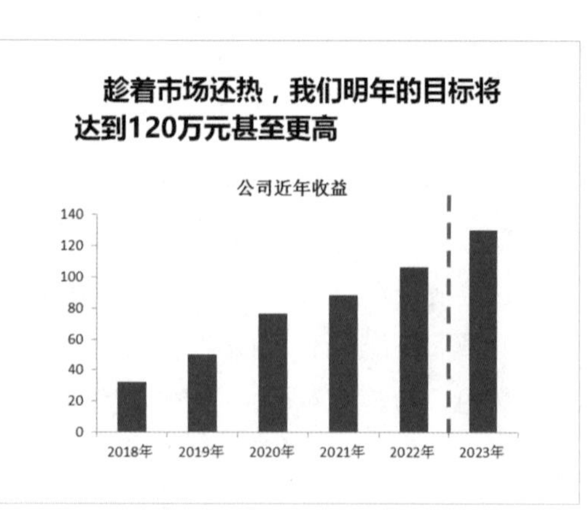


图 4-58　添加一条虚线进行分隔

如果使用的是饼图类的图表，为了强调某一部分，还可以将该部分扇区分离出来。

### 3. 文字标注

如果只是将图表放在幻灯片中，不仔细查看幻灯片中的文字或听演讲者介绍，观众很难了解图表具体想要表达的内容。若在图表中添加合适的标注，通过文字直接说明图表的意图，这样可以帮助观众更好地理解图表。例如，在某个数据点上添加文字标注，可以直接表达该数据的意义，如图 4-59 所示。在折线上的转折点添加转折原因说明，如图 4-60 所示。

图 4-59　添加文字标注(1)

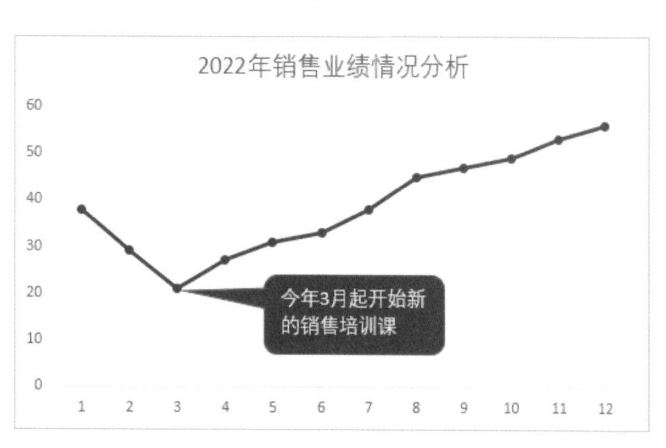


图 4-60　添加文字标注(2)

### 4. 为图表添加动画

上面介绍的几种方法都是以静态的方式来强调图表。如果希望图表能够具有动态感，可以为图表添加动画，比如让柱状图中需要强调的某一数据系列先不显示，当需要的时候再以动画的方式显示出来。

## 4.2.3 四条思路使图表更加美观

在 PPT 中使用预制模板插入图表可能会省去很多工作，但从设计感和美观度方面来看，可能显得比较普通。那么如何修饰和美化图表，使其既能辅助表达信息，又能给人以美的感受呢？以下是四条思路，供大家参考。

### 1. 统一配色

根据整个 PPT 的风格和色彩应用规范，为图表设置统一的配色方案。配色的统一性可以提升图表的设计感，给人一种专业的感觉。如图 4-61

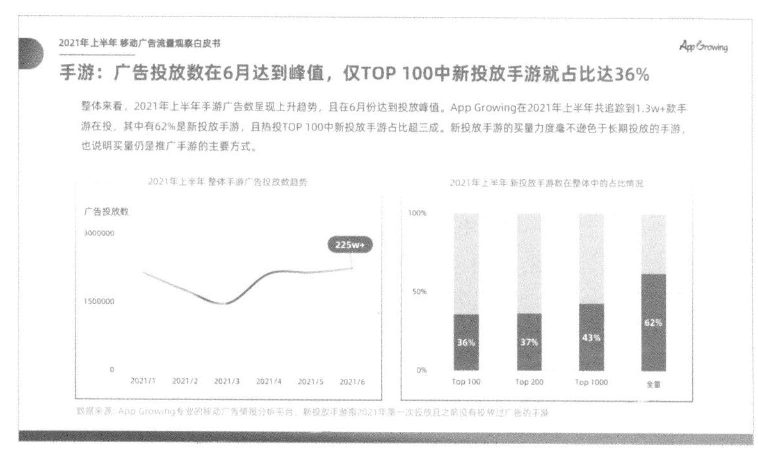


图 4-61　图表和页面整体配色一致

所示的AppGrowing中关于2021年上半年移动广告流量观察报告中包含图表的页面效果，图表和页面整体配色一致。除了统一配色，还可以调整图表的字体，使其与PPT的整体风格相匹配。

### 2. 简化

默认状态下的图表可能会显示坐标轴、网格线、数据标签、图例等多个元素，看起来比较复杂。观察高手制作的图表，我们会发现他们运用了简洁的布局元素，甚至没有使用坐标轴，但这并不影响图表的数据表达能力，反而使整体视觉效果更加简洁大气。

高手之所以能做到这一点，是因为他们深谙图表布局的要领，知道如何选择合适主题的布局元素，以及哪些布局能够为图表增添亮点。

首先，了解布局是图表制作中至关重要的一步。在PPT中插入图表后，单击“图表设计”选项卡下的“添加图表元素”按钮，可以看到不同的布局元素。不同的图表在布局上可能有所差异，如果某个布局元素的选项是灰色的，表示该图表不允许添加这种布局元素。添加布局元素后，我们可以双击该布局元素，进行格式设置。通过格式设置窗格，可以自由调整图例的位置、网格线的颜色和线型等。正是通过布局的格式设置，PPT中的图表千差万别。

制作图表的原则是根据主题选择布局。换句话说，你需要根据PPT的主题来选择最能表达该主题的布局。举个例子，如果想展示产品销售的测试结果，需要展示A、B、C三款产品在4个季度的销售数据，并通过对比不同产品的销售占比来判断销售情况的好坏，那么可以选择百分比堆积柱状图表。此时，主题需要展示的是具体的销售情况，而不是整体的销售趋势，因此需要使用数据标签布局来展示具体数据。为进一步强调产品之间的差距，还可以使用线条布局。线条布局可以让观众明白数据条代表的数据项目，而坐标轴则可以让观众了解X轴和Y轴代表的含义。通过综合分析，可以制作出如图4-62所示的图表。

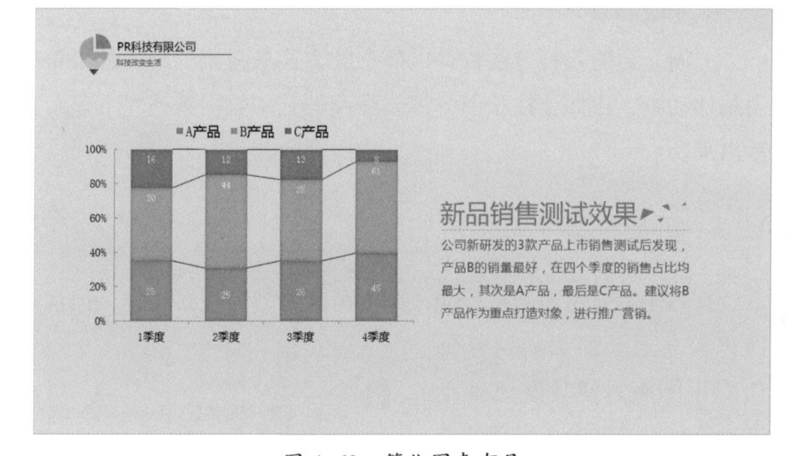


图4-62　简化图表布局

在没有好思路、好素材的情况下，在保持图表能够看懂的同时，尽量让图表变得简洁一些是最好的美化方法，也是最简单的方法。要制作出简洁的图表，关键在于避免使用功能相似或重复的布局。对于新手来说，在制作图表时，可以尝试删除一些布局，并问自己“删除这个布局，观众是否能理解图表？”如果答案是肯定的，那么这个布局就可以被删除。

如图4-63所示，折线图中添加了过多的布局，导致布局功能重复。例如，数据标签和下方的数据表格都显示了具体的数据数值；网格线和线条都强调了数据的差距；Y坐标轴的作用与数据标签、数据表格重复，因为已经标注了具体数值，观众无须通过Y轴来判断数据大小。

通过删除功能重复的布局元素，可使图表更加简洁，如图 4-64 所示。除了删除重复的布局元素，还可将背景色设置为透明，因为颜色也是一种信息，会增加观众的阅读成本。

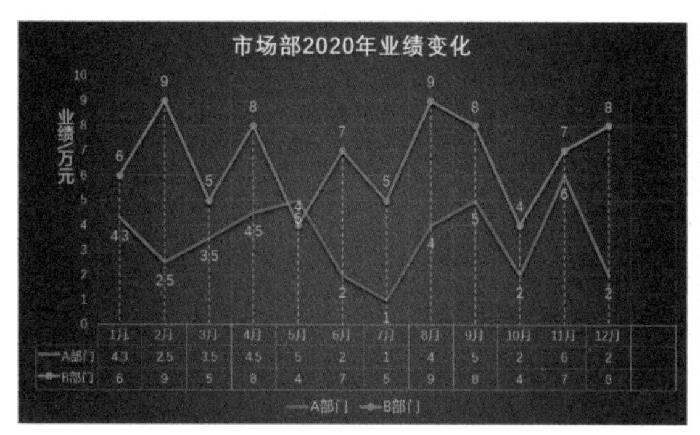


图 4-63　图表布局功能有重复

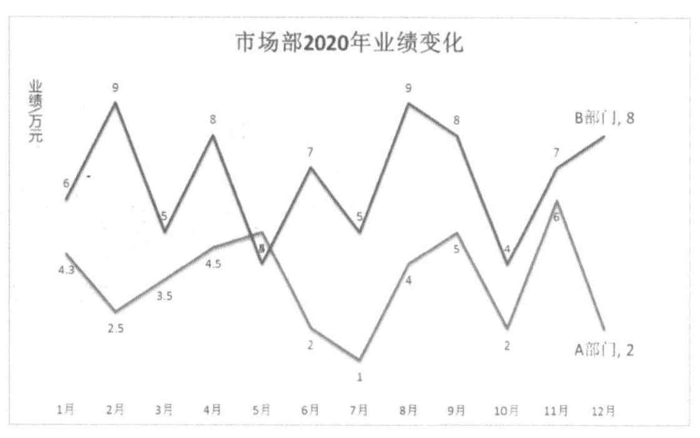


图 4-64　简化后的效果

### 3. 形状或图片填充

通过在 PPT 中插入形状或图片，并将其复制粘贴到图表的某些元素上，可以快速改变图表的外观，让图表更加生动有趣。例如，在折线图中，可以用心形替代折线节点，如图 4-65 所示，或在柱状图中使用图片填充，以提升美观度，如图 4-66 所示。

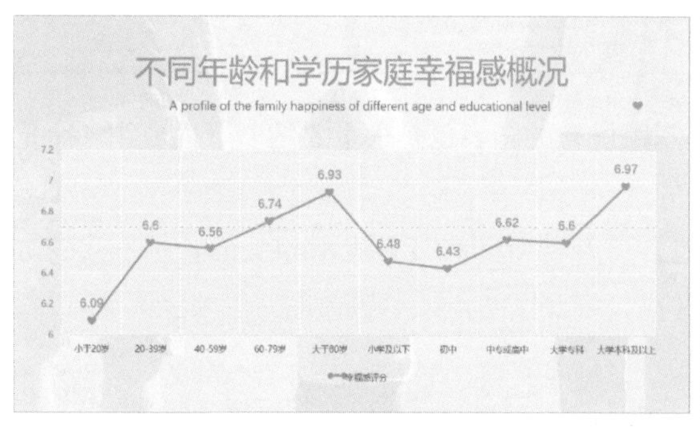


图 4-65　心形替代折线节点

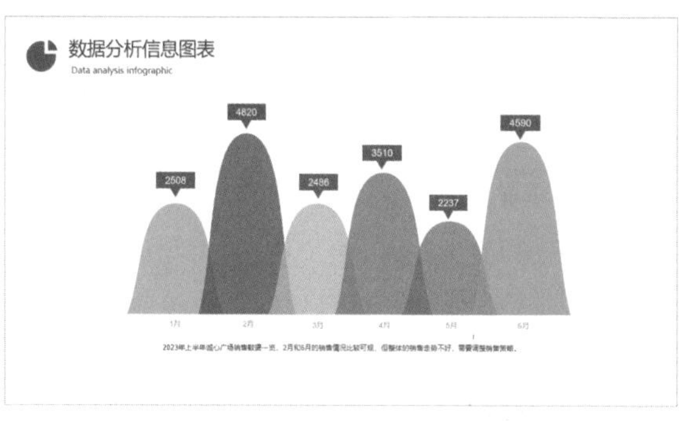


图 4-66　在柱状图中使用图片填充

只需要先插入对应的形状或图片，然后将其剪切，再单击图表中的元素，如折线节点或柱形，按【Ctrl+V】快捷键将复制的形状或图片粘贴到折线节点或柱形上即可。如果想实现更复杂的柱状图和条形图填充效果，可以在粘贴形状后，在“设置数据点格式”任务窗格中设置填充方式为“层叠”，这样数据条内的图片能按照数据条的长度自动增加或减少。

### 4. 营造场景

许多预制的图表类型都带有立体感的子类型。通过插入合适的图片与带有立体感的图表创意结合，可以让图表更具场景感，呈现效果更佳。如图 4-67 所示，在展示与手机相关内容的立体柱状图下方添加一张平放的手机图片，使柱状图与手机巧妙地融为一体，数据仿佛从手机屏幕中跃然而出，视觉效果独特。

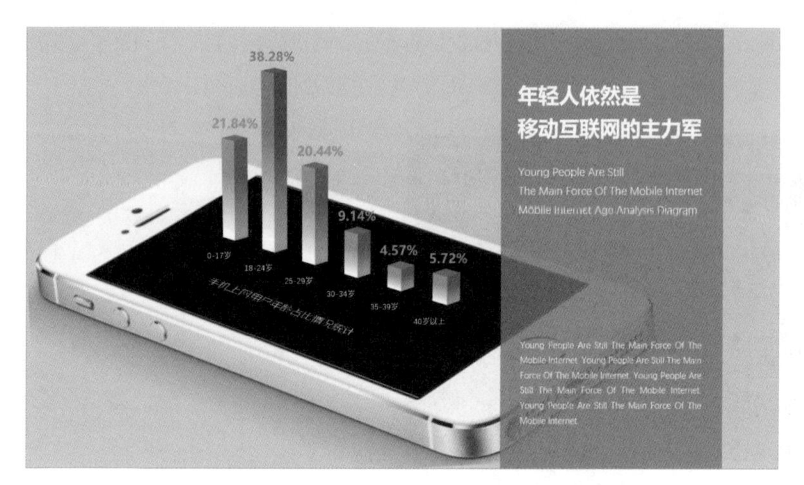


图 4-67 插入合适的图片与带有立体感的图表创意结合

总之，通过统一配色、简化、形状或图片填充及营造场景等方法，可以有效地修饰和美化图表，使其更符合审美要求，同时提升信息传达的效果。在设计PPT时，还可以调整图表的线条粗细和点的大小，以增加图表的可读性和可视性。此外，还可以调整图表的大小和位置，使其更好地适应幻灯片布局。

### 4.2.4 四个网站帮助提升图表设计素养

想要提升图表设计的水平，除了学习技巧，多观摩优秀的图表也是很重要的。下面介绍4个值得推荐的网站，这些网站可以帮助你提升图表设计的素养。

- 数据新闻：这是新华网的一个特色栏目，包含了各种新闻和社会生活相关的数据图表，如图4-68所示。这些图表由官方媒体出品，质量非常高，打开网站可以了解新闻并学习图表设计。

图 4-68 数据新闻

- 数读：网易旗下的一个新闻子栏目，与数据新闻类似。它提供了高质量的内容，可以作为补充学习资料，提升图表设计的能力。

- Infogram：国外的一个在线图表制作工具网站。在这个网站上，不仅可以浏览各种图表案例，还可以轻松使用模板制作自己的图表，并将其导入PPT中使用。
- 199IT：一个专业的中文互联网数据资讯网站。它收集了各行各业的最新研究报告，通过阅读这些报告，不仅可以学习图表制作，还可以学习报告型PPT的设计。

### 4.2.5 AI 智能图表生成工具——ChartCube

提到数据可视化，很多人会想到Excel、R语言、SPSS、Tableau和BDP等数据可视化工具，但这些工具有些需要编程，有些对初学者来说不太容易上手，还有一些需要付费。下面介绍一款不需要编程且易于上手的免费AI智能图表生成工具——ChartCube。

ChartCube是一款强大而直观的数据可视化工具，其最大的特点是拥有直观的用户界面和丰富的图表选项，用户只需将数据导入ChartCube，然后从多种图表类型中选择适合数据的图表，即可快速将数据转化为令人惊叹的图表和可视化效果。

ChartCube支持柱状图、折线图、饼图、雷达图等多种常见图表类型，并且提供了丰富的自定义选项，让用户能够根据需要调整颜色、字体、标签等图表样式。

除了基本的图表功能，ChartCube还提供了一些高级的数据分析和交互功能。用户可以通过添加筛选器、排序和聚合功能来深入探索数据，发现数据中的关联和趋势。此外，ChartCube还支持数据的实时更新和动态效果，让图表更具生动性和吸引力。

ChartCube还提供了多种输出和共享选项，可以将图表导出为高质量的图片或PDF文件，方便在报告、演示文稿或网站中使用。此外，还可以将图表分享给他人，无论是通过链接、嵌入网页还是通过社交媒体平台分享，都能轻松展示你的数据可视化成果。

下面以一个例子来介绍使用ChartCube将表格数据生成图表的具体操作方法。

**第1步** 在浏览器中打开ChartCube网站，单击首页中的“立即制作图表”按钮，如图4-69所示。

图 4-69 单击“立即制作图表”按钮

**第2步** 进入操作界面，首先上传数据，选中“本地数据”单选按钮，然后单击“文件上传”按钮选择上传文件，注意不能有合并单元格，上传成功后，在右侧列表框中选择需要进行分析的字段，单击“下一步”按钮，如图 4-70 所示。

图 4-70 上传数据

**第3步** 进入图表导览页面，这里提供了多种选择图表类型的查看效果，可以单击上面的“图表类型”和“分析目的”选项卡，分别从图表分类角度和分析目的角度给出了图表类型选择提议，这里选择“条形图类”选项，如图 4-71 所示。

图 4-71 选择图表类型

**第4步** 进入图表配置页面，这里提供了“常用配置”和“全部配置”两个选项卡，按需求修改图表参数即可。这里仅调整了图表柱形的颜色，配置完成后，单击“完成配置，生成图表”按钮，如图 4-72 所示。

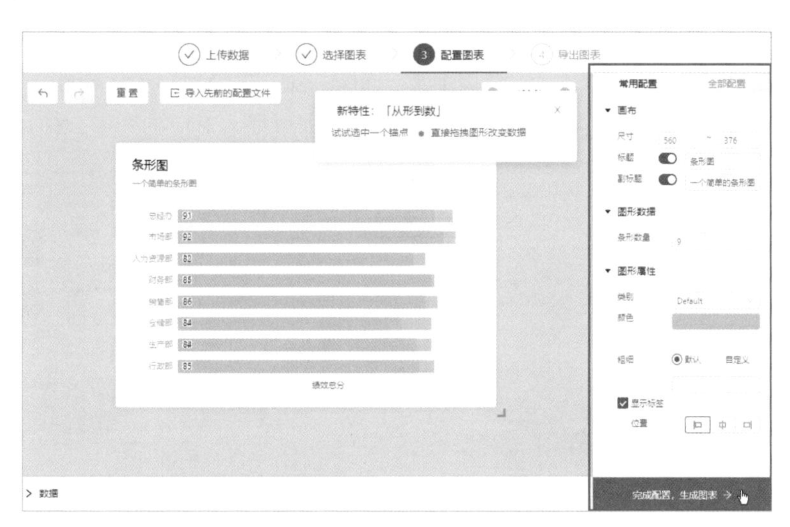


图 4-72　按需求修改图表参数

> **温馨提示**
> 如果不想在数据表格里编辑数据，还可以在 ChartCube 中直接拖曳图形元素，体验“从形到数”的功能，即通过修改图表来达到改变表格数据的目的。

**第5步** 稍后就能看到根据前面的设置生成的图表效果了，同时会展示出表格数据和代码内容，如图 4-73 所示。需要什么内容可以直接单击对应的“导出”按钮进行导出。

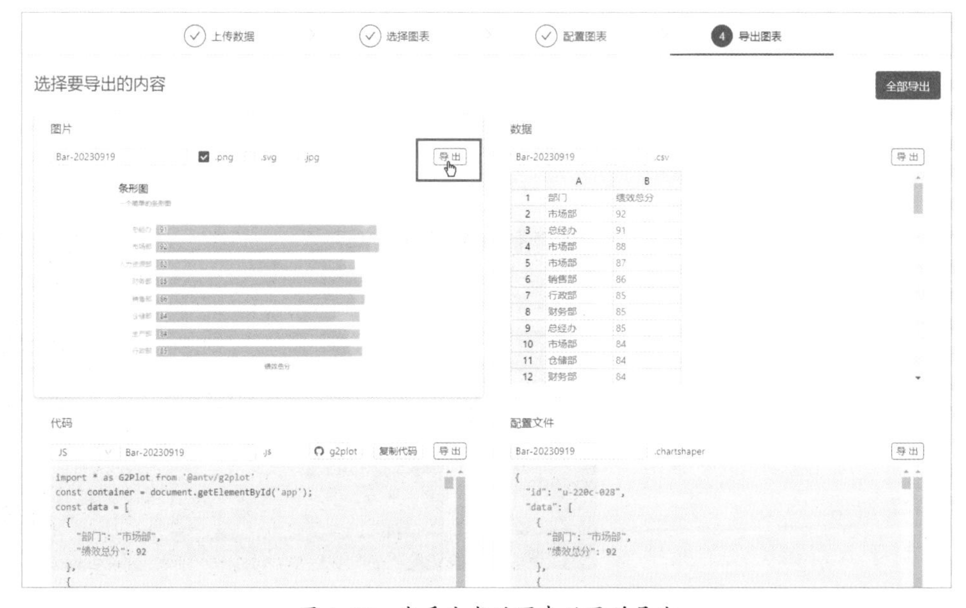


图 4-73　查看生成的图表效果并导出

## 4.3 创意展示与流程表达：ChatGPT与SmartArt一起创造魔幻效果

在制作PPT时，常常需要使用图示来表现逻辑关系。为了方便用户，PowerPoint中预置了丰富的逻辑关系图模板，集中在SmartArt图形类别下。这些模板涵盖了并列关系、递进关系、循环结构、层级结构等多种逻辑关系。单击“插入”选项卡下“插图”组中的“SmartArt”按钮，如图4-74所示，即可打开图4-75所示的对话框，在其中选择需要的选项即可插入对应的图形，使用起来非常简单。

图4-74 单击“SmartArt”按钮

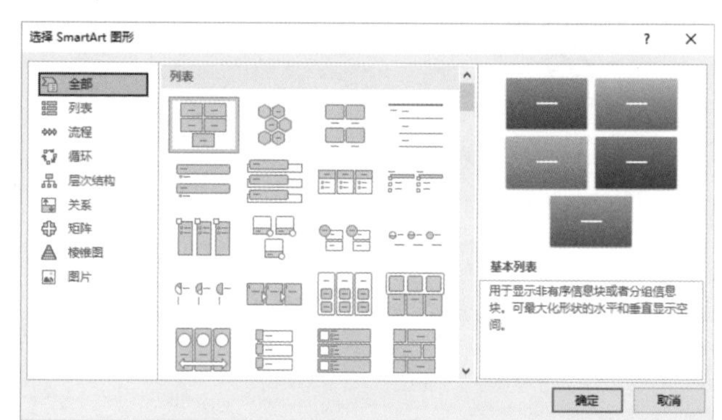


图4-75 选择需要的SmartArt图形类型

由于SmartArt图形的使用频率相对较低，很多人对其功能可能存在一些误解。实际上，如果你经常使用它，就会发现它是一个非常实用的效率型设计工具。

通过SmartArt图形，可以快速创建专业而具有吸引力的图示，无须复杂的设计技巧。你只需选择符合逻辑关系的模板，然后根据需要填入文本、调整布局和样式，即可轻松制作出清晰、易懂的图示。还可以根据需要添加或删除图形，调整它们的大小和位置，以及更改颜色和字体等样式设置。

SmartArt图形的优势不仅在于简单易用，还在于灵活性和可编辑性。用户可以随时修改图示的内容和样式，以适应不同的演示需求。此外，SmartArt图形还支持动画效果，使幻灯片更具生动性和吸引力。

### 4.3.1 利用SmartArt图形快速布局文字

当需要将一份Word文件转化为PPT演示时，常常会遇到一些多段文字，它们之间具有一定的逻辑关系。直接将这些文字复制到PPT页面中，进行分段和调整字体、字号等，可能会显得单调，视觉效果也不够出众，如图4-76所示。

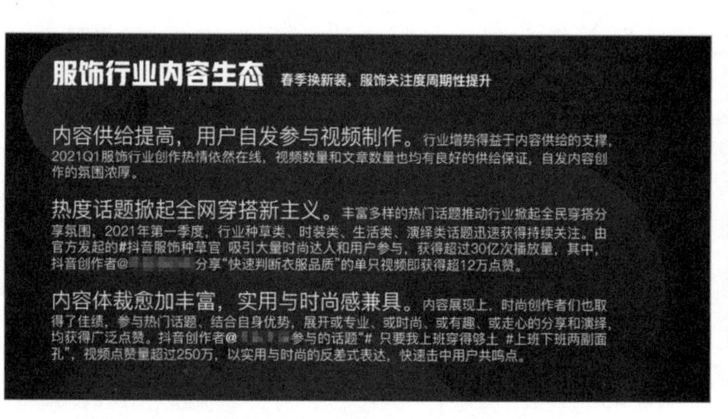


图4-76 文字很多的页面

其实，对于有逻辑关系的文字内容，将其呈现为图形形式，效果就会大不相同。如先选择图4-76中要转化或整理的文字内容，然后选择SmartArt图形中的“列表型”，就可以一键完成转化布局，效果如图4-77所示。

转化为SmartArt图形后，我们可以进一步优化每个部分内的文字排版，以达到更好的视觉效果，如图4-78所示。

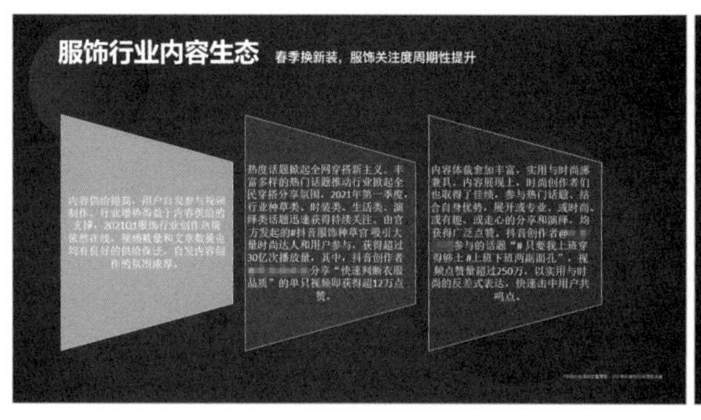


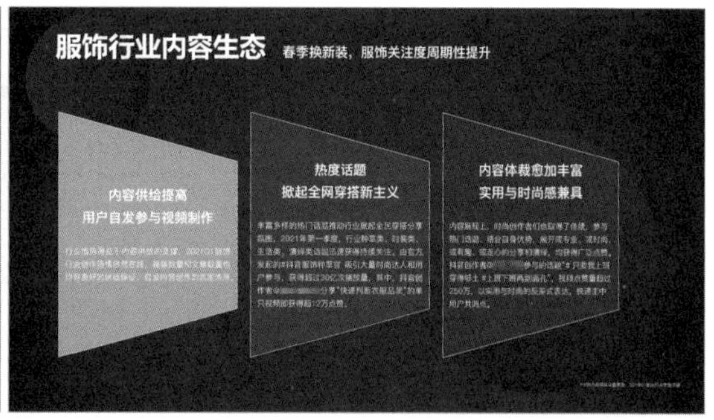

图4-77　转化为SmartArt图形

图4-78　优化每个部分内的文字排版

**温馨提示●**

在“选择SmartArt图形”对话框中按照逻辑类型进行分类查找，通常能找到符合要求的图形。如果对话框中没有符合条件的SmartArt图形样式，可以选择“其他SmartArt图形”选项，查看更多图形样式。

此外，我们还可以使用快捷键来快速设定文字的层级。将具有层级关系的文字插入PPT页面中后，可以使用【Shift+Tab】快捷键来提升文字级别，使用【Tab】键来降低文字级别。设定好层级后，再选中所有文字，将其转化为SmartArt图形“层次结构图”，一步到位，无须再逐一单击相关按钮进行设定和调整。

### 4.3.2 利用ChatGPT获得制作SmartArt图形的建议

利用ChatGPT和SmartArt图形的结合，我们可以获得独特而有创意的应用建议，为幻灯片增添新的魅力。

例如，在商务演示中要使用SmartArt图形来展示团队协作的流程和关系，可向ChatGPT提供关于团队协作的信息和要点，然后利用SmartArt图形快速生成一个直观而有吸引力的图示。

提问：请列出游戏制作团队在协作工作时的关键步骤和关系，方便我制作SmartArt图形。

**ChatGPT:**

当游戏制作团队在协作工作时，以下是一些关键步骤和关系，可以用于制作SmartArt图形。

1. 策划阶段：

- 游戏设计师与项目经理合作，确定游戏的整体概念和目标。
- 美术设计师与游戏设计师合作，创建游戏的视觉风格和艺术效果。
- 程序员与游戏设计师合作，讨论技术可行性和实现游戏功能的方法。

2. 开发阶段：

- 程序员与游戏设计师合作，根据设计文档编写游戏的核心代码和功能。
- 美术设计师与程序员合作，将游戏的视觉元素和艺术效果实现到游戏中。
- 音效设计师与美术设计师合作，为游戏添加音效和音乐。

3. 测试阶段：

- 游戏测试员与程序员合作，测试游戏的功能和稳定性，并提供反馈和bug报告。
- 游戏设计师与测试员合作，根据测试结果进行游戏的调整和优化。

4. 发布阶段：

- 项目经理与市场营销团队合作，制定游戏的发布计划和营销策略。
- 程序员与运营团队合作，确保游戏在不同平台上的正常运行和更新。

以上是游戏制作团队在协作工作时的一些关键步骤和关系。你可以使用SmartArt图形中的递进关系或并列关系来展示这些步骤和关系。根据你的具体需求和风格，选择合适的图形模板，并将每个步骤和关系填入相应的文本框中。这样，你就可以通过一个直观的图示来展示团队成员之间的工作关系和任务分配，帮助观众更好地理解整个协作过程。

ChatGPT提供了问题中的关键步骤回复，并建议使用递进关系或并列关系来展示这些步骤和关系。接着我们将这些文字内容转化成递进关系或并列关系的SmartArt图形，再进行美化就可以快速制作出一个清晰而有趣的团队协作流程图，以图示形式展示团队成员之间的工作关系、任务分配和沟通流程。这样的图示不仅可以帮助观众更好地理解团队协作的重要性，还能让演示更生动有趣。具体操作方法与4.3.1节中介绍的相同，这里不再赘述。

在实际使用过程中，我们还可以与ChatGPT进行深入沟通，直到文字内容更符合需求时，再根据设计建议来转化为SmartArt图形，这样完成工作会更快一些。

### 4.3.3 利用SmartArt图形快速排版图片

借助SmartArt图形，我们不仅可以快速处理文字，还能轻松排版图片。在图4-79所示的页面中，我们需要放置大量图片，这些图片既有横式的，也有竖式的，而且它们的比例各不相同。如果我们一个个手动处理这些图片，将会耗费大量时间。

图4-79 放置大量图片的页面

但是，通过使用SmartArt图形，我们只需要框选页面中的所有图片，然后单击“图片格式”选项卡下“图片样式”组中的“图片版式”按钮，在弹出的下拉列表中选择一个合适的SmartArt图片版式并应用到页面中，就会发现所有图片自动裁切并应用选择的图片版式排列好了，如图4-80所示。我们只需要输入相应的配文对图片进行说明，稍微调整一下不合适的裁切部分，就完成了排版。

图 4-80　使用 SmartArt 图形排版图片

此外，对于使用SmartArt图形排版好的图片，还可以保持选中状态，在“SmartArt设计”和“格式”选项卡中进行形状、大小和位置的调整，甚至添加更多的图片。这样，版式会自动适应相应的变化，操作更加智能化，工作效率也能得到提升。

### 4.3.4 SmartArt 图形的两个非常规用法

除了可以快速排版文字、制作逻辑图和排版图片，SmartArt图形还有其他的用途。

#### 1. 提取特殊形状

我们可以利用SmartArt图形中的特殊形状来提取一些软件预制的图形。例如，如果我们需要在PPT中使用一些形状列表中没有的图形，如蜂窝形状、并集、漏斗或齿轮图形，可以先插入对应的SmartArt图形，然后单击“SmartArt设计”选项卡下“重置”组中的“转换”按钮，在弹出的下拉列表中选择“转换为形状”选项，将插入的图形转换为形状使用，如图 4-81 所示。

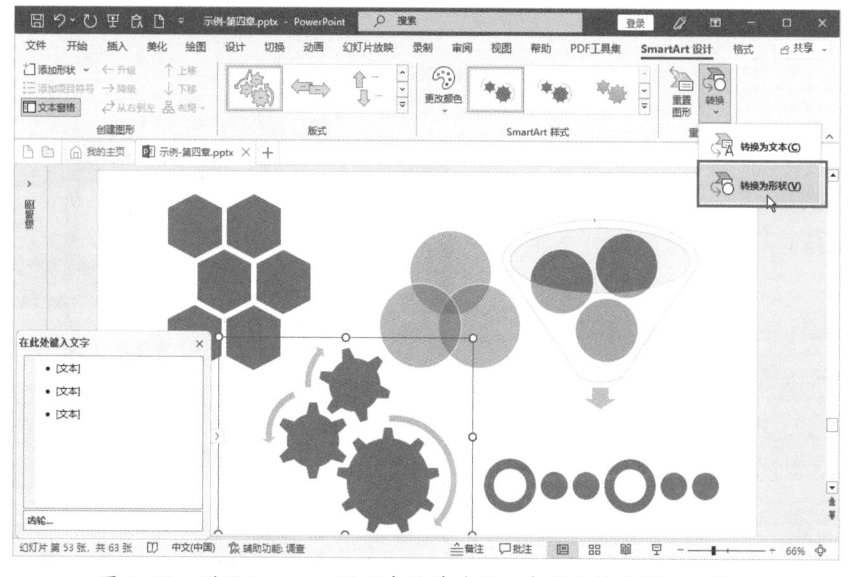


图 4-81　利用 SmartArt 图形中的特殊形状来提取软件预制的图形

### 2. 排版目录页

SmartArt图形中的“列表”类图形非常适合用于排版目录页。对于具有并列关系的目录文字内容，我们可以利用SmartArt图形快速排版。首先，按照之前提到的方法，使用快捷键设定好目录文字的级别，如图4-82所示；然后选中所有文字，将其转换为SmartArt图形中的“列表”类图形，如“垂直框列表图”，完成的目录结构如图4-83所示。

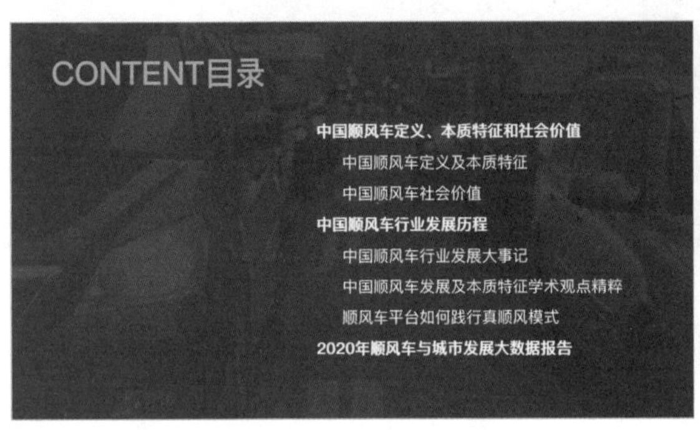


图4-82 设定目录文字的级别

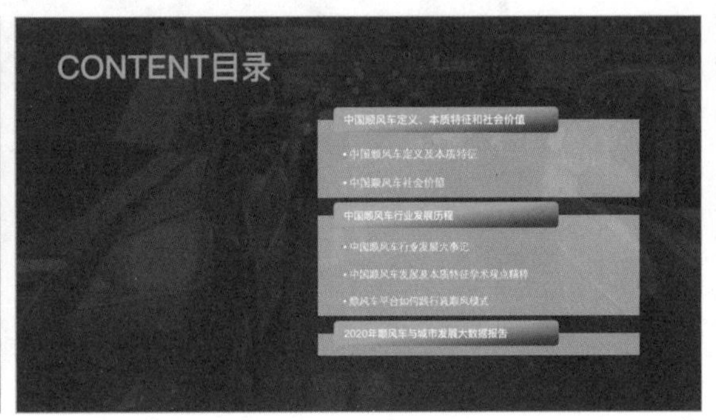


图4-83 转换为SmartArt图形

在制作PPT时，我们可以有意识地尝试使用SmartArt图形来排版目录，体验其实用性和高效性。通过这种方式，我们可以更加轻松地创建出漂亮而有条理的目录页。

## 高手秘技

本章主要介绍了表格、图表与SmartArt图形的巧妙应用，为你提供了全方位的数据展示技巧和工具，助你打造令人惊艳的PPT。接下来，和你分享两个高手秘技，用图说搞定你想要的图表，以及使用OneKeyTools增加图形绘制功能，从而实现更加个性化和定制化的数据展示效果。

### 高手秘技08：PPT没有想要的图表？用图说搞定

图说是百度公司旗下的一款在线动态图表制作网站，为用户提供各种类型的图表模板。在这些模板中，我们可以找到一些在PowerPoint软件中没有的图表类型，例如仪表盘图和南丁格尔玫瑰图，如图4-84所示，这些图表类型可以通过图说网站进行补充。

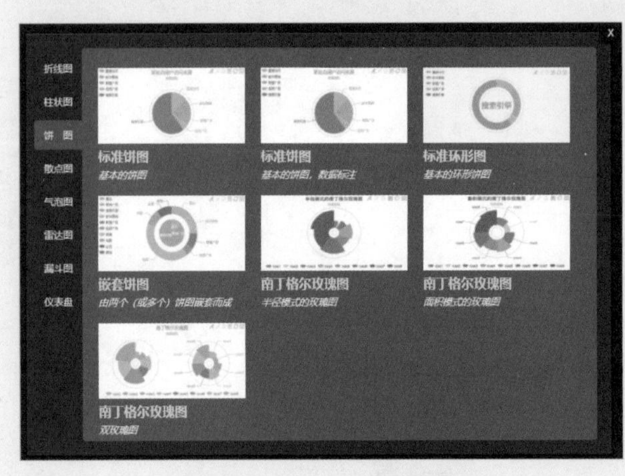


图4-84 图说中的图表模板

使用图说网站制作图表非常简单。下面以制作一张仪表盘图为例。首先选择仪表盘图表模板，再选择上方的“数据编辑”选项，如图4-85所示。

然后根据需要在左侧窗格修改数据或导入Excel数据，如图4-86所示，并可单击“参数调整”选项卡调整图表的样式参数，在右侧窗口即可实时预览效果，如图4-87所示。一旦基本制作完成，我们可以将图的高度调至最大，并将整体背景颜色设置为透明。接下来，只需要单击图表右上角的“保存”按钮，将图表保存为无背景PNG格式的图片，插入PPT中使用即可。

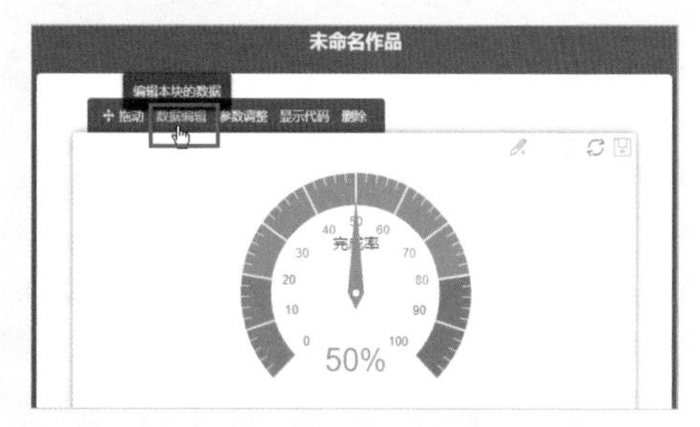


图4-85 选择“数据编辑”选项

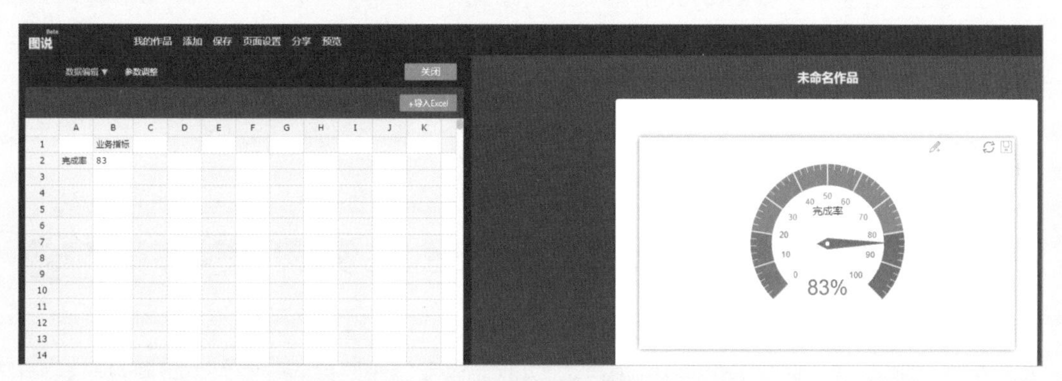


图4-86 修改数据

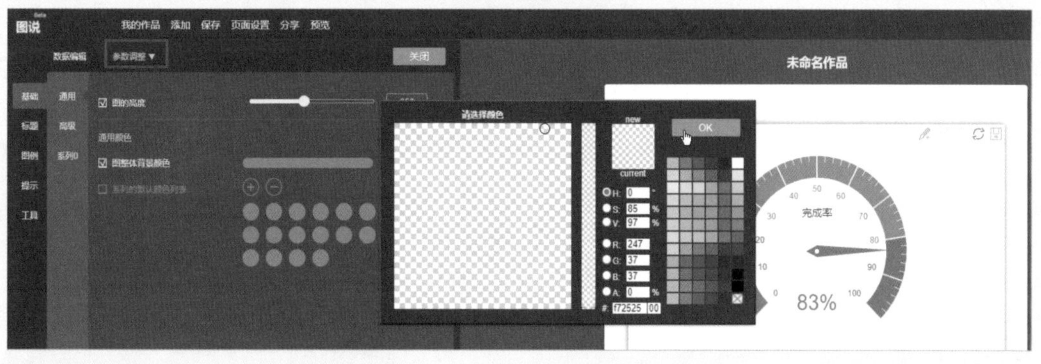


图4-87 调整图表的样式参数

**温馨提示●**

Think Cell是一款功能强大的数据图表制作工具，同时也是大型咨询公司咨询师最爱的数据可视化插件。下载Think Cell安装包进行安装后，启动PowerPoint，即可看到添加的ThinkCell插件，其中提供了各种类型的图表。这些图表的插入制作方法与PowerPoint系统中自带的图表制作方法相差不大。

## 高手秘技09：增加图形绘制功能就用OneKeyTools

OneKeyTools是一款功能强大的PPT插件，简称OK插件，可以为PPT制作提供多种便捷的功能，如形状、颜色、图片、三维、表格、音频等处理，以及演示辅助、GIF工具、时钟等功能，帮助用户有效提升演示文稿的设计效率，同时用户还可以进行GIF透明、一键去除音频视频、图片画中画等一系列操作，很好地提升了PPT的原创性及美观度。只需下载安装该插件并启动PowerPoint，即可轻松使用，如图4-88所示。

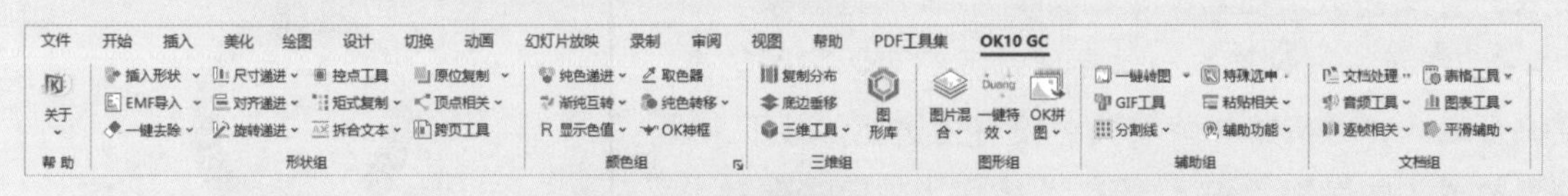


图4-88 “OK10 GC”选项卡

这里我们主要介绍一下OneKeyTools最基础也最实用的功能——处理形状。首先，让我们来看看等比例调整图形大小的操作方法。在PPT中绘制几个不同大小的图形(如图4-89所示)后，同时选中这些图形，然后选择OneKeyTools插件中的“尺寸递进”功能，选择“小→大”选项。如图4-90所示，图形将按照等比例递增的方式调整大小。通过这个方法，我们可以轻松制作出均匀增大或减小的图形，无须手动调整图形的尺寸。

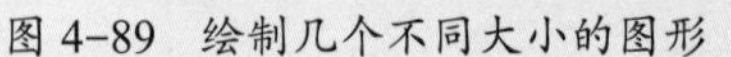

图4-89 绘制几个不同大小的图形

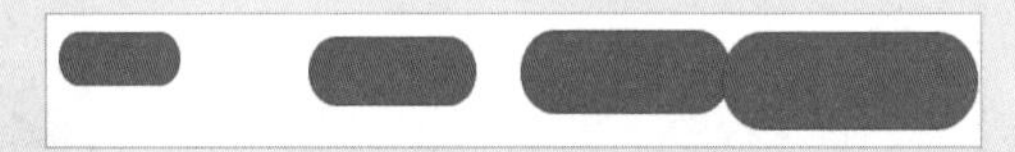

图4-90 “小→大”选项排列效果

接下来，让我们来了解一下矩阵复制图形的功能。当我们需要绘制一组大小相同且呈矩阵排列的图形时，可以使用OneKeyTools插件的“矩式复制”功能来实现。如图4-91所示，在界面中绘制一个形状，然后选中图形并单击“矩式复制”按钮。在弹出的对话框中设置行数和列数，单击“矩式复制”按钮后，界面中即呈现出图形矩阵复制的效果，如图4-92所示。通过这个功能，我们可以快速实现图形的矩阵排列和环式排列，能够节省大量的绘制时间和精力。

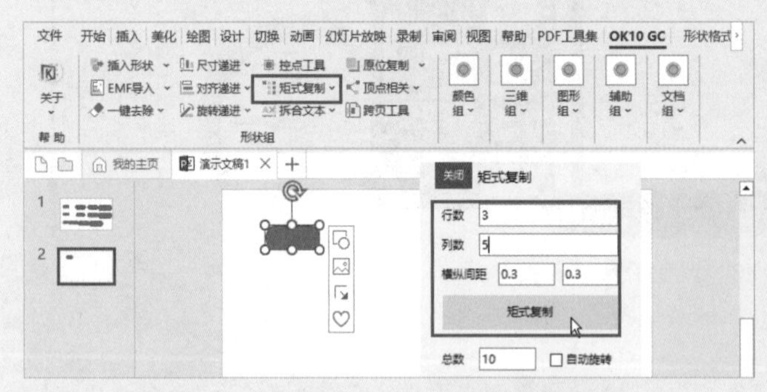


图4-91 单击“矩式复制”按钮并设置相关参数

图4-92 矩式复制效果

此外，“形状组”还包括以下几个子功能。

- 原位复制：可以将一个形状按照指定的角度和数量复制成一个圆形或者多边形。
- 顶点相关：可以将一个形状按照另一个形状的顶点进行对齐或者分布。
- EMF导入：可以将一个EMF格式的图片导入并拆分成单个元素。
- 拆合文本：可以将一个文本框拆分成单字或者单词，或者将多个文本框合并成一个。

第 5 章

# 色彩唯美轨迹：配色与排版的奇妙融合

在PPT设计中，配色和排版是两个至关重要的方面。本章将带领大家深入了解如何运用配色和排版技巧，创造出令人惊艳的幻灯片效果。先介绍色彩的魔力和配色技巧，通过讯飞星火的指引，帮助你掌握PPT色彩之道。然后探讨如何选择PPT配色方案，包括学习三个基础色彩理论和设定主题配色方案。接下来讲解多色和单色配色方案的操作要领，以及灰色和渐变色在PPT设计中的用法。

此外，我们还将探讨如何打造独特的排版效果。先介绍排版设计的四项基本原则，帮助你理解排版的核心要素。然后深入研究经典版式设计，教你如何打造完美的演示稿的封面、目录、过渡、内容和封底页。接着分享PPT背景设计的五个思路及排版设计的思路。

## 5.1 色彩的魔力与配色技巧：讯飞星火指引你掌握 PPT 色彩之道

色彩在PPT设计中具有强大的魔力，也直接影响着PPT的美感。如果色彩搭配不合理，会给人一种花哨而凌乱的感觉，让人对PPT失去兴趣，如图 5-1 所示。

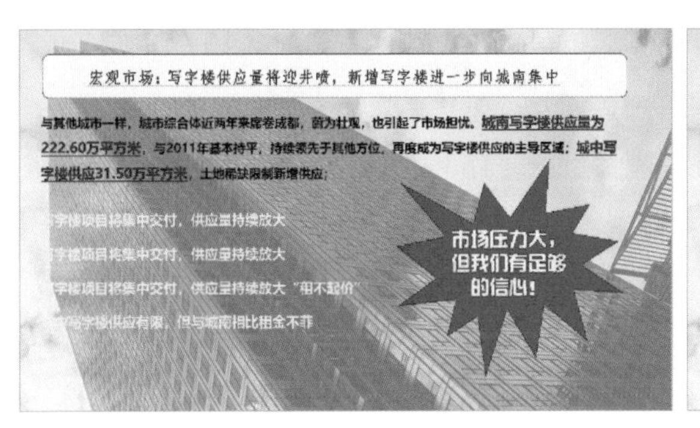


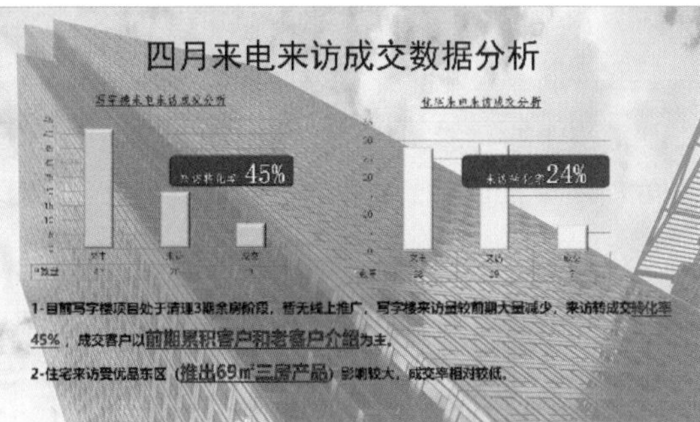


图 5-1　花哨而凌乱的PPT

如果色彩搭配合理，会给人一种赏心悦目、清晰明了的感觉，让人产生阅读的欲望，如图 5-2 所示。

图 5-2　色彩搭配合理的PPT

配色是一项看似神秘的技能，即需要进行色彩搭配获得视觉效果。每个人对于色彩的追求都不尽相同，有人喜欢热情奔放的色彩，有人则偏爱平淡质朴的色彩。然而，要想创造出令人惊艳的色彩组合，仅凭直觉是不够的，我们需要从基础知识开始，深入了解色彩的奥秘，避免常见的搭配错误，以达到 80 分的配色效果。而后，还可以学习模仿和利用主题色、大师配色的技巧，将其巧妙融入自己的PPT设计中，实现 90 分的配色效果。这样的设计不仅精彩绝伦，还能为作品增添独特的魅力。

## 5.1.1 学习三个基础色彩理论，提升配色能力

虽然很多人并非专业设计师，但是通过学习一些色彩概念和基础知识，可以帮助提升审美能力和改善PPT的色彩搭配。在工作和生活中，我们可能会遇到一些色彩概念，比如RGB、三原色和饱和度等。下面将详细介绍这些概念的含义。

### 1. 无彩色和有彩色

从广义的角度来看，色彩可以分为无彩色和有彩色两大类。无彩色包括黑、白和灰，而有彩色则包括红、黄、蓝、绿等各种色彩，如图 5-3 所示。

图 5-3 无彩色和有彩色

## 2. 色相、明度、饱和度与 HSL 颜色模式

有彩色系具有色相、明度、饱和度的变化。这些变化形成了人们所看到的缤纷色彩。色相、明度和饱和度是有彩色的三个要素，它们共同决定了我们所看到的彩色光的特性。

色相是色彩呈现出的质地面貌，可以理解为不同颜色之间的实质差异，例如红、橙、黄、绿、蓝、紫等都各自代表一类具体的色相，它们之间的差别属于色相差别。色相的种类是无限多的，可以通过色相环来展示不同色相的排列顺序，如图 5-4 所示为十二色相环。

例如，以绿色为主的色相，可能有粉绿、草绿、中绿等色相的变化，它们虽然是在绿色相中调入了白与灰，在明度与饱和度上产生了微弱的差异，但仍保持绿色相的基本特征。如图 5-5 所示显示了绿色色相的不同差异。

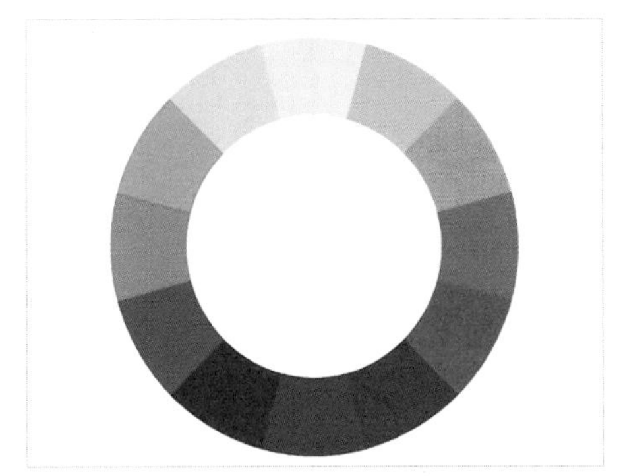

图 5-4 十二色相环

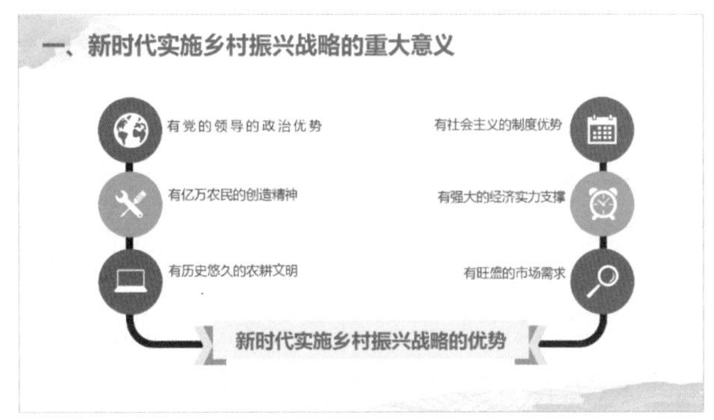


图 5-5 绿色色相搭配的页面效果

根据色相环中颜色之间的角度可以判断这两种颜色的对比程度。在设计 PPT 时，记住一个口诀：要想页面颜色和谐、融洽，选择色相环上间隔近、组成角度小的颜色；要想突出对比、强调内容，选择隔得远、组成角度大的颜色，颜色数量不超过 4 种。

**温馨提示**

色相与色系的概念不同，色系是根据人们对颜色心理感受的不同进行分类，包括冷色系、暖色系和中间色系。蓝绿、蓝青、蓝、蓝紫等让人感觉冷静、沉寂、坚实、强硬的颜色属于冷色系；与之相对，红、橙、黄橙、黄等让人感觉温暖、热情、兴奋的颜色属于暖色系；中间色系则是不冷、不暖，不会带给人某种特别突出情绪的颜色，如黑、白、灰。

饱和度表示色彩在有彩色到无彩色之间的强度。饱和度高的颜色更鲜艳，而饱和度低的颜色则更接近灰色，如图 5-6 所示。饱和度太高会有些刺眼，如鲜绿色。因此，饱和度居于较高水平，又没有达到极值时，最能引起人们的注意力。基于这样的知识，可以找到PPT配色的一个规律：在不刺眼的前提下使用饱和度较高的颜色，可以增加画面的质感，让观众集中注意力。

明度表示色彩的明暗程度，比如亮红色和暗红色的区别。明度越大，色彩越亮，如图 5-7 所示。无彩色也有明度区分，其中，白色明度最高，黑色明度最低，白色和黑色之间是一个从亮到暗的灰色系列。在有彩色中，任何一种饱和度色都有着自己的明度特征，如黄色明度最高，紫色明度最低。

新手在做PPT时很少注意明度问题，实际上在为PPT选择配色方案时，如果配色中包含了多种颜色，应尽量确保颜色的明度一致，否则会使整个PPT看起来有些混乱。

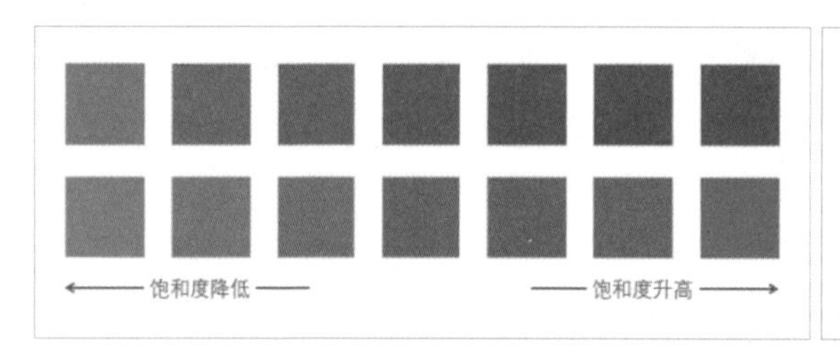


图 5-6 饱和度调整

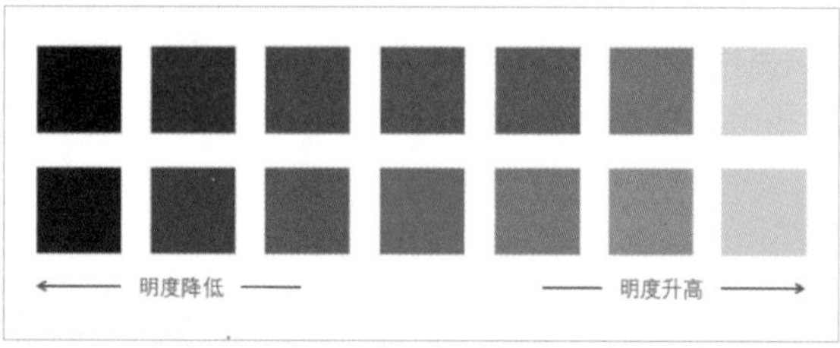

明度降低
明度升高

图 5-7 明度调整

在PowerPoint中，可以通过选择“其他填充颜色”命令来自定义填充颜色。在“颜色”对话框的“自定义”选项卡中，左侧的颜色选择面板中可以选择色相与饱和度（横向为色相，纵向为饱和度），右侧的色带用于明度选择，向上为提升明度，向下为降低明度，如图 5-8 所示。

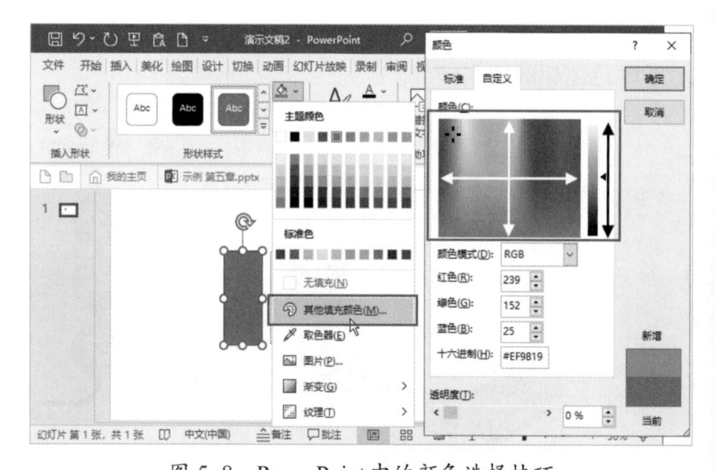


图 5-8 PowerPoint 中的颜色选择技巧

HSL颜色模式是根据色彩三要素理论建立的一种色彩标准。HSL代表了色相（Hue）、饱和度（Saturation）和明度（Lightness），通过一组HSL值可以确定一个具体的颜色。例如，HSL（0,255,128）代表红色，HSL（42,255,128）代表黄色。PowerPoint中默认的颜色模式是RGB模式，但可以在“颜色”对话框的“自定义”选项卡中的“颜色模式”下拉列表中选择HSL色彩模式，方便调节颜色的色相、明度、饱和度 3 个参数值。

### 3. 三原色与 RGB 颜色模式

三原色是色彩中无法再分解的基本色，通常说的三原色包括红色、绿色和蓝色。通过混合这些三原色，我们可以得到所有其他的颜色。可以将三原色混合的过程理解为一个基础的混色模型，如图 5-9 所示。

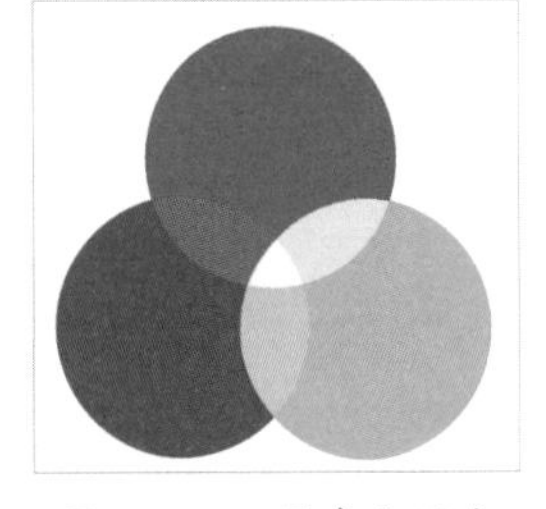

图 5-9　三原色和混合

RGB颜色模式是根据三原色理论建立的一种色彩标准。在RGB颜色模式中，红色（R）、绿色（G）和蓝色（B）分别被划分为0到255级亮度。通过组合这三个颜色的不同亮度，可以得到共计16777216种颜色，这是人类视力所能感知的所有颜色。因此，通过一组RGB数值（每个颜色分量取值范围为0到255），可以确定我们所能看到的每一种颜色。例如，RGB（255,0,0）代表红色，RGB（255,255,0）代表黄色。

RGB颜色模式被广泛应用，目前大多数显示器都采用RGB标准。许多软件，包括PowerPoint在内，也默认使用RGB颜色模式。

**温馨提示●**

CMYK颜色模式也称为四色印刷模式，是彩色印刷中使用的一种行业规范。通过混合叠加四种标准颜色（青色、品红色、黄色和黑色），可以得到所有其他颜色。在使用CMYK颜色模式进行印刷品设计时，可以更好地适配各种打印机设备，确保印刷成品的颜色准确无误。如果需要将PPT作品印刷成册，可以先将其转化为PDF格式，然后导入Adobe Illustrator、CorelDRAW等专业软件中，进行颜色模式的查看和调整，以确保色彩效果更加准确。

### 5.1.2　多方面考虑，选择合适的配色方案

选择合适的PPT配色方案是设计中的关键一步。专业设计师在制作PPT时通常会遵循一套统一的色彩规范，这些规范包括确定PPT中各个元素的配色范围，以及不同元素之间的搭配方式。这个色彩规范也被称为配色方案，它能够确保整个PPT呈现出一致而专业的视觉效果，如图5-10所示。

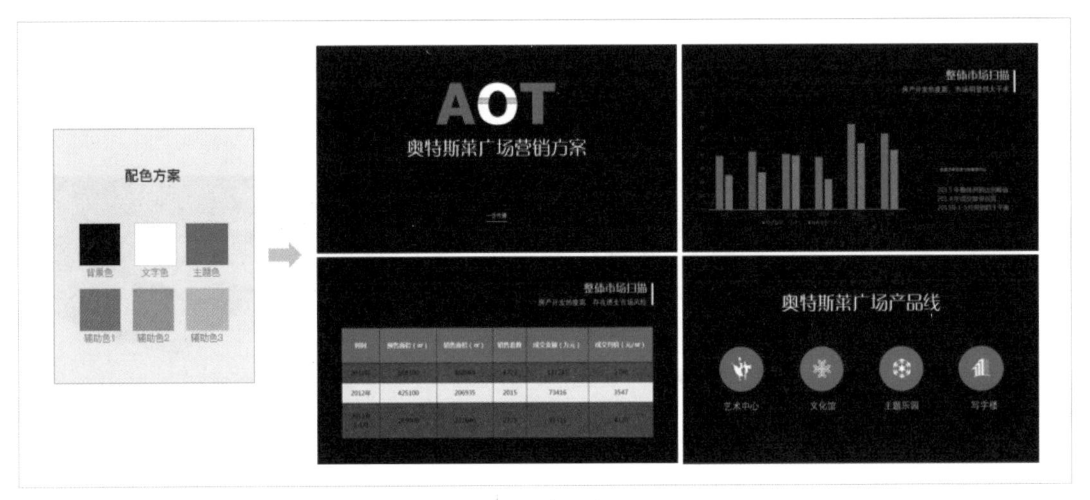


图 5-10　配色方案和PPT

在选择配色方案时，你可以考虑以下四个方面。

#### 1. 参考VI系统配色

VI系统是指企业或品牌的视觉识别系统，其中包含了色彩应用的规范。如果制作的PPT涉及

某个企业或品牌，可以参考其VI系统的配色方案来选择合适的配色，如图5-11所示为马蜂窝制作的2021年暑期旅游数据报告PPT中的部分截图。

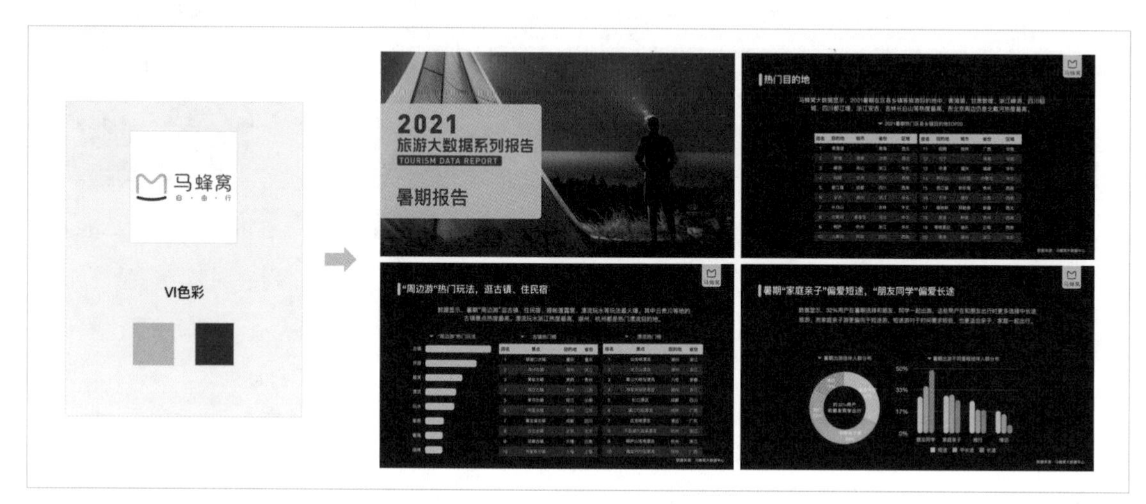


图5-11　参考VI系统配色

**温馨提示**

在PowerPoint中，可以使用取色器工具来吸取屏幕上的任意颜色，然后将其填充到所选的文字、形状等元素中。取色器可以直接吸取PowerPoint软件窗口内的颜色，也可以通过将软件窗口切换至非全屏状态，然后在按住鼠标左键不放的同时移动至鼠标窗口外来吸取窗口外的颜色。

### 2. 根据行业属性配色

不同行业在色彩选择上有不同的倾向，可以根据企业或品牌所属行业的通行色彩规范来确定PPT的配色方案。例如，环保和医疗行业倾向于使用绿色为主的配色方案，政务和餐饮行业常常使用红色为主的配色方案（如图5-12所示），金融行业倾向于使用金色为主的配色方案。

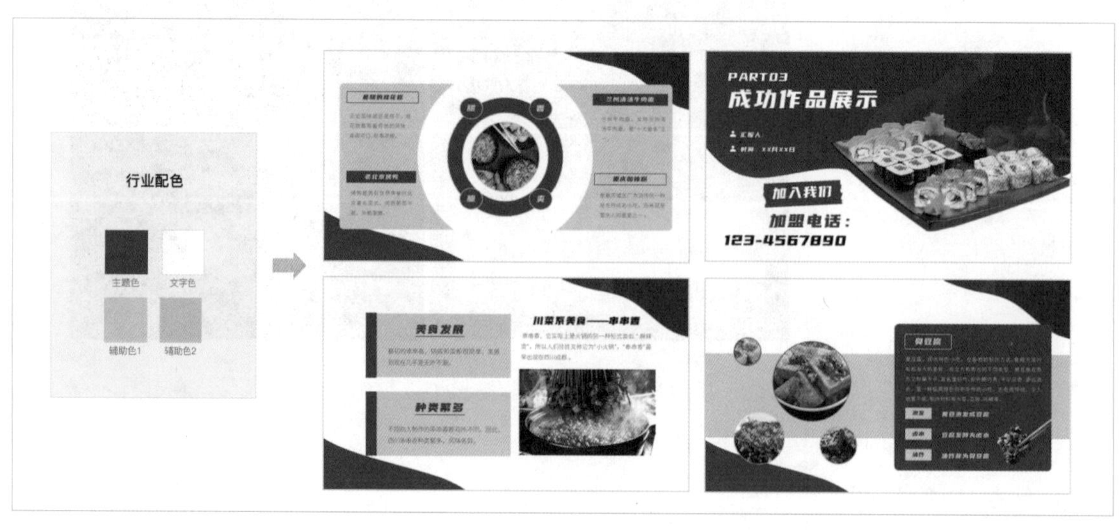


图5-12　根据行业属性配色

### 3. 根据内容配色

根据PPT中所呈现的内容的性质和风格来选择配色方案。对于专业性强、严肃的内容，可以选择朴实、深沉的冷色系；对于欢快、轻松的内容，可以选择热烈、活泼的暖色系；对于科技类内容，可以选择蓝色为主色调（如图 5-13 所示）；对于历史文化类内容，可以选择褐色等。根据内容的特点来确定配色方案是一种基本且直接的方法。

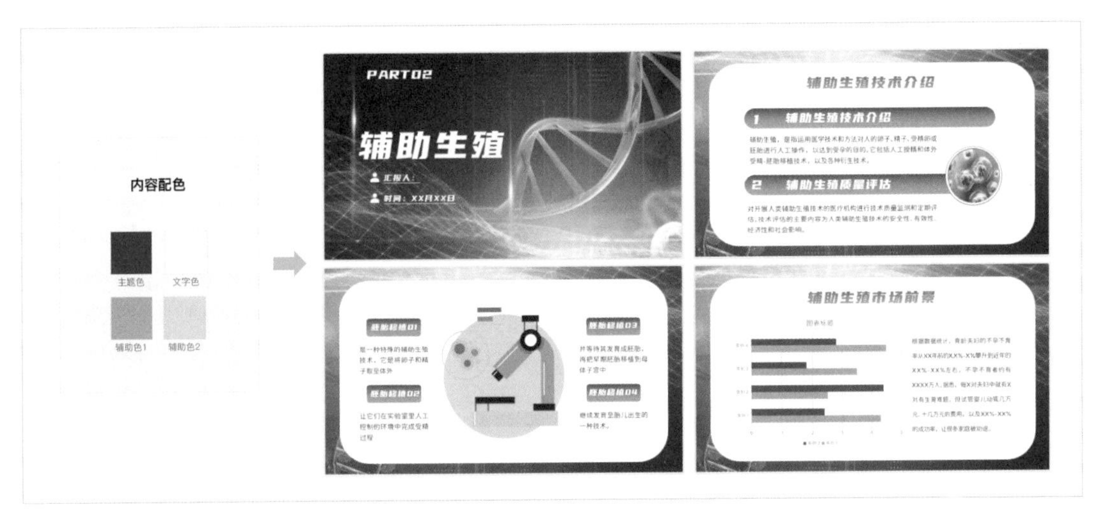


图 5-13　根据内容配色

### 4. 根据感觉配色

有时候，在制作PPT时可能没有明确的配色需求，但你可能有一些大致的想法，比如想要有品位、艳丽或温馨的感觉。在这种情况下，你可以使用印象配色工具网站来帮助建立配色方案。这些工具网站提供了各种配色方案，你可以根据自己的感觉选择符合要求的配色方案，并将其应用到PPT中。

## 5.1.3　设定主题配色方案，不可忽视的一步

设定主题配色方案是许多新手在设计中常常忽略的一步。如果没有提前确定配色方案，需要时才去寻找合适的颜色，这种做法不仅效率低下，而且很难实现整体的配色统一。另外，有些人喜欢在PPT页面外准备一些小矩形，用来填充不同的颜色，需要时再从这些矩形中取色。虽然这种做法可以实现颜色的统一，也方便使用，但当需要整体修改配色时，就必须逐页、逐个地进行修改，非常麻烦。

实际上，我们可以设定主题颜色，方便颜色修改。在制作PPT之前，可以先选择“设计”选项卡下“变体”组中“颜色”下拉菜单中的“自定义颜色”命令，如图 5-14 所示。打开“新建主题颜色”对话框，在这个对话框中设置好配色方案，如图 5-15 所示。这样，在选择字体、形状等元素的颜色时，就会发现颜色面板从默认的颜色方案变成了我们自己设定的配色方案，这样选择配色就更加方便了，如图 5-16 所示。此外，插入的艺术字、图表、SmartArt图形、表格等素材的默认配色也会按照新的配色方案进行选择。

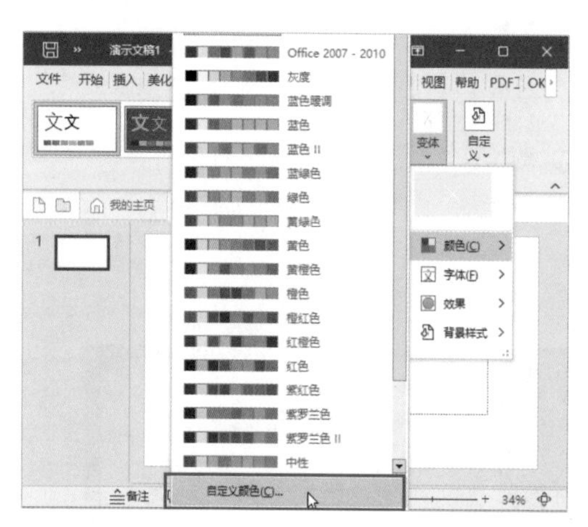

图 5-14 选择“自定义颜色”命令

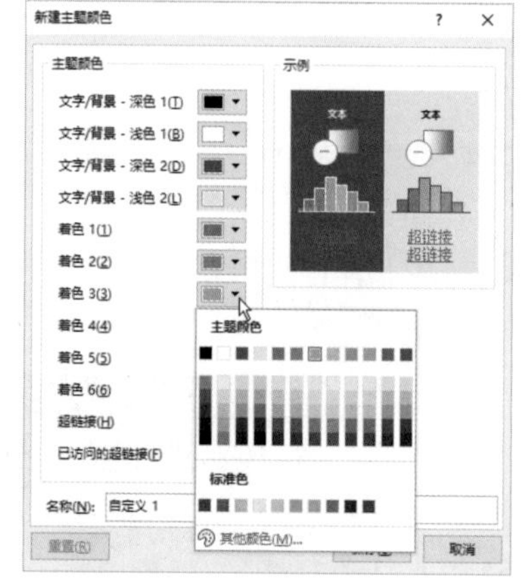

图 5-15 新建主题颜色

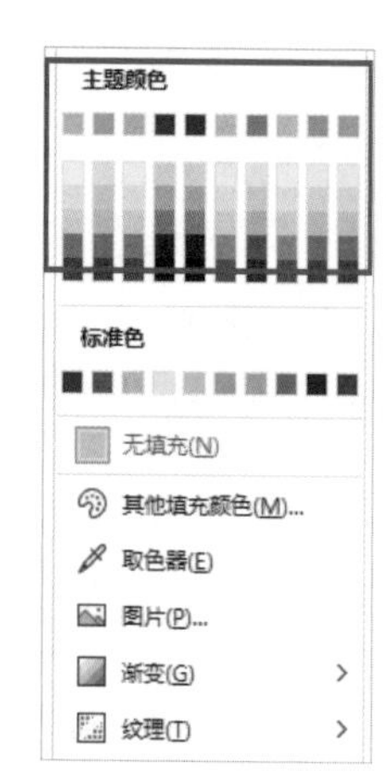

图 5-16 颜色方案

通过使用“新建主题颜色”对话框设定好配色方案后，如果需要整体修改配色，也不会很麻烦。只需要再次打开“新建主题颜色”对话框，更改相关的颜色设置，并保存为新的主题。使用该配色方案的元素便会自动更新颜色，无须逐页逐一修改。

此外，通过“新建主题颜色”对话框建立的配色方案将保存在PowerPoint软件中，可在当前文档和其他PPT文档中使用。如果有些公司要求每个PPT色彩统一，那么通过提前建立配色方案并保存到PowerPoint软件中，就可以解决这个问题。

## 5.1.4 掌握多色和单色配色方案的操作要点

PPT的配色方案可以分为多色配色方案和单色配色方案。

### 1. 多色配色方案

多色配色方案采用多个主题色，使页面色彩丰富，同时也提供了多种颜色搭配方式。然而，多色配色方案需要制作者具备较好的色彩驾驭能力，以避免配色不融洽，导致PPT看起来过于刺眼和缺乏质感。为了避免配色过于复杂，一般建议选择四个以内的主题色进行彩色和无彩色的搭配。例如，图 5-17 所示的PPT采用了橙、绿、蓝三种主题色，搭配了灰色字体和浅灰色背景色，以及其他不同明度的主题辅助色。

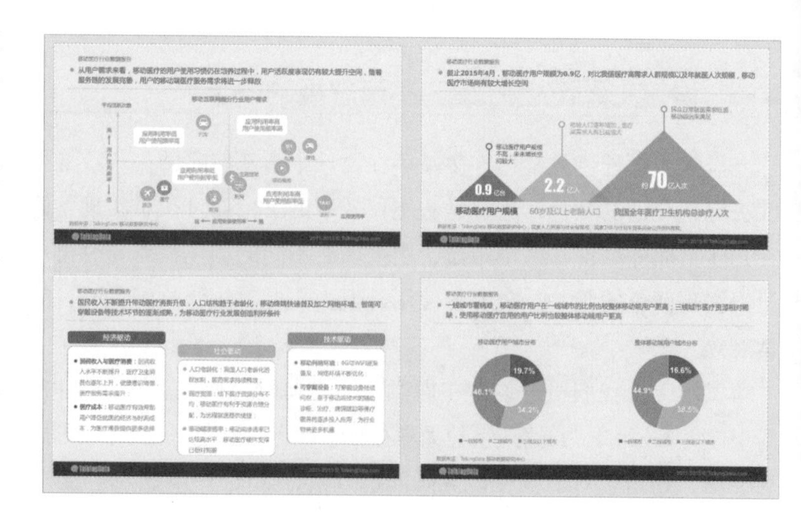

图 5-17 多色配色方案

多色配色方案在选择颜色时，需要注意多个主题色的明度保持一致，这样可以获得更好的效果。如图 5-17 所示的PPT，选择的橙、绿、蓝三个主题色明度基本一致，使得配色既鲜艳又不扎眼，给人舒适的视觉感受。

### 2. 单色配色方案

单色配色方案采用单个主题色，然后使用同一色相但不同明度的辅助色进行搭配。单色配色方案的特点是色彩统一，同时又不会显得单调和乏味，能够展现出色彩的层次感。与多色配色方案相比，单色配色方案对制作者的色彩驾驭能力要求相对较低。例如，图 5-18 所示的PPT采用了以咖啡色为主题色的单色配色方案。

图 5-18　单色配色方案

## 5.1.5 灰色在 PPT 设计中的百搭用法

灰色是PPT设计中常用的中性颜色，具有百搭的特点，很多专业设计师在PPT的配色方案中喜欢使用灰色。灰色本身具有一种自然的色彩气质，能够和任何色彩相融合，使得配色更加和谐。合理地运用灰色，不仅可以解决多色配色方案过于鲜艳的问题，也可以解决单色配色方案过于单调的问题，还能赋予PPT高级感。

### 1. 使用灰色作为页面背景色

选择彩色作为背景色会给页面带来明显的风格倾向，对页面元素的用色有更多要求；而选择黑色或白色作为背景色则有些普通。相比之下，选择灰色作为背景色既方便设计排版，又不会显得太普通。如图 5-19 所示的小米发布会页面，采用了渐变的灰色背景，很好地衬托了产品，同时也给人一种高质感的视觉效果。

图 5-19　使用灰色作为页面背景色

### 2. 使用灰色色块

在纯白色背景的页面排版中，页面内容较少时很容易显得空洞，如图 5-20 所示。合理地添加一些装饰性的灰色色块可以解决这个问题，并提升页面的设计感，如图 5-21 所示。

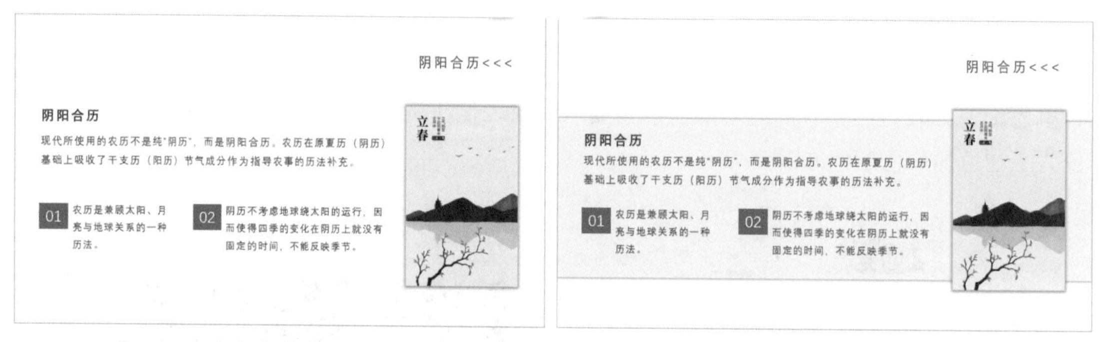


图 5-20　纯白色背景的页面排版　　　图 5-21　使用灰色色块

当我们需要弱化页面中的次要对象，突出主要对象时，也可以通过设置灰色色块与主色调色块形成对比来实现，如图 5-22 和图 5-23 所示的两页 PPT。

图 5-22　设置灰色色块　　　图 5-23　设置灰色文字和形状

### 3. 使用灰色文字

在浅色背景的PPT中，很多人习惯选择纯黑色作为文字的配色，以确保文字"显眼"，如图 5-24 所示。然而，实际上纯黑色在这样的背景下常常过于刺眼。如果根据背景情况选择一定灰度的灰色作为文字配色，视觉感受会更柔和、舒适，如图 5-25 所示。

图 5-24　默认的纯黑色文字　　　图 5-25　使用灰色文字

### 5.1.6 利用渐变色实现 PPT 设计的高级效果

渐变色是PPT设计中常用的一种色彩效果，合理地运用渐变色配色可以为幻灯片增添美观和高级的视觉效果。例如，可以使用渐变色作为页面背景色，这样的设计能够给页面增加层次感，让页面更加醒目，如图 5–26 所示。除了作为背景色，渐变色也可以用来填充文字、形状和图表，如图 5–27～图 5–29 所示。

图 5–26　渐变色页面

图 5–27　渐变色填充文字

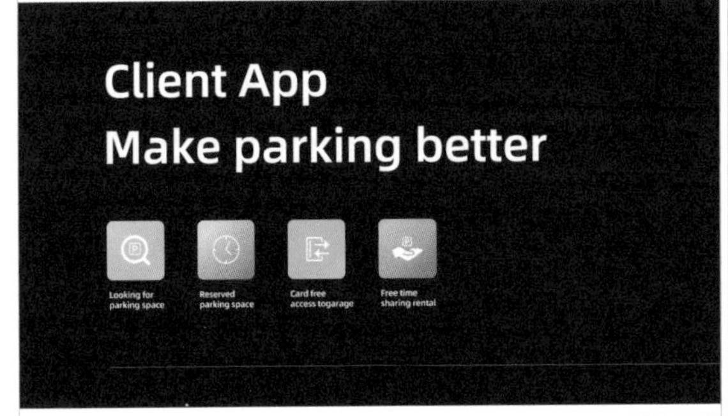


图 5–28　渐变色填充形状

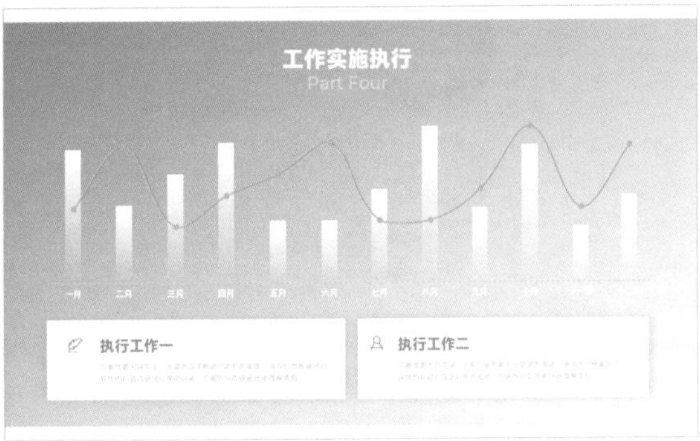

图 5–29　渐变色填充图表

相比于纯色配色，渐变色配色有以下几个优势：首先，渐变色配色能够提供更丰富的色彩层次感，使得页面更加醒目；其次，渐变色配色能够给页面元素带来光感和动感；最后，渐变色配色能够紧跟设计潮流，使得设计更具时尚感和高级感。

下面介绍一些使用渐变色配色的技巧，让你的设计更具现代感和时尚感。

#### 1. 选择合适的颜色

渐变色配色需要选择两个或多个颜色进行过渡，因此需要选择合适的颜色组合。如果选择的颜色过多，渐变的过渡空间有限，色彩就会被挤压、变化剧烈，视觉上就会显得乱。如图 5–30 所示，背景只选择了两个颜色，过渡更柔和。

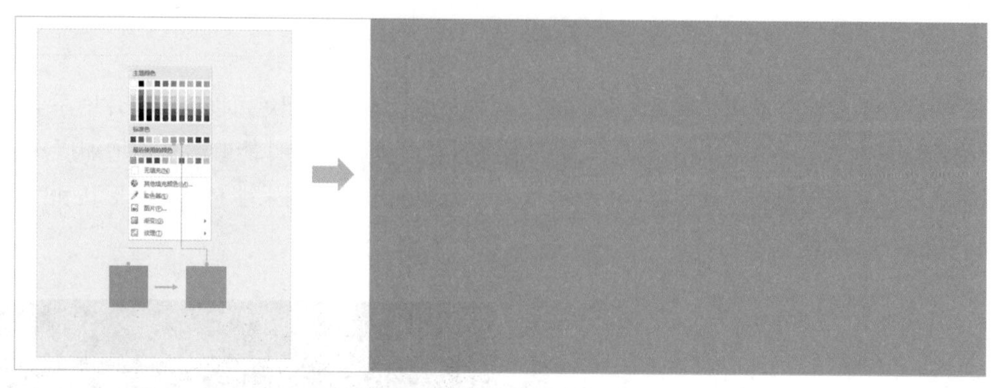

图 5-30　两个颜色的渐变效果

在设置渐变色时，可以选择相似的颜色，如图 5-30 中的绿色和蓝色，或者对比强烈的颜色，如红色和绿色。由于十二色轮及其各种变体色轮中的颜色排列有一定规律，只需搜索一张规范的色轮图，选取其中相邻或相对的两色进行配色，就能方便地配置出渐变色。如图 5-31 所示，选取了色轮图中两种相近的颜色进行渐变色配色，过渡也很柔和。

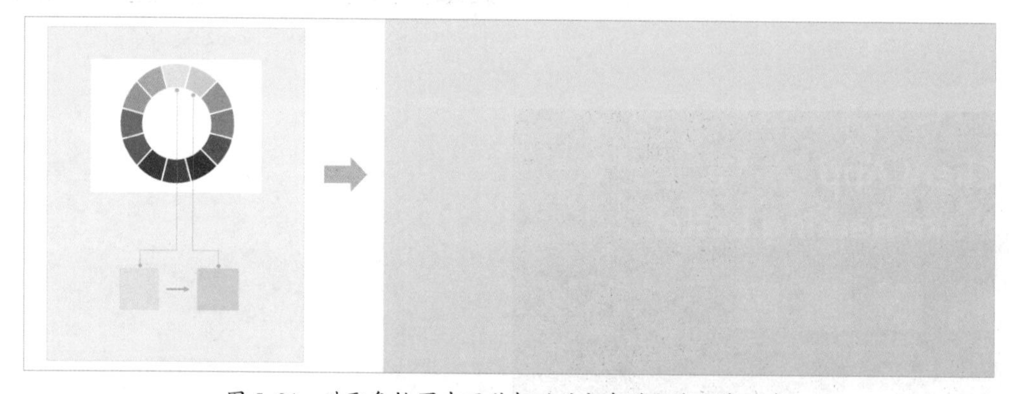

图 5-31　选取色轮图中两种相近的颜色进行渐变色配色

同时，也需要注意颜色的明度和饱和度，以达到合适的过渡效果。使用同一颜色（色相）的不同明度或饱和度进行色彩渐变，可将渐变控制在同一色彩范围内，会有光感效果，如图 5-32 所示是不同明度的紫色的渐变。

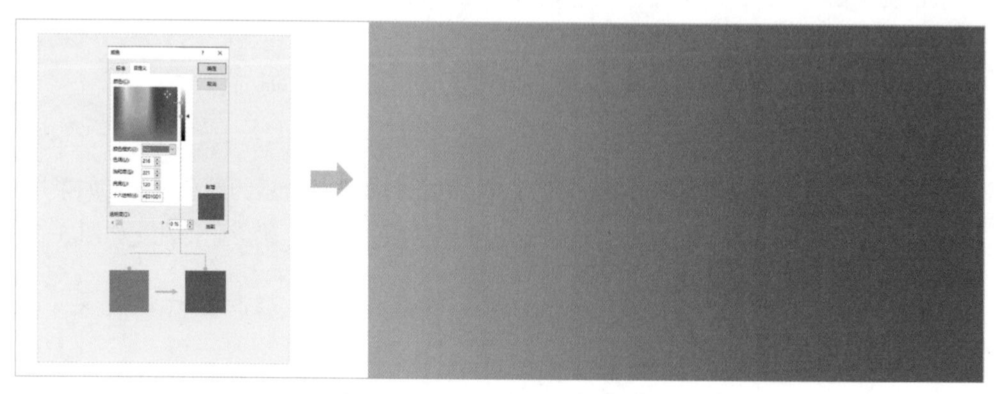

图 5-32　不同明度进行色彩渐变

如图 5-33 所示为不同饱和度的水蓝色的渐变，增加了画面层次感。

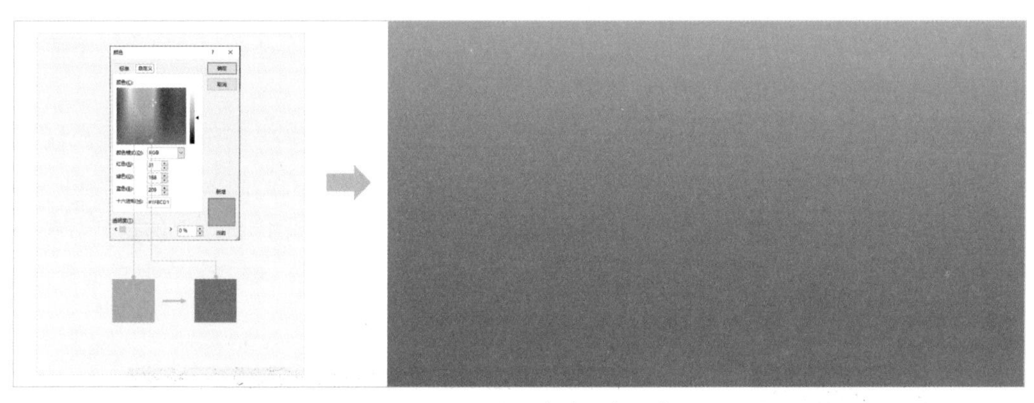

图 5-33　不同饱和度进行色彩渐变

## 2. 控制渐变的方向和角度

渐变色的方向和角度决定了过渡的效果。可以选择水平、垂直、对角线等方向的渐变，也可以选择不同的角度渐变，如 45°、90° 等。需要根据具体的设计需求选择合适的方向和角度。

**温馨提示●**

在 PowerPoint 中设置渐变色时，单击"添加渐变光圈"按钮，就可以在渐变的中间加入中间色，以达到更加柔和的过渡效果。

## 3. 控制渐变的长度和颜色比例

渐变的长度和颜色比例也会影响到过渡的效果。在渐变色调试过程中，控制渐变光圈的滑块位置，就可以调整渐变的长度。一般情况下，两个滑块过于接近将造成色彩剧烈过渡，破坏页面美感。因此，滑块要保持一定距离，留足色彩过渡空间，才能让渐变更柔和，如图 5-34 所示。

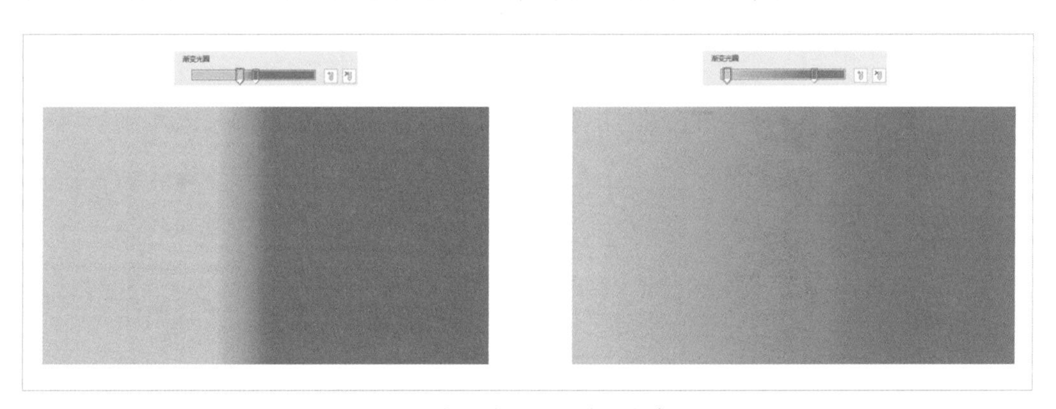

图 5-34　控制渐变的长度和颜色比例

**温馨提示●**

借助专业的配色工具能帮助我们轻松配置出更多漂亮的渐变色，如 CoolHue 2.0 渐变色配色工具网站，可以参考 5.1.7 节的内容。

### 5.1.7 推荐六个实用的配色辅助网站

在选择配色方案时，有许多好用的配色辅助网站可以帮助你找到合适的颜色组合。下面介绍六个好用的配色辅助网站。

（1）配色表：这是一个网页设计常用的色彩搭配表，如图5-35所示。制作PPT时如果没有明确的配色需求，但有大概的想法，比如，想要有品位一点，想要艳丽一点，想要温馨一点……这种情况下，就可以通过该配色工具网站来建立配色方案。在该网页的左侧的“按印象的搭配分类”中选择一种印象分类，即可在页面右侧看到相应印象下的一些配色方案建议。选择符合要求的配色方案，截图到PPT中用取色器吸取使用即可。

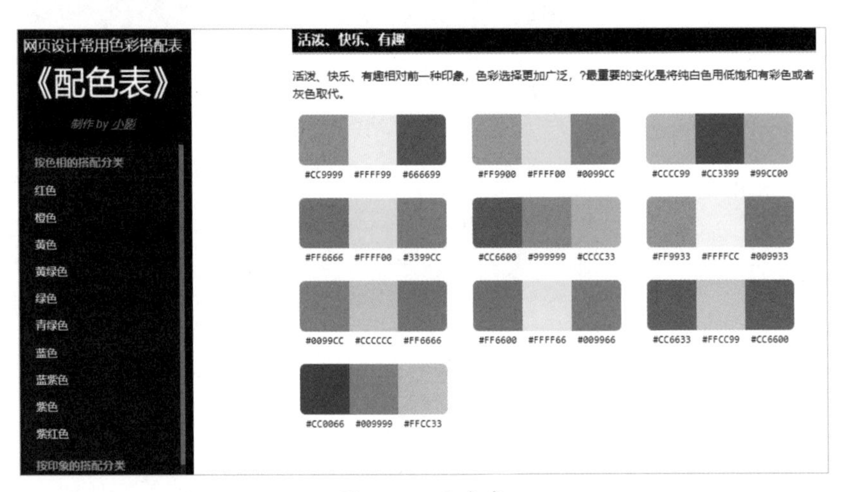


图5-35 配色表

（2）中国色：这个网站主要收集的是传统中国色，颜色皆以色卡的形式来呈现，每个颜色都有不同的命名。当单击色卡上的颜色时，不仅提供了对应的CMYK和RGB数值，整个页面还会慢慢变成这个颜色，视觉效果非常好，如图5-36所示为选择春梅红时的效果。

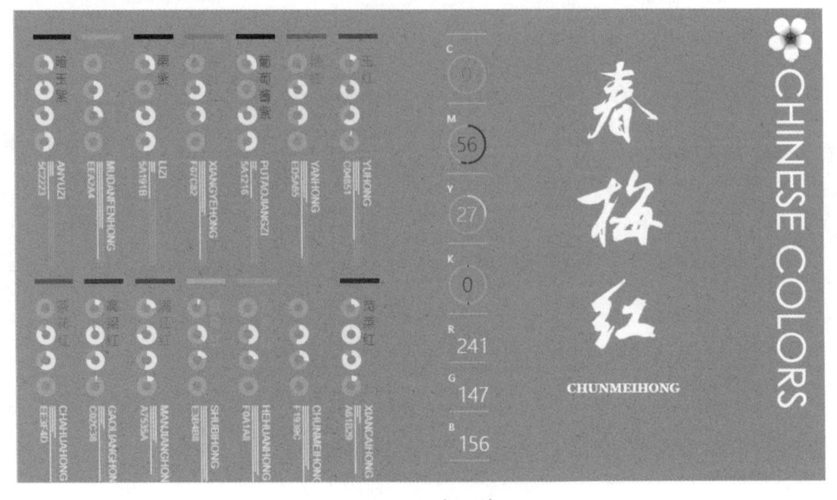


图5-36 中国色

（3）Coolors：如图 5-37 所示，该网站直接提供一系列配色方案供浏览挑选，单击颜色色块即可复制其色值应用到PPT中。

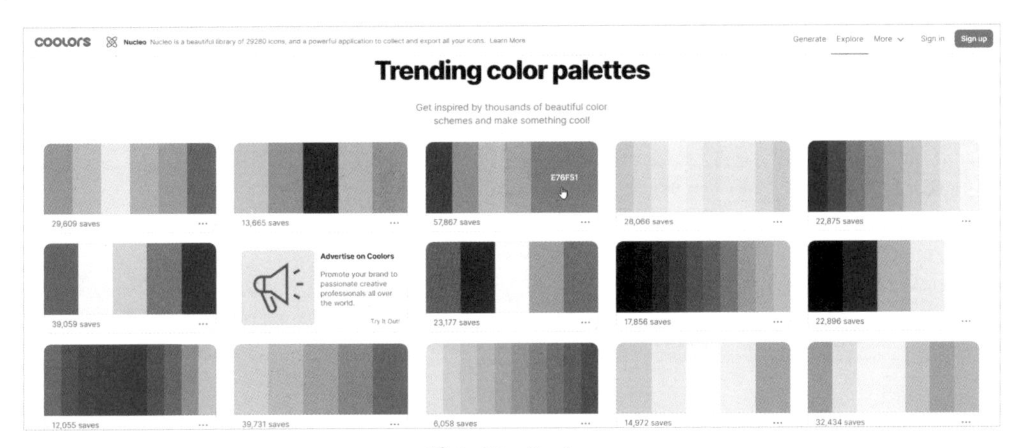


图 5-37　Coolors

（4）ColorHexa：如图 5-38 所示，该网站是一个搜索式的配色工具，在首页搜索框输入一个颜色色值，网站就将给出与该颜色相匹配的配色方案。如有一个确定性的主色调，可借助该网站为PPT建立完整的专业配色方案。

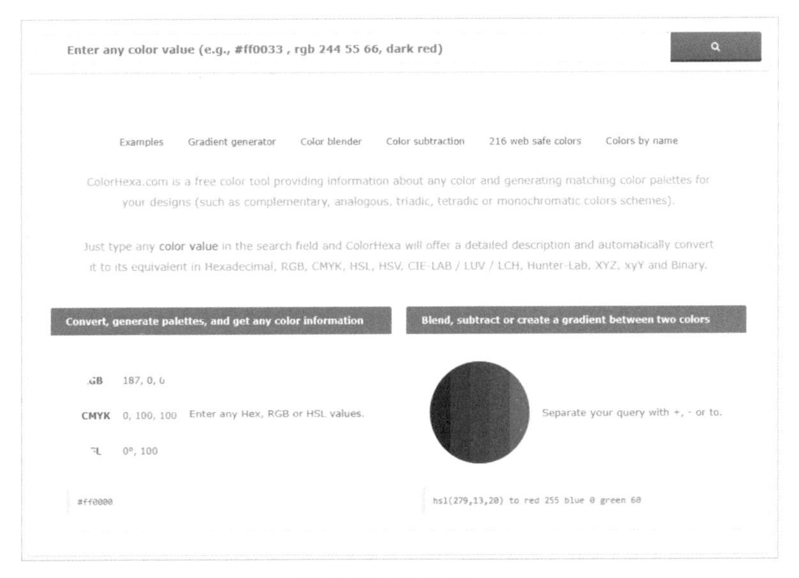


图 5-38　ColorHexa

（5）CoolHue 2.0：这个网站提供了大量的渐变色配色方案，如图 5-39 所示。找到想要的配色后，复制配色方案下方列出的十六进制代码，输入渐变光圈滑块的着色“自定义颜色”对话框相应位置中，即可将这个配色方案应用到PPT中。与其他配色工具相比，CoolHue 2.0 的一个显著特点是它的界面比较直观且无缝集成。

（6）WebGradients：如图 5-40 所示，该网站与CoolHue 2.0 渐变色配色工具网站类似，是设计师们经常需要用到的一个网站，其包含UI背景渐变颜色组合，配色案例十分丰富，可作为CoolHue 2.0

的补充。每个案例左下角注明了渐变色值，通过这些色值即可将其应用到PPT中。

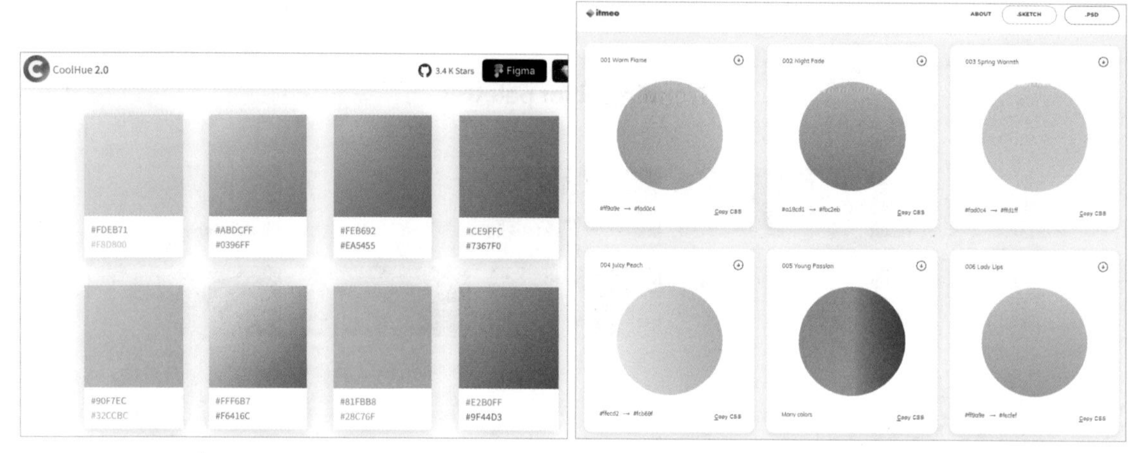


图 5-39 CoolHue 2.0　　图 5-40 WebGradients

## 5.1.8 利用讯飞星火获取配色方案

通过前面内容的学习，我们知道颜色是观众接收到的最重要的信息，配色的美观程度决定了PPT的设计水平。对于非美术专业的人来说，掌握配色是一项挑战。但幸运的是，无论是PowerPoint软件还是网络工具，都提供了许多方便的配色功能，只要按前面提及的配色方案技巧进行练习，配色能力都会有所提升。

如果想配色变得更为简单，也可以直接询问讯飞星火，包括输入主题关键词、选择风格和调整配色方案的方法。下面以帮助设计者解决选择与主题相符的配色方案为例进行介绍。例如，我们要制作一个名为“国学诗词赏析”的PPT课件，可以使用讯飞星火来获取与主题相符的颜色方案。

**提问：** 我正在制作“国学诗词赏析”PPT课件，请给我一些配色方案建议。

**讯飞星火AI:**

当制作“国学诗词赏析”PPT课件时，以下是一些配色方案建议。

1. 古典中国风：使用传统的中国红色、金黄色和黑色作为主色调。这种配色方案能够传达出中国传统文化的庄重和典雅。

2. 清新自然风：选择明亮的绿色、蓝色和白色作为主色调。这种配色方案能够营造出清新、自然的氛围，与诗词中的山水意境相呼应。

3. 温暖和谐风：使用橙色、黄色和棕色作为主色调。这种配色方案能够传达出温暖、和谐的感觉，与诗词中的情感表达相契合。

4. 简约现代风：选择灰色、白色和黑色作为主色调。这种配色方案简洁大方，能够突出诗词的内容和结构，适合现代审美。

5. 艳丽多彩风：使用多种鲜艳的颜色，如红色、蓝色、绿色等作为主色调。这种配色方案能够吸引观众的注意力，增加课件的活力和趣味性。

无论选择哪种配色方案，都要注意保持整体的协调性和平衡感，避免颜色过于突兀或过于单调。同时，可以根据具体的内容和风格进行微调，使配色方案更加符合课件的主题和目的。

讯飞星火提供了几个常用的符合主题的配色方案建议，这些方案提供了无限创意和灵感，能帮我们节省时间和精力。因此，我们可以直接选用某个配色方案，也可以与讯飞星火进一步交互以获取更多个性化的建议，如获取某个配色方案中颜色的具体RGB值。

### 5.1.9 使用 Huemint 调整色相、明度和饱和度，创造视觉吸引力

Huemint是一种智能的配色方案生成工具，它利用人工智能和机器学习技术，帮助用户创造出更具视觉吸引力的配色方案。通过智能识别前景色、背景色和主色调，Huemint可以根据用户的偏好和设计风格，生成层次清晰、符合要求的配色方案。

Huemint提供了多种功能，包括多配色方案、等阶颜色和渐变颜色等。用户可以根据自己的需求选择不同的配色方案，并将其应用于VI设计、网页设计、插图、图案背景和指南页等模板中。这使得Huemint成为一个全方位的配色工具，可以满足不同设计场景的需求。

与传统的配色网站相比，Huemint具有独特的优势。它不仅能生成颜色，还能展示每种颜色在最终设计中的应用效果。这使得用户可以更好地理解每种颜色的作用和影响，从而更好地应用于品牌Logo、网站、插画等不同设计场景中。

下面，我们来看看如何使用Huemint设计PPT页面效果，具体操作步骤如下。

**第1步** 将需要调整色彩的PPT页面截屏为图片并保存，方便上传。

**第2步** 进入Huemint网站首页，如图 5-41 所示。在页面的左边能清楚地看出有不同的应用场景，这里选择“Upload Image”（上传图像）选项。

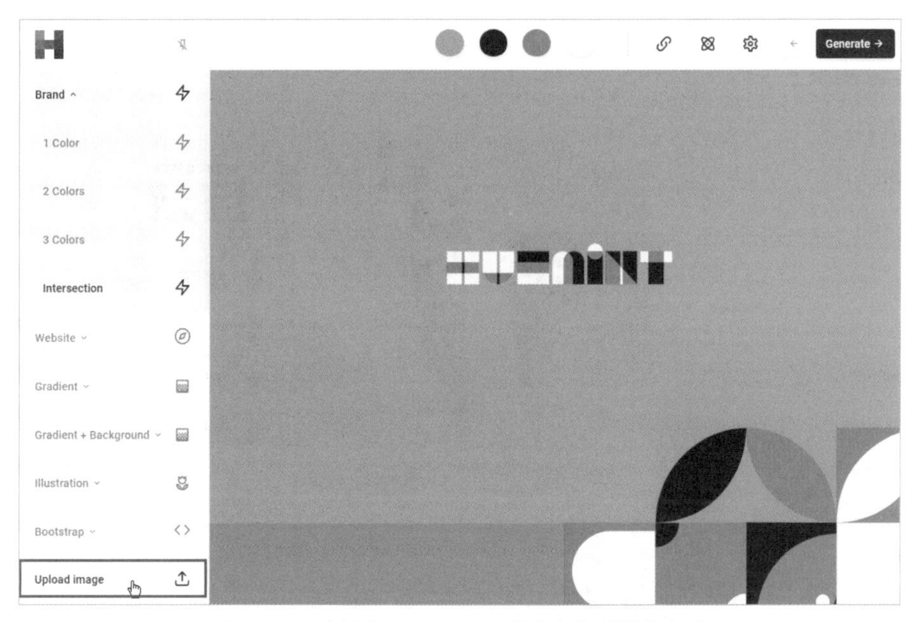


图 5-41　选择“Upload Image”（上传图像）选项

温馨提示●

Huemint 页面左边的应用场景，从上到下分别是“品牌”“网站”“渐变”“渐变＋背景”“插图”“独立创作”。在品牌这一栏里，有基础的单色、双色、三色及多种颜色相交组合的色彩方案。值得一提的是，在每一款配色下面还有相对应的品牌 VI 延展的色彩方案，直接就能看到应用效果。选择应用场景后，都只需要单击右上角的“ Generate”按钮就能随机生成多种颜色。

第3步● 在新页面中单击“上传”按钮，如图 5-42 所示，并在打开的对话框中选择需要上传到网页的图片。

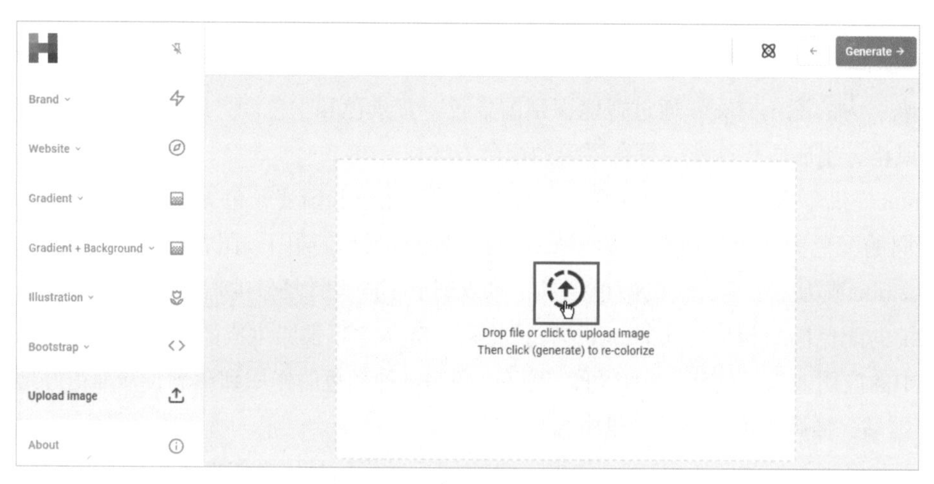


图 5-42　单击“上传”按钮

第4步● 网页会自动提取出画面中现有的颜色，单击右上角的“ Generate”按钮，如图 5-43 所示。

图 5-43　单击“ Generate”按钮

温馨提示●

需要注意的是，图片上传后质量会有所下降，细节会丢失，网站主要是取用颜色，且在网站生成配色后无法直接导出图片，需要用现有的配色重新设置自己的作品。

**第5步** 网页会随机生成其他配色方案，并直接在图上显示出来，效果非常直观，如图 5-44 所示。

图 5-44 查看随机生成的其他配色方案和效果

## 5.2 打造独特排版效果：掌握 PPT 设计基本原则与创意排版思路

页面排版是PPT美化中至关重要的一环，也是展现制作者PPT设计水平的重要方面。有些人在操作PowerPoint软件时熟练自如，但制作出的PPT作品却难以令人满意，这是因为他们只懂得如何使用软件，而缺乏对设计的理解，特别是在排版方面。掌握一些基本的排版技巧，积累常用的优秀版式，对于快速提升排版设计能力，更好地应对各种PPT制作任务至关重要，这样在设计过程中就不会再遇到灵感枯竭的困扰。

### 5.2.1 学习排版设计的四项基本原则

在设计每一页幻灯片内容时，我们需要按照正确的思考顺序来进行。先要思考内容之间的逻辑关系，确定它们之间的联系。然后考虑这种逻辑关系的内容应该如何在页面上进行位置布局。最后思考如何排版内容才能使其看起来美观。

以下是排版设计的四项基本原则，即亲密、对齐、重复和对比。这些原则已经成为设计界的黄金法则，并在PPT排版设计中同样适用。

#### 1. 亲密

亲密原则要求我们在排版时注重层次感和节奏感。页面中相关或意义相近的内容应该更靠近地布局，而关联性较小或意义较远的内容则应稍微分开布局。如图 5-45 所示，通过调整布局和间距，可以使页面的层次关系更加清晰，既便于阅读又具有美感。

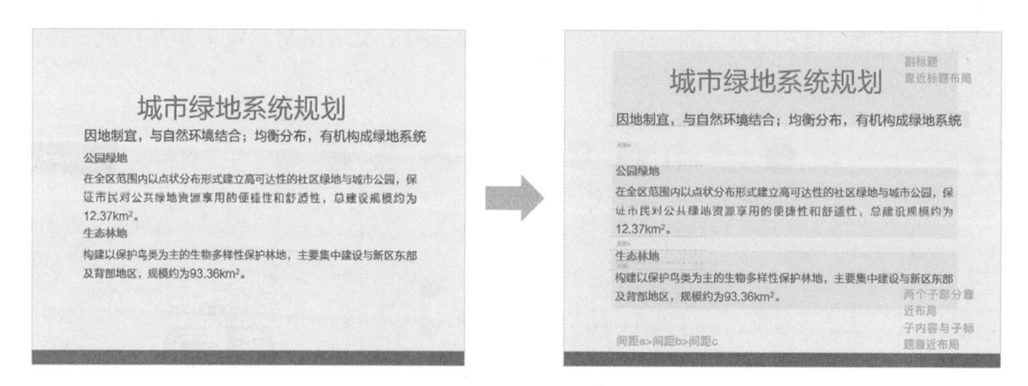


图 5-45　采用亲密原则排版文字内容

## 2. 对齐

对齐原则要求我们注重整齐和统一，避免散乱的感觉。首先，需要保证页面内各种元素的布局整齐。通过调整位置和对齐方式，可以使页面看起来更加整洁。其次，需要统一元素之间的间距，使页面更加美观，如图 5-46 所示。

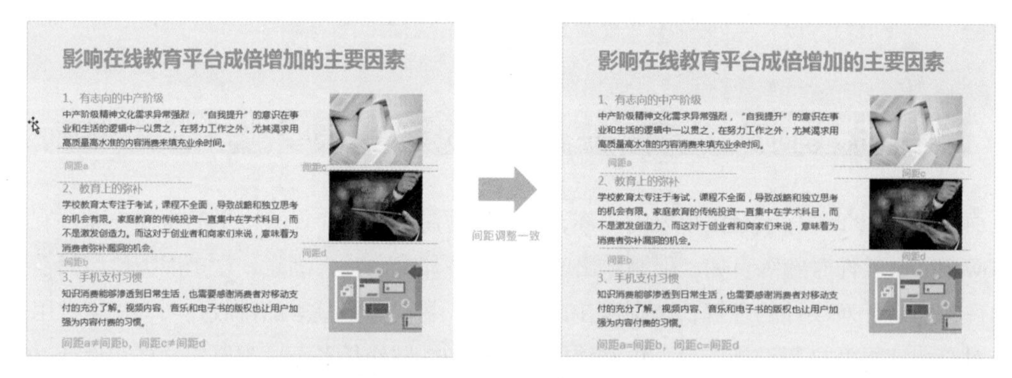


图 5-46　修改页面元素的对齐方式

另外，还需要保持内容边距的一致，以平衡页面的视觉重心。如图 5-47 所示，原来页面的左侧内容过于靠近左上边，使得页面右下部分略显空洞，视觉重心偏移，造成了美感缺陷。按照对齐原则修改，将边距调整一致，使视觉重心回到中央，视觉感受更舒服。

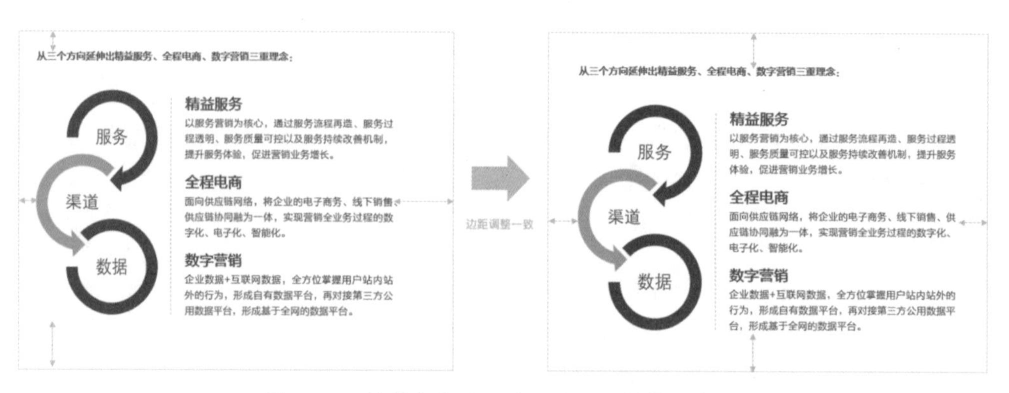


图 5-47　保持内容边距的一致，调整排版重心

在同一个PPT中，如果有多个页面采用同样的版面设计，那么，同类内容在不同页面上的相对位置也要注意“对齐”。

### 3. 重复

重复原则在不同页面和同一页面上都有应用。在不同页面上，我们可以采用相同的版式来构建封面页、目录页、过渡页、内容页和封底页，以形成规范化的视觉效果。在同一页面上，我们可以通过重复使用相同的格式设置来强调同级别的内容，从而带来美感。

“重复”排版原则有利于从设计层面呈现清晰的内容逻辑，让观众可以更好地把握演讲者的逻辑脉络。

### 4. 对比

设计中的对比原则非常重要，它可以使页面排版更具吸引力和层次感，避免显得普通和缺乏视觉冲击力。

通过对比不同元素的大小、样式、颜色等方面的差异，可以实现对比效果。例如，在排版中，可以通过增大标题字号与正文字号形成对比，如图 5-48 所示。此外，为了避免通过增大字号影响段落间距，我们也可以使用粗体字来强调正文中的重点文字。

另一种实现对比的方式是调整配色方案中的色相、饱和度和明度等差异。例如，在图 5-49 所示的页面中，通过使用不同明度的蓝色来实现两部分内容的对比效果。

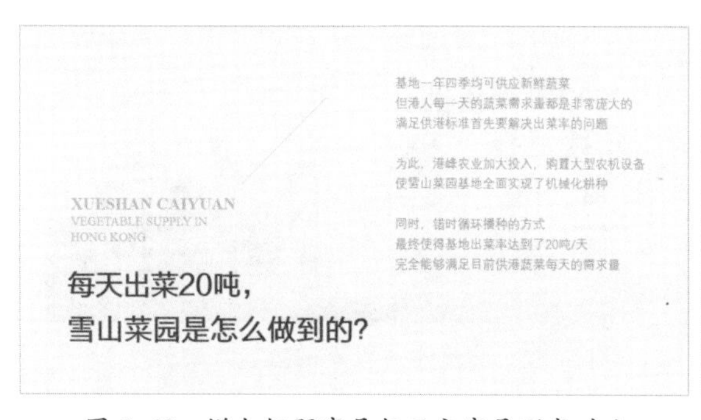


图 5-48 增大标题字号与正文字号形成对比

图 5-49 调整配色方案中的明度形成对比

除了上述方法，构成对比的方式还有很多。从内容角度或设计角度考虑，可以是文字的对比，也可以是其他素材的对比。在设计中，我们应该有意识地创造对比，同时根据实际需求来控制对比的强度，以达到更好的视觉效果。

## 5.2.2 运用经典版式设计打造完美演示文稿

在制作PPT时，版面布局并不是一成不变的，不同的内容需要采用不同的排版方式。下面根据PPT的常规设计结构——封面页、目录页、过渡页、内容页和封底页，介绍经典版式设计。

### 1. 封面页排版设计经典版式

为了给观众留下良好的第一印象，封面页的排版设计至关重要。下面介绍一些经典的封面页版式，供大家参考。

（1）全图型封面：选择一张具有吸引力的图片作为背景，并合理地添加文字。这种封面能够传达丰富的信息，给人以直观的印象。全图型封面的制作虽然简单但是也需要注意一些事项，并且文字在页面中的设计方式也有多种，其思路如图 5-50 所示。

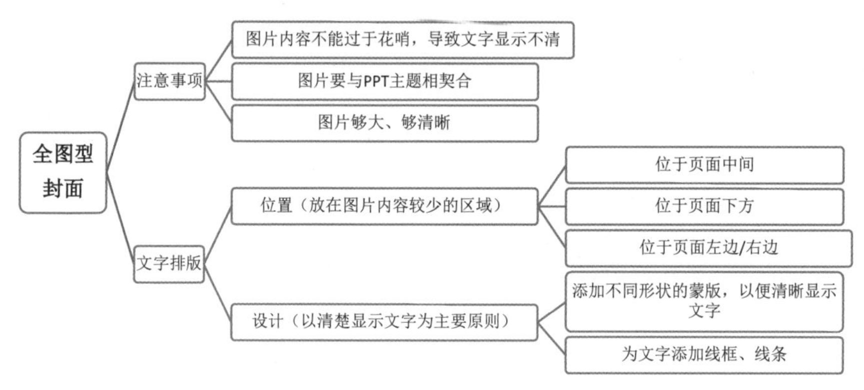


图 5-50　全图型封面设计思路

通常情况下建议将文字放在页面中间位置，这是视觉焦点区域。如果图片中间有内容，不适合放文字，再考虑将文字放在其他位置，同时可以增加遮罩。全图型封面的效果如图 5-51 和 5-52 所示。

图 5-51　将文字放在页面中间位置

图 5-52　将文字放在左侧位置并增加遮罩

（2）极简型封面：通过简洁的设计元素，如数字、色块、线条等，展现简洁之美。这种封面适用于个人答辩或演讲类场合。这种封面虽然看起来制作简单，却十分考验制作者的设计能力和审美基础，否则一不小心，简洁就变成了单调。这里建议参考如图 5-53 和图 5-54 所示的极简型封面，将这些封面收藏在自己的脑海中，在打开自己思路的同时做到随学随用。

图 5-53　极简型封面（1）

图 5-54　极简型封面（2）

（3）半图型封面：选择与PPT主题相关的高质量图片，将其裁剪并覆盖页面中的部分区域，然后添加文字。这种经典而耐看的排版方式能够制作出简洁而有格调的封面，如图5-55和图5-56所示。

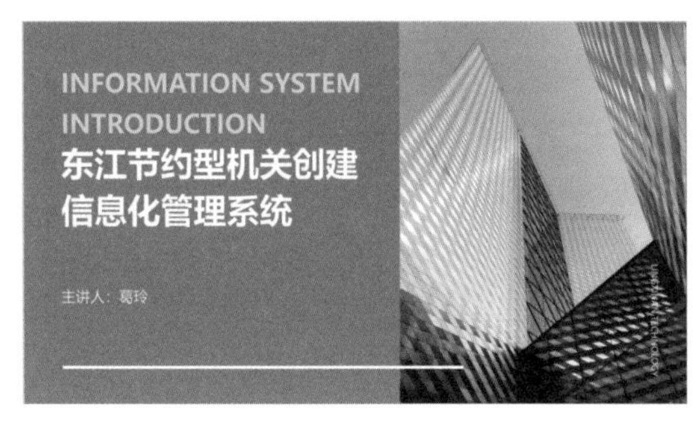


图 5-55　左文右图

图 5-56　上图下文

## 2. 目录页排版设计经典版式

目录页在PPT中的作用是展示整个内容的框架，帮助观众厘清逻辑关系。一个好的目录设计应该满足两个条件：清晰有序的目录文字和与幻灯片内容页面相匹配的设计风格。下面介绍一些常用的目录页版式，供大家参考。

（1）传统目录型：参考书籍目录的设计方式，清晰地罗列出内容条目，不需要标注对应页码，如图 5-57 和图 5-58 所示。

图 5-57　传统目录（1）

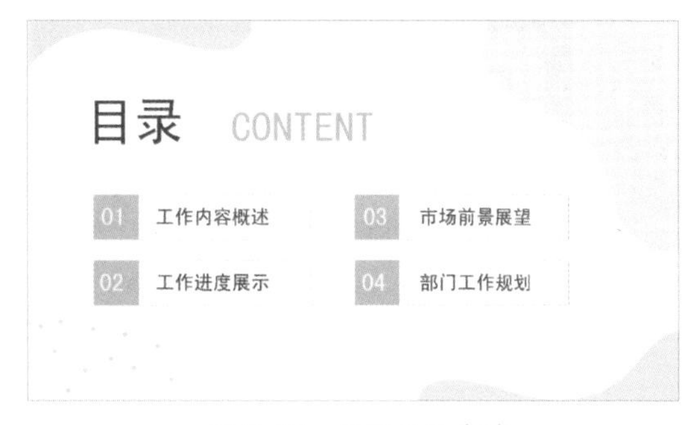


图 5-58　传统目录（2）

（2）图片与目录结合型：根据封面的风格特点，可以在目录页中加入图片素材，如图 5-59 所示，左边是图片，右边是目录；或者将图片作为背景，如图 5-60 所示。

图 5-59　左边图片，右边目录

图 5-60　将图片作为背景的目录

（3）扁平化、UI风格型：当目录项和文字内容较少时，可以采用扁平化、UI风格的设计，并结合色块和图标，如图5-61和图5-62所示。

图 5-61 结合色块制作的目录

图 5-62 结合图标制作的目录

### 3. 过渡页排版设计经典版式

根据PPT内容逻辑的需要，常常需要将PPT分成多个部分来讲述。这时，过渡页就变得非常重要，它作为每个部分的标题页，起到引导和过渡的作用。下面介绍一些过渡页的设计方式，以及它们的效果。

（1）统一风格设计：过渡页应该基于整个PPT的设计风格来进行设计，与整体保持一致性，如图5-63所示。

图 5-63 根据封面页幻灯片统一风格设计的过渡页

（2）基于目录页设计：过渡页可以基于目录页进行设计，保留目录页的基础设计，并放大当前部分的标题，这种设计方式简单易做，效果也不错，如图5-64所示。

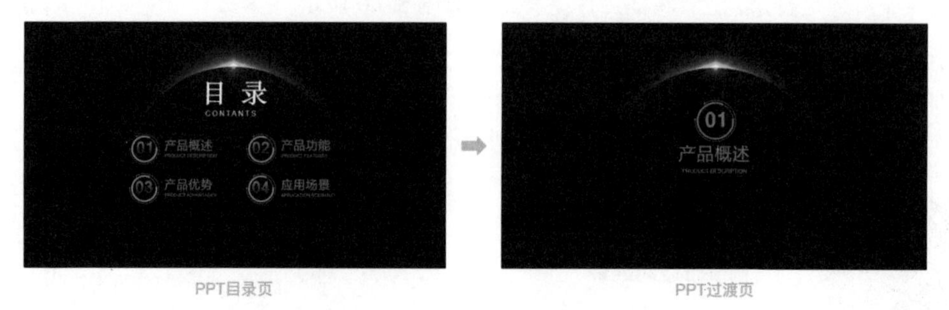


图 5-64 基于目录页设计的过渡页

（3）强调当前部分：过渡页可以保留整个目录框架，但将当前部分的标题放大，并对其他部分进行暗化处理。这种设计能够让观众在每个部分的开头都对整个PPT内容有个全局性的回顾，如图 5-65 所示。

PPT目录页

PPT过渡页

图 5-65　强调目录框架中的当前部分

（4）导航栏设计、编号：过渡页可以参考网页和UI界面的设计，将其设计成导航栏或菜单的形式，如图 5-66 所示。此外，目录页和过渡页上的项目编号不一定局限于常规的数字序列，还可以选择罗马数字序列、大写中文数字序列等其他序列，根据PPT的风格进行选择，如图 5-67 所示。

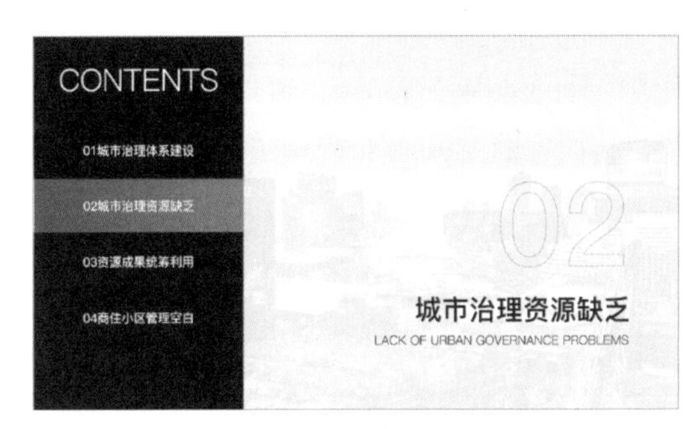


图 5-66　导航栏设计

图 5-67　编号设计

### 4. 内容页排版设计经典版式

内容页的排版设计应根据页面上的具体内容和元素进行灵活的布局。以下是一些经典的图文混排版式。

（1）基于阅读习惯：按照先上后下、先左后右的阅读习惯，将标题置于最上方，正文部分采用左文右图或左图右文的方式进行布局，这也是最常见的布局方式，如图 5-68 和图 5-69 所示。

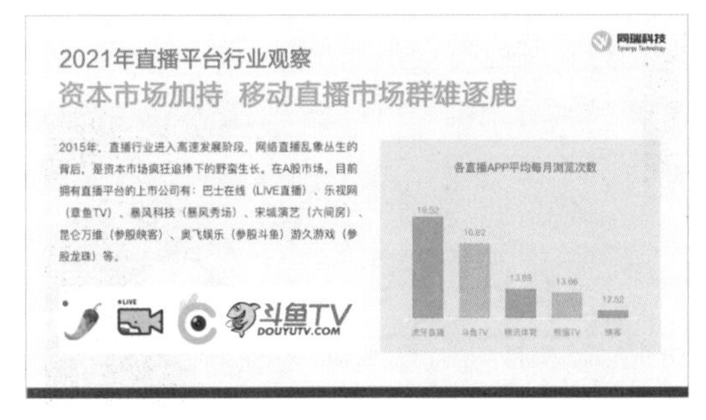


图 5-68　按照先上后下、先左后右的阅读习惯排版

图 5-69　左图右文

（2）左右分或上下分：将文字内容占据页面的一侧，配图占据另一侧，适合使用高质量的竖式图片素材进行排版，如图 5-70 所示。也可以将文字内容和图片放置在页面的上部或下部进行排版，如图 5-71 所示。

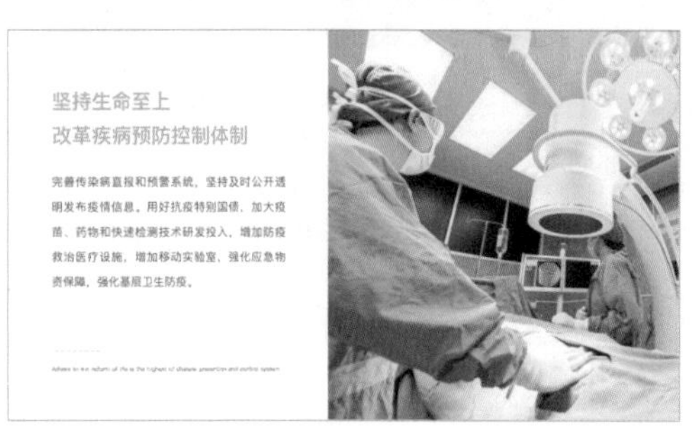


图 5-70 左右分

图 5-71 上下分

**温馨提示●**

当图片不够大，或者是文字较多时，图片不适合放大到全屏或半屏。此时可以将图片放在中间进行排版，然后在上下或左右两侧摆放文字内容。

（3）多等分：当页面有多个并列内容时，可以采用多等分的结构进行布局，可以横向等分，也可以竖向等分。建议页面划分不超过四等分，并根据需要进行内容的安排，如图 5-72 和图 5-73 所示。

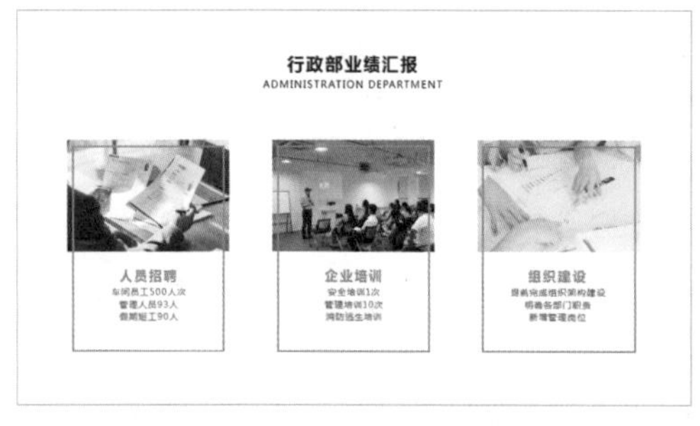


图 5-72 多等分（1）

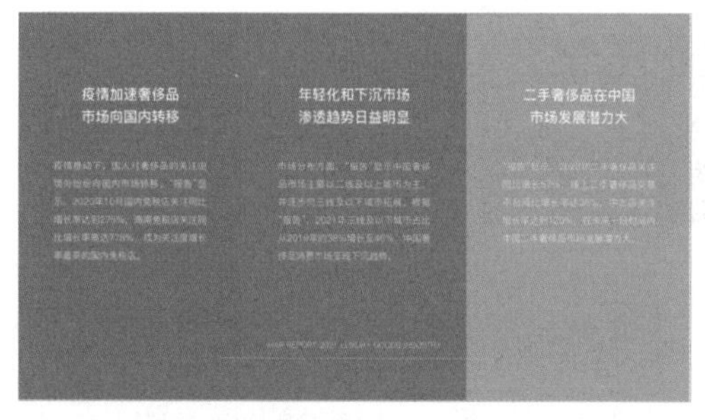


图 5-73 多等分（2）

（4）全屏型：在图片素材质量较高的情况下，可以采用全屏型排版，以突出图片的效果。全屏型图文排版通常文字较少。此外，在内容页较多时，适当插入全屏型版式页面，可以打破内容版式统一的乏味感。如果全屏上不方便摆放文字，可以加色块进行布局，如图 5-74 和图 5-75 所示。

图 5-74 全屏型图文排版（1）

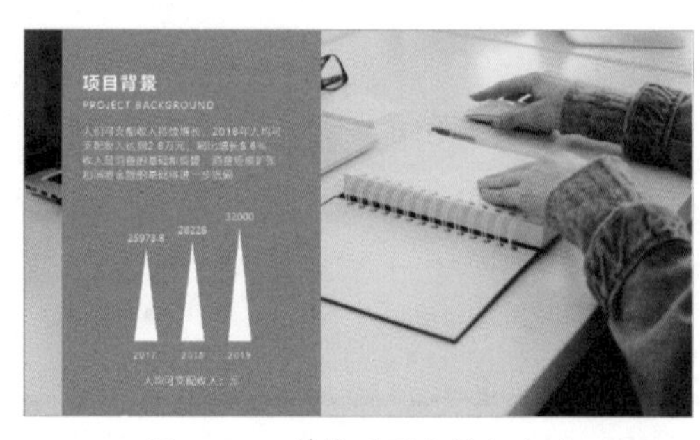


图 5-75 全屏型图文排版（2）

（5）基于图示：当页面中包含图表、SmartArt图形等图示时，应根据图示的特征来确定内容的排版方式，以确保图示的呈现效果，如图 5-76～图 5-79 所示。

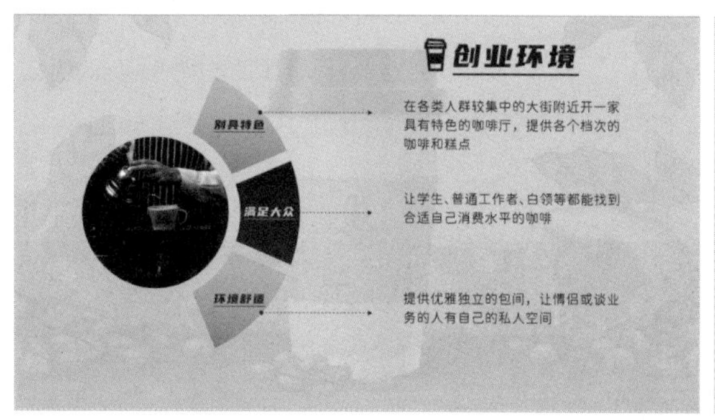


图 5-76 基于图示排版（1）

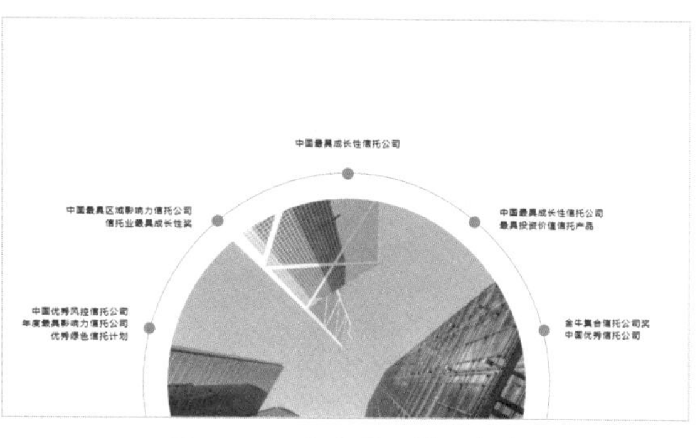

图 5-77 基于图示排版（2）

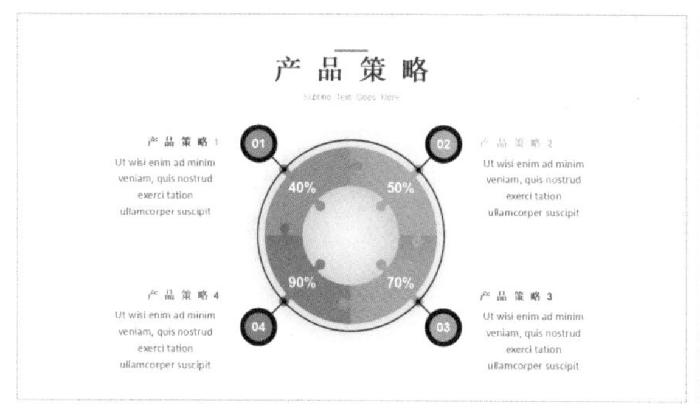


图 5-78 基于图示排版（3）

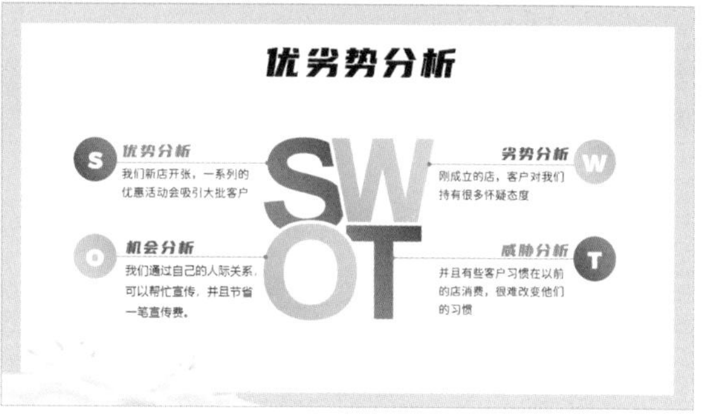


图 5-79 基于图示排版（4）

（6）不规则排版：如果要追求更有设计感、更个性化的排版方式，或者图片数量超过六张时，可以使用不规则排版。这种排版方式十分灵活，变化多端，但是其核心原则同样是对齐。可以是水平方向对齐、垂直方向对齐、沿着一条斜线对齐等，如图 5-80 所示。在不规则排版方式中，所有内容的大小不一定相等，但是整体版面要符合对齐原则，如图 5-81 所示。

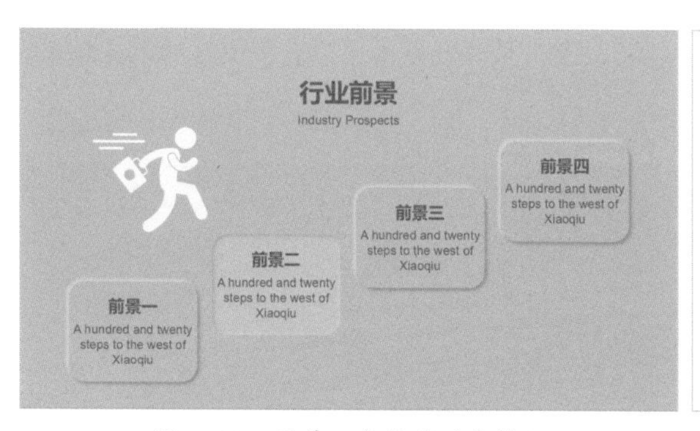


图 5-80 沿着一条斜线对齐排版

图 5-81 不规则排版

### 5. 封底页排版设计经典版式

封底页的设计是为了配合演讲者的结束语，并向观众表示感谢。然而，传统的封底页通常缺乏创意和新意，只是简单地沿用封面的版式，并且文字内容也很普通，如“谢谢观看”“感谢聆听”“Thank You”。为了使封底页更加有创意，我们可以根据PPT的类型、目的或实际情况来添加内容。

在PPT中，封底页可以展示公司的Logo、联系方式、企业愿景及对未来的展望等信息。例如，个人简历PPT的封底页可以安排个人的联系方式，如图5-82所示。企业的PPT封底页可以呈现公司的城市发展计划或已落地城市等，在展现公司实力的同时，也能让封底页设计更显大气，如图5-83所示。

图5-82　个人简历PPT的封底页

图5-83　企业的PPT封底页

此外，具有创意的封底页还可以是一个引发观众思考或进行讨论的问题，这样可以为演示增加互动性，并激发观众的思考和参与。

## 5.2.3 探索PPT背景设计的五个思路

PPT背景设计是创造独特排版效果的重要一环，可以说一个好的PPT背景就是成功的一半。在设计PPT背景时，有以下五个思路可以参考。

（1）纯色背景：选择一个合适的纯色背景是最简单的设计方法。除了常见的灰色背景，也可以尝试选择一些不常见的彩色纯色作为背景，如图5-84所示。相比于白色背景，彩色纯色背景可以让页面更加丰富，避免显得空洞。

（2）渐变色背景：采用渐变色作为背景可以增加色彩层次，某些场景下可以获得更好的视觉效果，如图5-85所示。

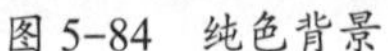
图5-84　纯色背景

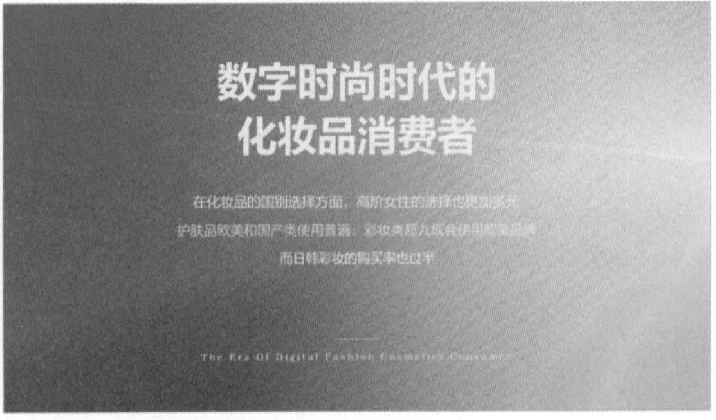


图5-85　渐变色背景

（3）图片背景：使用图片作为背景可以使页面更加生动和直观，但通常需要对图片进行处理以展现内容。例如，可以通过调整图片的透明度或在图片上添加半透明矩形作为遮罩来实现。

（4）小图标背景：选择与PPT主题相关的小图标，将其整齐排列填满整个页面，可以作为页面的底纹，如图5-86所示。

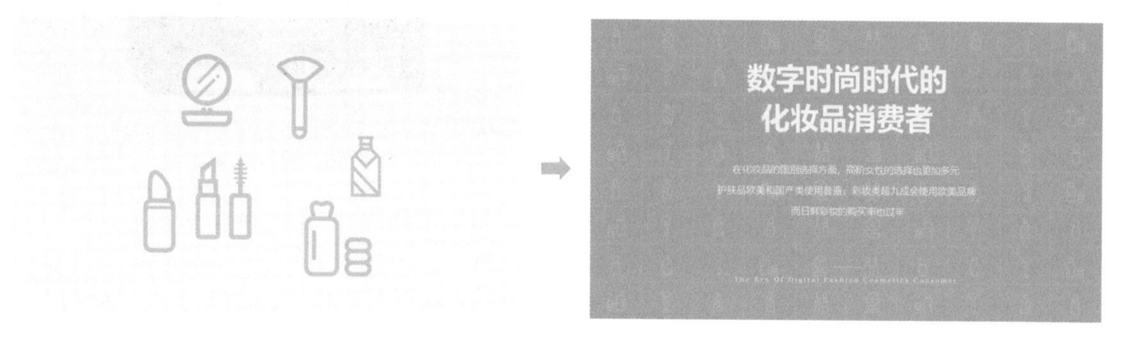


图5-86　小图标背景

（5）创意背景图：在网上搜索合适的背景图，如在Pexels网站上搜索关键词“background”（背景），可以找到许多创意背景图。此外，还可以在素材网站上搜索“lowpoly”（低面）、“abstract”（抽象）等关键词，找到一些流行的低多边形创意背景或抽象渐变创意背景素材图片，应用到PPT中，如图5-87和图5-88所示。

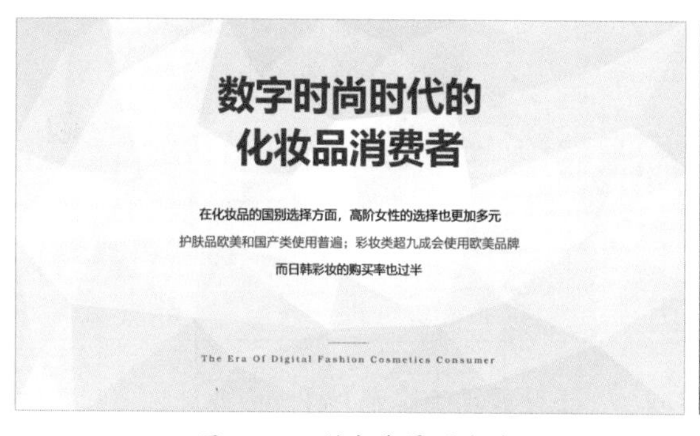


图5-87　创意背景图（1）

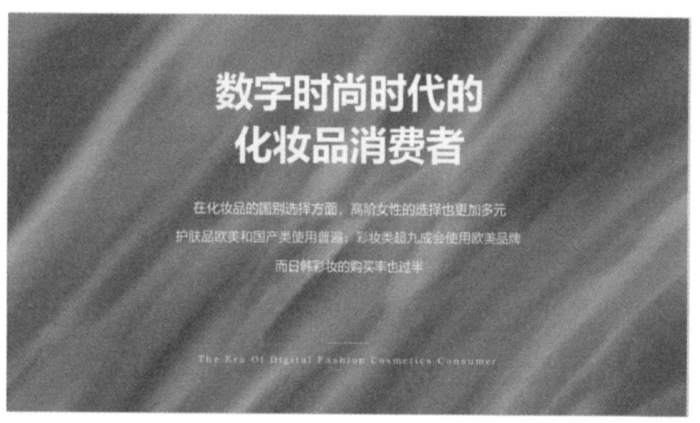


图5-88　创意背景图（2）

### 5.2.4 排版设计思路：PPT产品展示页

产品展示页是PPT设计中常见的一种页面类型，在一些企业或品牌介绍PPT、商业计划书PPT中会进行产品展示，需要特别注意排版设计的思路。下面提供几个常用设计方案。

（1）营造立体感：通过运用阴影、三维旋转等效果，让产品图片呈现出立体感。同时，可以添加矩形，并使用明度接近的双色拼接设计作为页面背景，以简单而有效地营造出富有空间感的页面，如图5-89所示，这样的设计可以让产品展示更加生动且具有高级感。

（2）利用视觉素材：除了以上的设计技巧，还可以在网上搜索一些优质的空间感图片素材，将其应用到PPT中作为背景，以增加产品展示的丰富度和真实感，如图5-90所示。

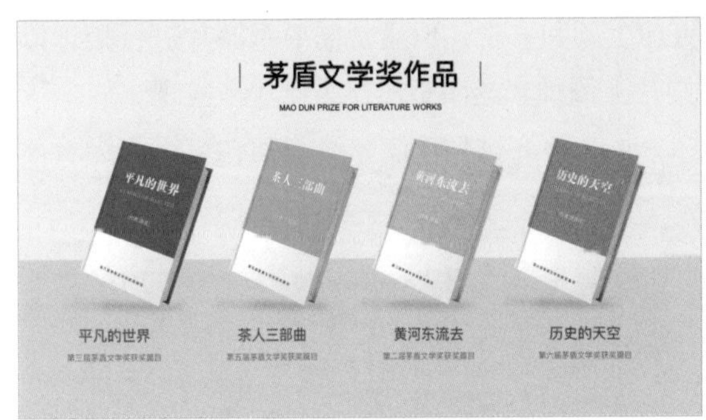


图 5-89　营造立体感

图 5-90　利用视觉素材

（3）借助样机展示：对于网站、软件类产品展示，可以添加样机，将产品还原到界面中展示。这样可以更直观地展示产品的使用场景和界面效果。

（4）借鉴电商风格：参考电商产品展示的风格，将无底色的产品图片融入页面中，进行创意排版。这种排版方式可以营造出与众不同的效果，如图 5-91 和图 5-92 所示。

图 5-91　将无底色的产品图片融入页面中

图 5-92　借鉴电商风格

## 5.2.5　排版设计思路：PPT 团队成员介绍页

团队成员介绍页也是PPT中常见的一种页面类型，在企业或品牌展示PPT、商业计划书PPT中比较常见，需要特别注意排版设计的思路。为了提升这类页面的设计感，可以尝试以下方法。

（1）多彩化设计：运用多彩的设计元素，展现团队成员的多样性和活力。即使没有团队成员的照片，也可以添加一些色块作为辅助，避免页面过于单调，提升设计感，如图 5-93 所示。

（2）头像化处理：当团队成员的照片比例和背景不一致时，直接插入页面并进行排版可能效果不理想。可以先将照片裁剪成矩形、圆形等规则形状，使照片具有统一的外观，类似于社交媒体中的头像。然后再进行排版，视觉效果会更好，如图 5-94 和图 5-95 所示。

图 5-93　多彩化设计

图 5-94　头像化处理（1）

图 5-95　头像化处理（2）

（3）抠图排版：使用抠图技术来处理团队成员的照片，将其与某个形状巧妙融合，制作出更具设计感的团队展示页面，如图 5-96 所示。

图 5-96　抠图排版

## 5.2.6 排版设计思路：PPT 时间线

时间线是PPT中常用的一种排版元素，可以帮助展示项目的进展和历史的演变。设计一个独特的时间线版式可以使信息更加清晰、直观。虽然可以使用SmartArt图形中的流程图快速创建时间线，但这种方式的视觉效果可能显得普通。为了让时间线更具设计感，以下介绍三种常用的时间线设计方式。

（1）蜿蜒时间线：在页面中添加直线和弧线，并根据需要进行连接和组合，使线条蜿蜒覆盖整个PPT页面。然后，添加圆形作为时间节点，并配上相应的文字，如图 5-97 所示，这种设计方式适合节点较多的展示需求。如果节点比较少，则一般以左低右高的方式绘制蜿蜒的曲线，如图 5-98 所示。

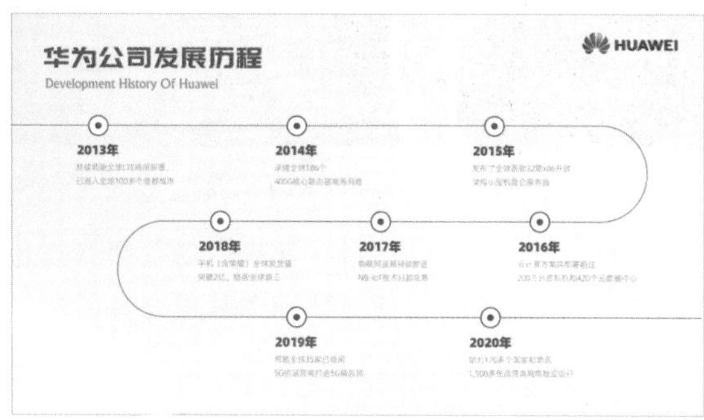


图 5-97　蜿蜒时间线

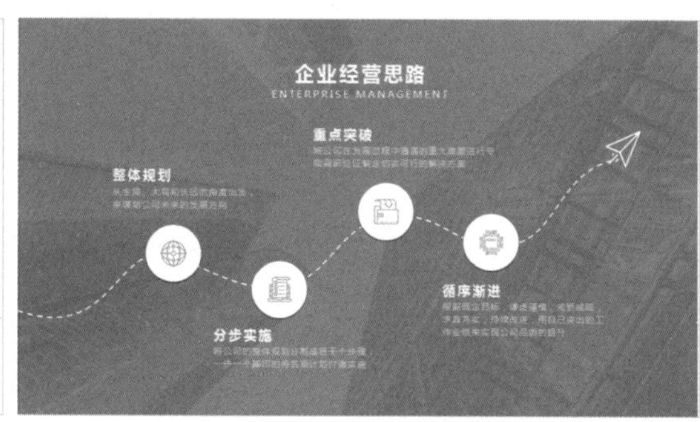


图 5-98　节点比较少的蜿蜒时间线

（2）横向时间线：将时间线从左到右横向布局在页面中（可以放置在上方或下方），各节点内容从左到右依次展开。这种设计方式适合展示发展计划、工作排期或流程等内容，如图 5-99 所示。

（3）纵向时间线：将时间线从上到下纵向布局在页面中，各节点内容从上到下依次展开。这种设计方式更适合结合推入切换动画跨页展示发展历程或重要事件，如图 5-100 所示。

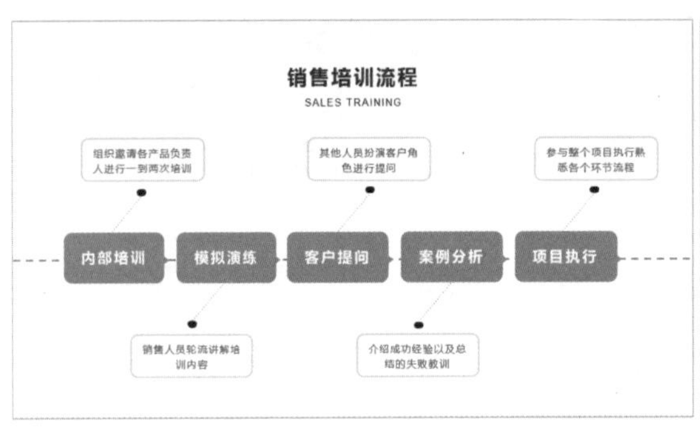


图 5-99　横向时间线

图 5-100　纵向时间线

## 5.2.7 利用形状进行 PPT 排版

作为PowerPoint软件预制的一种素材，形状有很多作用，尤其当下流行的扁平风、简洁风PPT都依赖于形状的变化。形状，看起来简单，无非是矩形、三角形、圆形……然而，最复杂的事物往往是由最简单的事物构成的。

在PPT排版设计中，形状，尤其是矩形，用处非常多，作用非常大。以下是一些关于形状的用法，可以让你的排版设计更加出色。

（1）遮罩效果：通过在图片上添加透明度不同的矩形，可以弱化背景，使文字内容更加清晰显示。可以使用纯色半透明矩形或渐变矩形来实现这个效果，如图 5-101 和图 5-102 所示。

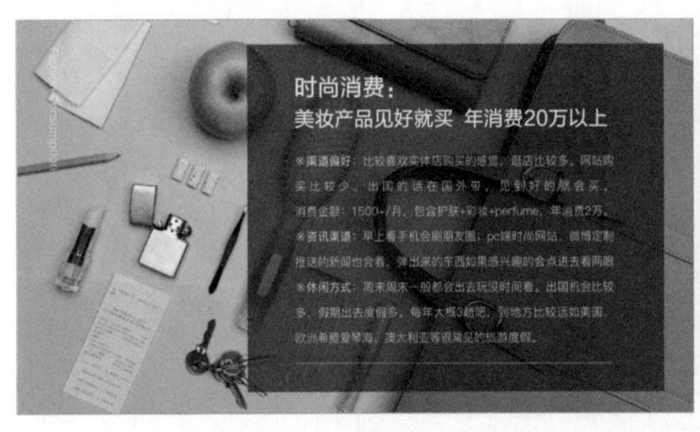


图 5-101　遮罩效果

图 5-102　渐变遮罩效果

（2）垫底效果：使用规则化的形状作为衬底，可以将不规则的文字、图片等元素整齐地放置在一起，使页面排版更加整洁。通过添加白色衬底或圆角矩形衬底，可以使文字和图片更好地匹配和归置，如图 5-103 和图 5-104 所示。

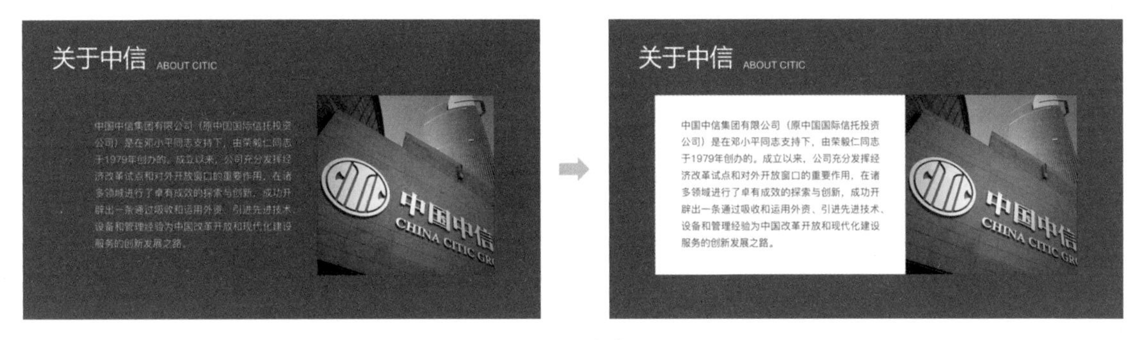


图 5-103 垫底效果

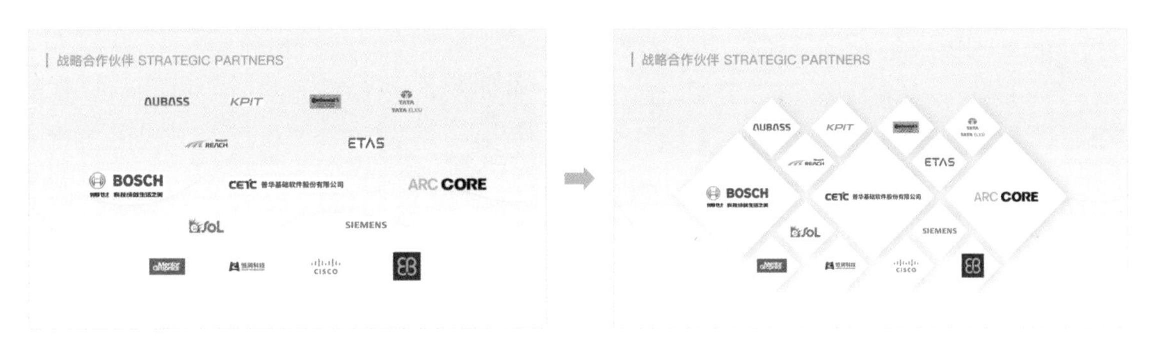


图 5-104 垫底效果用于匹配和归置

（3）视觉分割：通过添加大块面矩形，可以将页面进行视觉分割，提升版面设计的创意性。我们可以将页面分割为左右两部分或上下两部分，分别进行排版，如图 5-105 所示，或者通过横向、纵向的长条形矩形打破固有的视觉格局，使版式更加灵活，如图 5-106 所示。

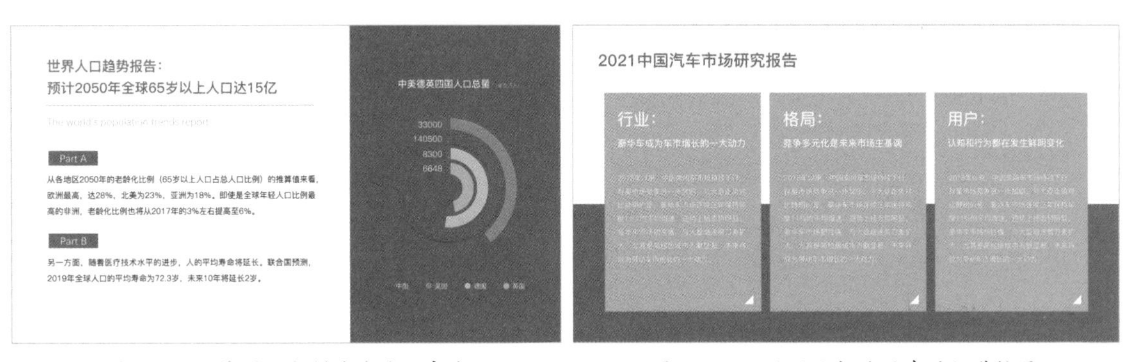


图 5-105 将页面分割为左右两部分　　图 5-106 用形状打破固有的视觉格局

（4）装饰点缀：为了增强页面的设计感或避免页面的空洞感，可以添加适当的形状作为装饰性元素。例如，圆环或三角形可以用作页面的点缀，简单而有效地提升设计效果，如图 5-107 所示。

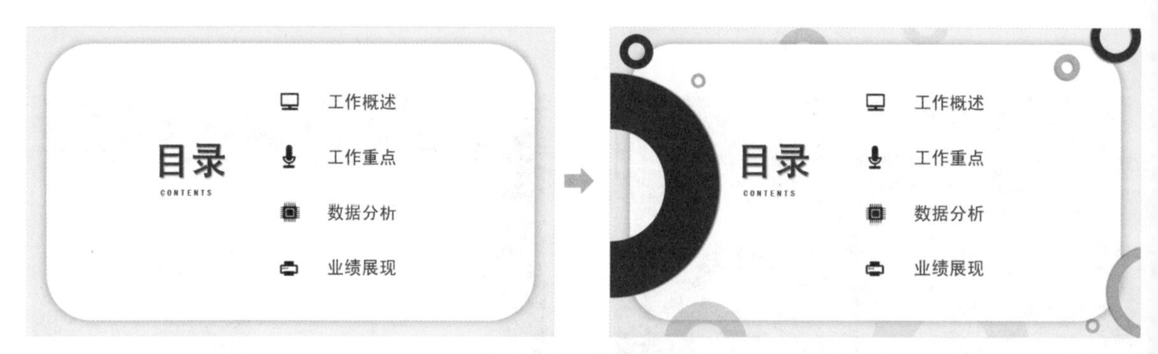


图 5-107　装饰点缀

随着PowerPoint版本的不断升级，其形状功能变得更加强大。依托“合并形状”“编辑顶点”功能带来的高可塑性，形状还可以用来进行矢量设计、绘图创作。例如，日本艺术家Gee Tee就利用形状，在PPT中绘制了一张复杂的东京车站图。

“合并形状”功能在前面已有所介绍，它有些类似布尔运算，选中形状后，在“形状格式”选项卡下可以看到该按钮，包含“结合”“组合”“拆分”“相交”“剪除”五个操作命令。借助这五个操作命令，对预制形状进行修剪，可以创造无限多的形状，满足各种设计需求。

● 结合：将选择的多个形状合并成一个形状（非临时性“组合”），合并后的图形无相交部分，彼此是一个整体，有共同的轮廓，如图 5-108 所示。

● 组合：这里的组合与按【Ctrl+G】快捷键所形成的临时性组合意义不同，是将多个形状合并在一起，成为一个形状，而与“结合”又不同的是，如果形状之间有相交部分，形状组合后将剪除相交部分；如果形状之间无相交部分，则组合效果与形状结合相同，如图 5-109 所示。

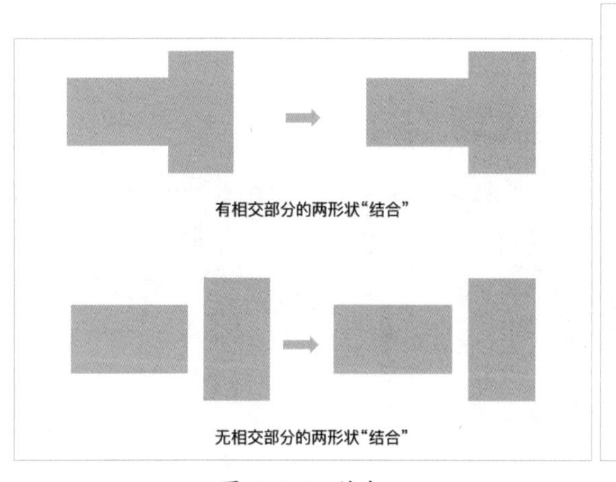


图 5-108　结合

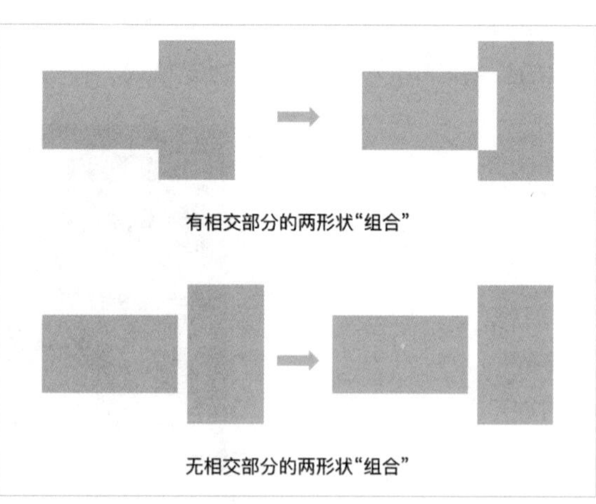


图 5-109　组合

● 拆分：将有重叠部分的形状全部重新分解。如图 5-110 中的形状会分解成 3 个部分：①A、B两个形状重叠的部分；②A形状剪除与B形状重叠部分之后的部分；③B形状剪除与A形状重叠之后的部分。形状进行拆分后，可以单独为各个部分设置不同的填充色和轮廓。无相交部分的两形状不存在“拆分”操作。

● 相交：将有重叠部分的形状的非相交部分去除，如图 5-111 所示。无相交部分的形状不存在“相交”操作。

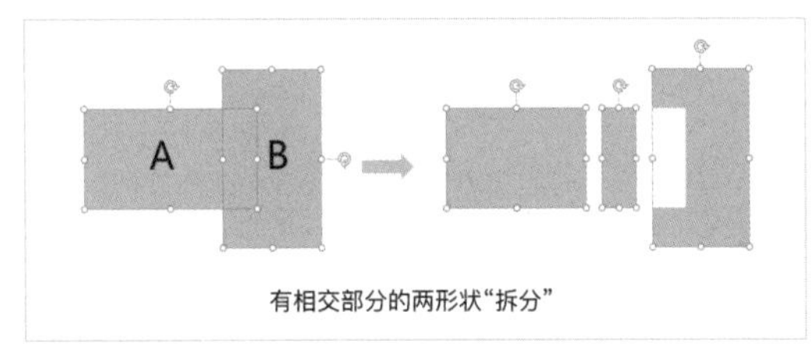

图 5-110　拆分

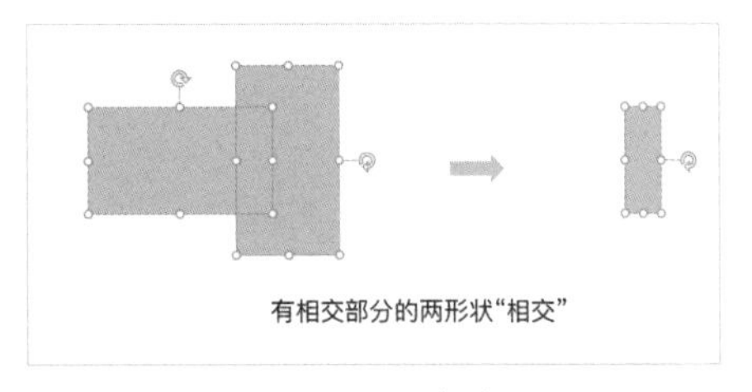


图 5-111　相交

● 剪除：有相交部分的两个形状执行“剪除”操作后，将去除形状的重叠部分及后选择的形状自身，无相交部分的两个形状执行“剪除”操作后，将保留首先选择的形状，去除所有后选择的形状，如图 5-112 所示。操作时须注意形状选择的先后顺序，顺序不同，得到的结果可能就不同，如图 5-113 所示。在实际使用中，我们经常通过剪除操作得到局部镂空形的形状，再通过它来使背景图的局部透过形状镂空部分显示出来，而其他部分则被形状遮盖。这样能够起到弱化干扰，突出图片重点展示位置的作用。

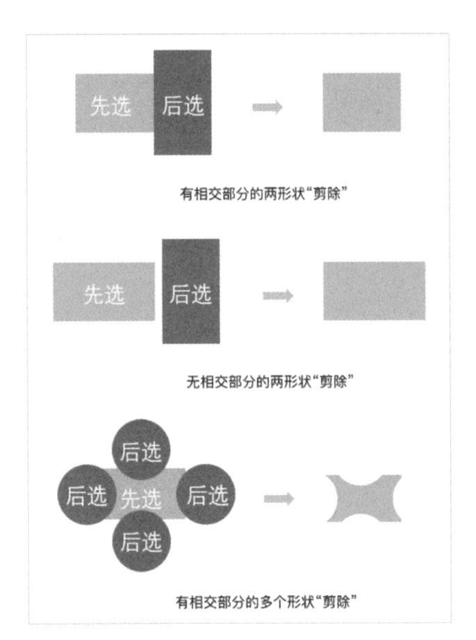


图 5-112　剪除

图 5-113　通过剪除操作得到局部镂空形的形状

形状由连接在一起的点组成，这些点被称为顶点。通过调整顶点的位置，可以实现形状的变形效果。通过合理编辑顶点，可以将简单的图形变成复杂的图形。

右击形状，在弹出的快捷菜单中选择“编辑顶点”命令即可进入编辑顶点状态，如图 5-114 所示。在这个状态下，右击任意一个控制点（小黑点），可以选择添加或删除顶点，如图 5-115 所示。添加顶点会在选定的顶点旁边添加一个新的顶点。删除顶点会改变形状的轮廓。如果单击某个控制点，则会出现两个控制杠杆。通过调整控制杠杆末端的白色方块（句柄），可以改变形状的弯曲程度。在 PowerPoint 中，有三种类型的顶点，可以通过选中菜单中的选项来判断。例如，如果在小黑点的右键菜单中看到选中了“平滑顶点”（如图 5-116 所示），意味着这个顶点是平滑顶点。形状的顶点可以是角部顶点、平滑顶点或直线点，而且可以自由设置和转换。不同类型的顶点在调整时会产生不同的效果。如果了解每种顶点的特点，可以更好地编辑顶点。

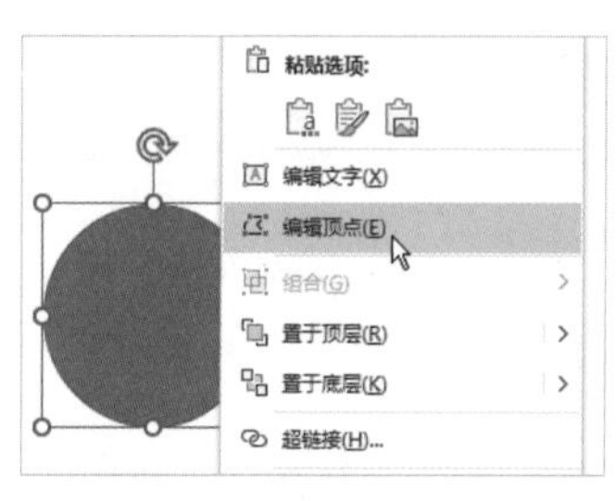


图 5-114　选择“编辑顶点”命令

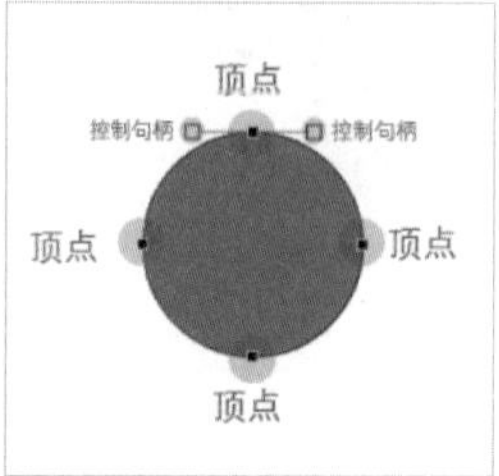

图 5-115　顶点

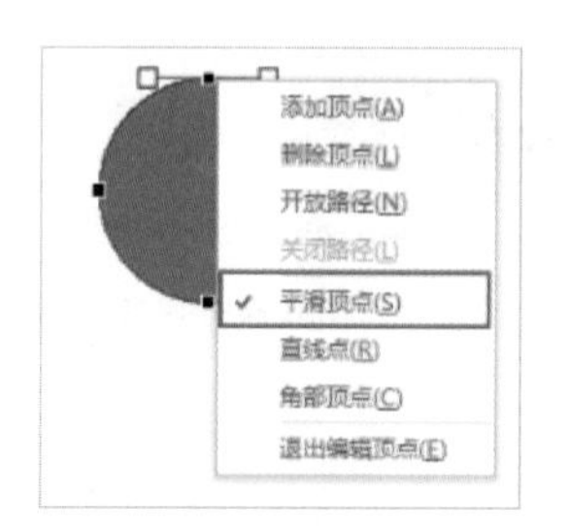


图 5-116　平滑顶点

● 角部顶点：调整一个控制句柄时，另一个控制杆不会改变。在PPT软件预设的形状中，一些形状默认只有一个角部顶点（例如圆形），而其他形状可能有多个角部顶点（例如三角形），如图 5-117 所示。

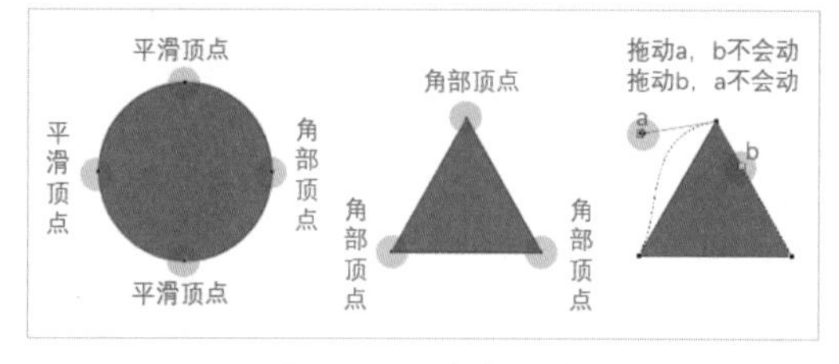


图 5-117　角部顶点

● 平滑顶点：调整一个控制句柄时，另一个控制句柄的方向和长度会对称变化。如果想要两个句柄同时改变，可以先右击顶点，在菜单中将其设置为平滑顶点，如图 5-118 所示。

● 直线点：调整一个控制句柄时，另一个控制句柄的方向会对称改变，但长度不会改变。例如，环形箭头上方的一个控制点默认是直线点（非等比例绘制），如图 5-119 所示。

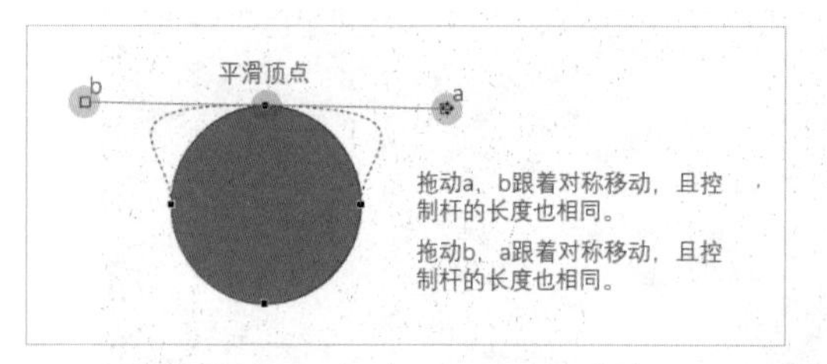


图 5-118　平滑顶点

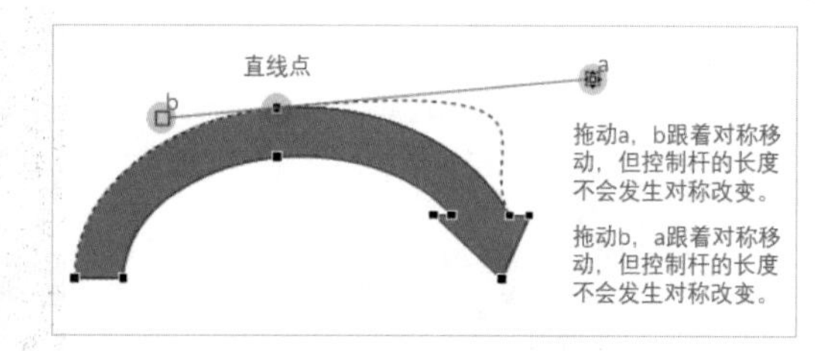


图 5-119　直线点

**温馨提示●**

通过编辑顶点的路径方式，可以将图形调整为封闭或开放的状态。封闭图形的轮廓线条形成闭合状态，可以填充颜色。开放图形的轮廓线条不闭合，无法填充颜色。可以将顶点变为开放路径或关闭路径来改变图形的轮廓，只需在路径中要开放或关闭位置的顶点上右击，在弹出的快捷菜单中选择“开放路径”或“关闭路径”命令即可。

### 5.2.8　创意排版技巧：利用“幻灯片背景填充”

在PowerPoint中，有一个非常有趣的填充选项叫作“幻灯片背景填充”，它可以从幻灯片背景图中截取部分图片来填充元素，给页面设计带来了很多可能性。通过巧妙地设置幻灯片背景和实际视觉背景，可以创建视觉差效果，从而在页面排版设计和动画设计中创造出独特的效果，如图 5-120 所示。

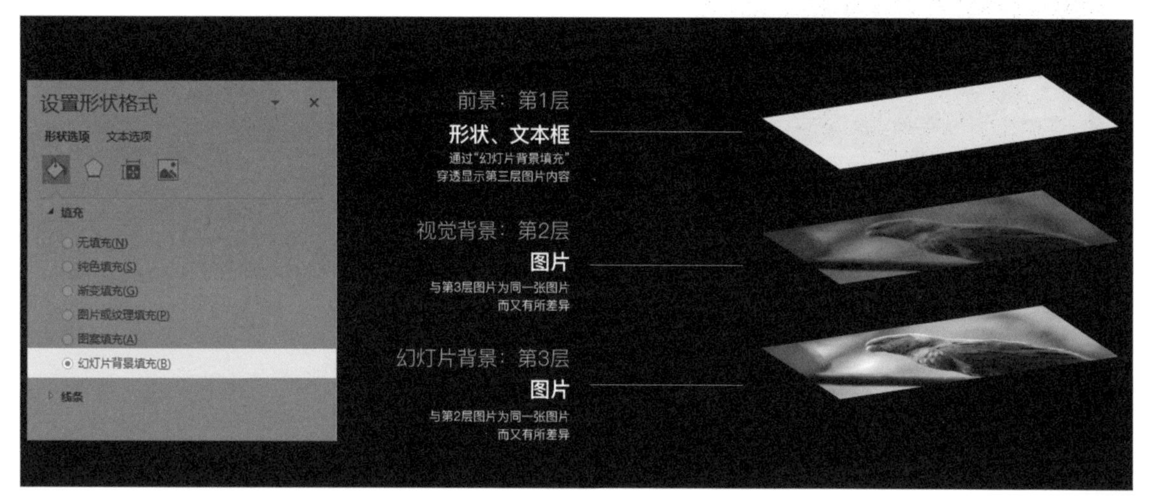


图 5-120 “幻灯片背景填充”功能

以下是“幻灯片背景填充”的三种代表性用法。

（1）聚焦细节：插入图片后将其裁剪至与幻灯片页面相同大小，按【Ctrl+C】快捷键进行复制，再将其设置为幻灯片背景。接着对原本插入的这张图片进行虚化或调暗处理（可以调整虚化效果的半径值、暗化的数值和形状的位置，以达到理想的效果），最后在前景添加一个形状，并设置为“幻灯片背景填充”，就可以实现聚焦图片局部细节的效果，如图 5-121 所示。也可以将图片放大裁剪后，再设为幻灯片背景，实际视觉背景的图片层则保持原图不变，这样，作为页面前景的“形状”就有了放大镜的效果。

图 5-121 聚焦细节

（2）玻璃蒙版效果：通过将幻灯片背景虚化并保持实际视觉背景的清晰状态，再添加一个矩形并将其设置为“幻灯片背景填充”，就可以实现类似于玻璃蒙版的效果。这种效果可以减少局部区域的背景干扰，方便文字内容的排版，如图 5–122 所示。

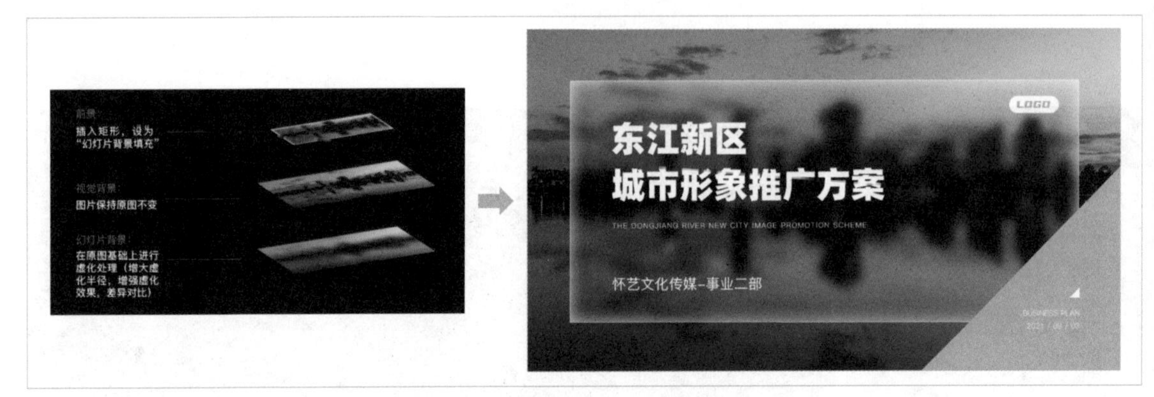


图 5–122 玻璃蒙版效果

（3）局部遮蔽效果：使用“幻灯片背景填充”可以实现文本框文字对形状的遮蔽效果，从而可以轻松裁切形状、交错排版，无须进行烦琐的合并形状或节点编辑。如图 5–123 所示的页面，通过使用“幻灯片背景填充”的中、英文文本框，可以遮蔽部分圆形线条，使得文字与线条在版式上更加紧密地结合。

图 5–123 局部遮蔽效果

除了上述用法，还有许多其他有趣的“幻灯片背景填充”用法。在实际制作 PPT 的过程中，大家可以有意识地去尝试、研究。

### 5.2.9 寻找排版设计灵感的网站

在进行排版设计时，有时会遇到缺乏灵感的情况。下面介绍一些专业设计分享网站，这些网站提供了丰富的排版设计案例，可以帮助你克服设计上的困境，提升设计素养，使得在 PPT 制作过程中能够灵活运用，轻松应对各种内容排版设计的需求。

（1）花瓣网。该网站专门搜集设计灵感和素材，提供各类优秀设计作品供浏览参考，如图 5–124 所示。

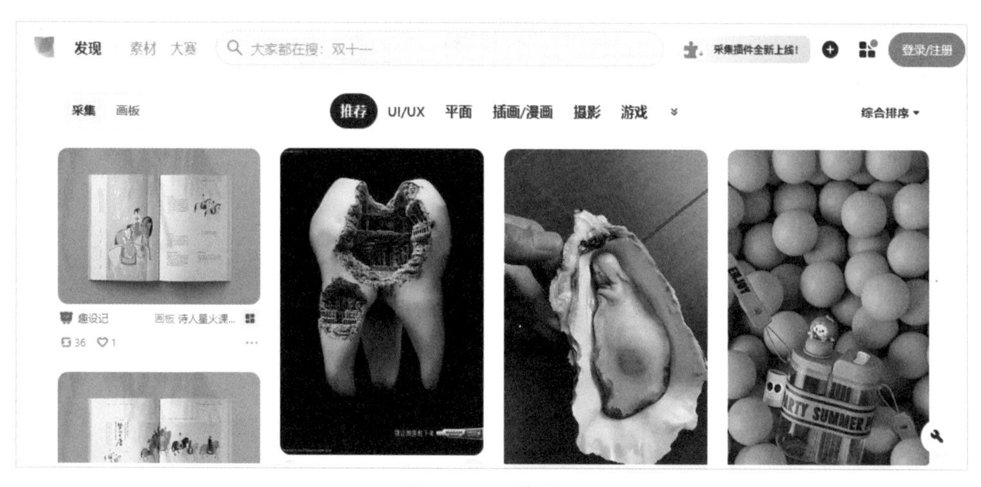


图 5-124　花瓣网

**温馨提示●**

与花瓣网类似的综合性设计灵感收集网站还有站酷网、Awwwards、Dribbble等，其中Awwwards聚集了许多潮流设计趋势的案例，有助于了解最新的封面页排版创意。

（2）iSlide365。该网站是iSlide插件旗下的模板库网站，提供大量PPT案例和模板，如图 5-125 所示。与其他类似网站相比，iSlide365 的作品质量更高，经常浏览可以直接帮助提升PPT设计水平。

图 5-125　iSlide365

## 高手秘技

本章我们从配色和排版两个方面介绍了对应的知识和相关工具来提高PPT的制作效果。对于非科班出身的普通人来说，还是需要不断积累相关知识，并借鉴优秀的作品进行复刻练习，在实践中提升对美的感悟和运用。下面再介绍两个实用的工具，帮助你提升PPT设计的能力。

## 高手秘技 10：解决颜色搭配困扰，使用 ColorSchemer 工具

前面的章节中介绍了一些专业的在线配色网站，但在没有网络的情况下，可以利用预先安装的ColorSchemer软件来创建专业的PPT配色方案。

使用ColorSchemer软件非常简单。如果有一个明确的主题色，只需在软件窗口左侧的“基本颜色”窗格中输入主题色的RGB、HSB或十六进制值，然后在右侧的“实时方案”选项卡下就可以看到软件自动生成的相应的配色方案，如图5-126所示。这样就能够快速得到一个符合需求的配色方案。

如果没有明确的主题色，可以单击软件窗口左下方的按钮，随机生成一个专业的配色方案。此外，软件还提供了一个图库浏览器功能，单击窗口上方的按钮切换到印象配色模式，并在搜索框中输入配色关键词（英文），软件将提供一些相关的配色方案。不过，请注意，这需要计算机连接到网络。

另外，软件还提供了一个图片配色模式。单击软件窗口上方的“图像方案”按钮，然后打开一张图片，软件将根据图片的颜色自动提供相应的配色方案。这样，就可以根据图片的色彩来设计PPT配色方案了，如图 5-127 所示。

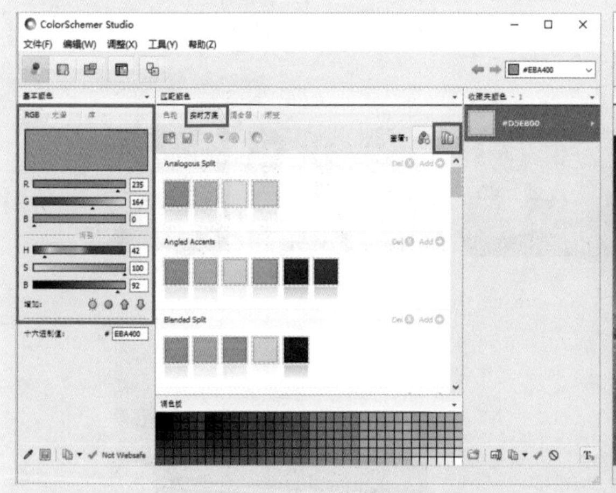


图 5-126 输入主题色的色值，生成相应的配色方案

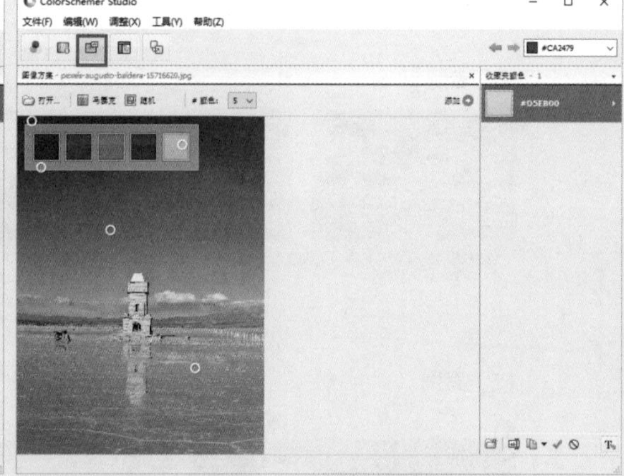


图 5-127 获取图片的配色方案

## 高手秘技 11：iSlide 插件提升设计能力，打造无可挑剔的 PPT 设计

PPT设计是一个需要综合考虑排版、颜色搭配、图表设计等多个方面的复杂任务。为了提升设计能力并让PPT无可挑剔，推荐使用一款强大的插件——iSlide。

iSlide是一款专为PPT设计而打造的强大辅助插件，它在丰富和完善PowerPoint的基础功能上做出了巨大的改进，让设计变得更加方便和人性化。

安装iSlide插件非常简单，只需要在iSlide官网下载并安装即可。安装完成后，你会发现在PowerPoint软件窗口上方多了一个名为“iSlide”的选项卡，如图5-128所示。这个选项卡下包含了“设计”“资源”“动画”“工具”等几个功能组，它们的工具和PowerPoint原生的功能一样，非常方便易用。

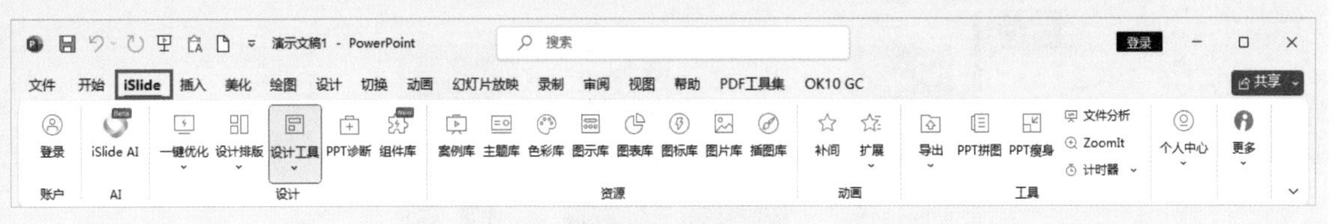


图 5-128 “iSlide”选项卡

iSlide插件在PPT制作的多个方面都提供了很大的帮助，下面介绍iSlide的几个主要特点和功能。

（1）iSlide AI：iSlide AI是iSlide插件新增的人工智能技术，使得PPT设计更加智能化和高效化。iSlide AI提供了多个智能辅助功能，包括智能配色、智能排版、智能字体、智能图表等。通过这些功能，用户可以快速地优化PPT的设计效果，节省大量的时间和精力。iSlide AI的使用方法与ChatGPT类似，如要智能生成一个PPT，可以按如图5-129～图5-131所示进行操作。

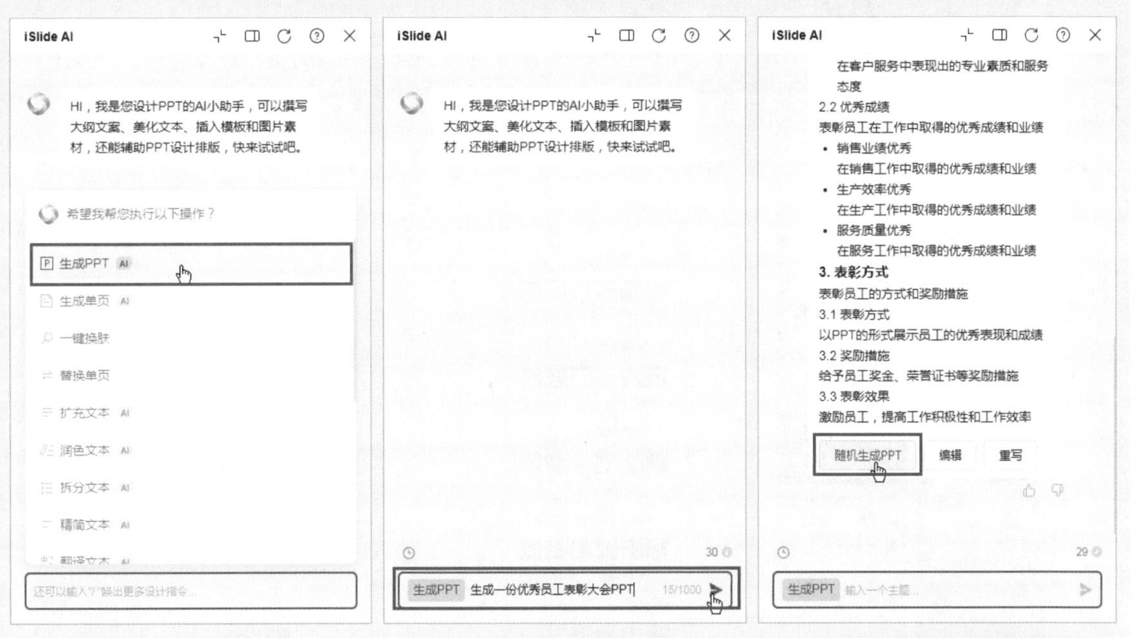


图 5-129 选择“生成PPT”选项　　图 5-130 输入PPT主题　　图 5-131 根据目录随机生成PPT

**温馨提示●**

使用iSlide AI，除了可以生成PPT内容，还会给出其他主题皮肤，方便用户通过选择来快速替换主题皮肤，如图5-132所示。

图 5-132　生成PPT，还可以改变主题皮肤

（2）素材库：iSlide插件提供了丰富且高质量的素材资源，如PPT模板（主题库）、色彩方案、图示、图表、图标、图片、插图等，如图5-133～图5-135所示。如果注册成为会员，日常制作PPT时，其中的资源已基本够用，几乎无须再到网上找寻。操作也非常简单，选择即可使用。

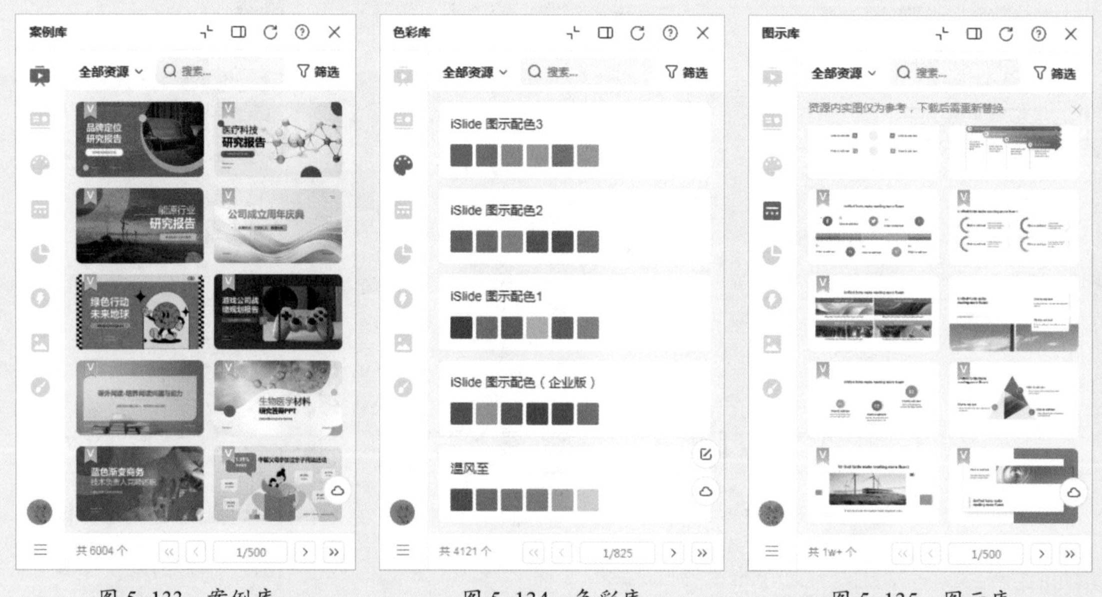


图 5-133　案例库　　图 5-134　色彩库　　图 5-135　图示库

（3）快捷工具：iSlide提供了许多实用的快捷工具，如自动排版、一键调整字体风格、批量修改图表数据等。这些工具可以大大提高设计效率，让你更专注于内容创作。

（4）PPT诊断：单击“iSlide”选项卡下的“PPT诊断”按钮，打开“PPT诊断”对话框，单击“一键诊断”按钮，iSlide插件将自动检查PPT内字体、图片、色彩等情况。在诊断结果中单击相应的“优化”按钮，即可进行针对性修改，如图 5-136 所示。

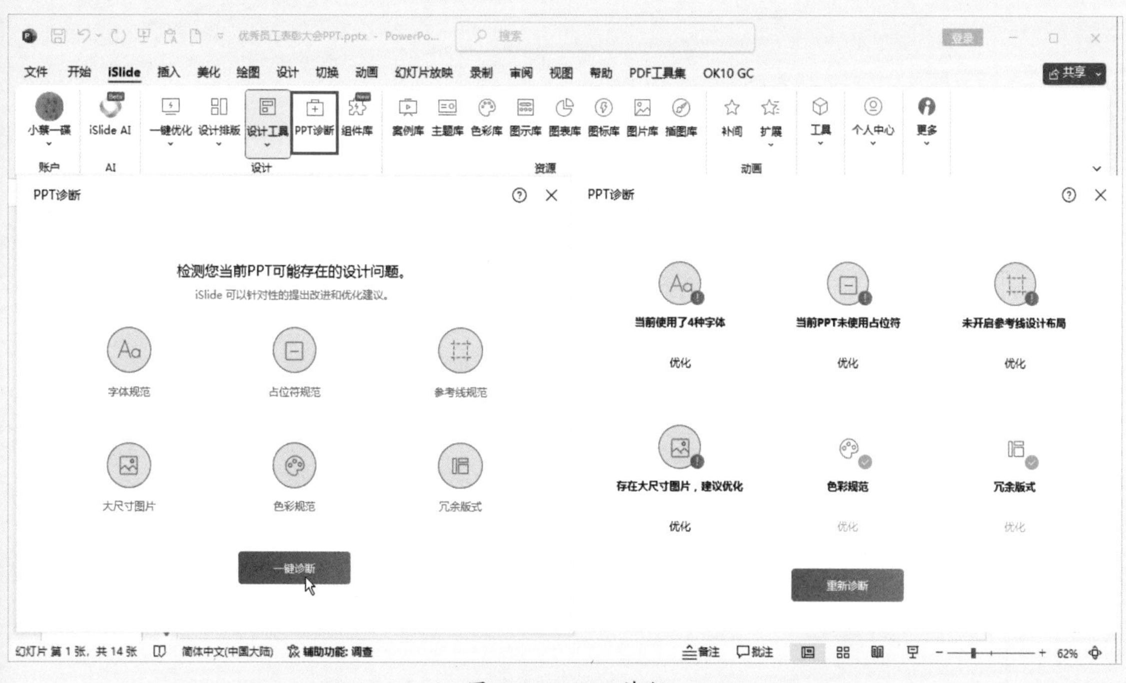


图 5-136　PPT 诊断

（5）特殊动画：iSlide 插件在动画制作上也能起到很好的辅助，如“平滑过渡”功能，当我们需要制作一个由素材 A 到素材 B 的自然变化动画时，在 PPT 中需要添加淡出、路径动画、消失，甚至缩放等很多自定义动画，操作烦琐，还不能完全保证达到“平滑”的效果，而使用 iSlide 插件平滑过渡功能则可以一键完成。

（6）导出长图：通过 iSlide 插件可以简便地将 PPT 导出为多种格式，如视频、JPG 图片，还有页面转为图片不可进行内容编辑的全图 PPT。另外，利用 iSlide 插件的“PPT 拼图”功能还可将 PPT 导出为一张长图，方便通过计算机、手机观看，满足某些场合下特殊分享需求。

关于 iSlide 插件还有更多的功能，这里就不再一一做介绍了，读者朋友可以自行下载、安装，试用感受。

第 6 章

# 创新创意大放异彩：媒体与动画的巧妙应用

本章将探讨如何在PPT设计中充分利用媒体和动画，为你的演示增添创新和创意。通过使用媒体嵌入与处理工具及AI设计助手，你将学习到如何利用讯飞星火、智能AI媒体编辑工具和其他资源，开启多媒体新时代。

## 6.1 媒体嵌入与处理：讯飞星火与智能 AI 图像编辑工具的应用

PPT中的媒体素材主要是指视频、音频和屏幕录制素材。本节将介绍使用讯飞星火AI获得这三种素材及使用的建议，学完之后你将了解到如何利用讯飞星火AI来优化媒体素材，使其更好地融入演示中。还会推荐一些非常高级的视频素材应用方法，并分享几个寻找视频、音频素材的优质网站。此外，还会介绍一个免费音乐网站Chosic，可以帮助你下载想要的音乐，以及一个名为腾讯智影的工具，可按需生成视频和图像。最后，分享一些处理视频素材的细节技巧，以及解决音频、视频无法正常播放的方法。

### 6.1.1 使用讯飞星火获得媒体嵌入和处理技巧

视频是PPT中一种特殊的内容元素，与图片、文字、图形相比，它能够通过动态的画面和声音真实地展示内容，使幻灯片更具感染力和说服力。演示PPT想要绘声绘色，离不开音频，在演讲时播放音乐，可以渲染气氛。

视频和音频虽然都属于多媒体，但是在PPT中使用时，两者之间还是有一些不同的用途和运用技巧，下面分别进行介绍。

### 1. 在 PPT 中使用视频的注意事项

很多企业的发布会PPT中都会插入视频，借以打破长时间观看静态内容的乏味感，重新激发观众的兴趣。实际上，在PPT中插入视频并不是为了追求视觉效果，而是需要有目的地运用技巧，为观众带来好的体验。

有目的地使用视频，首先要确保视频的使用与演示内容相关，不要无意义地使用视频。在考虑是否添加视频时，我们需要先思考这个视频对PPT的作用。通常情况下，在PPT中添加视频有以下三种情况。

（1）演示内容：最常见的情况是为了演示内容，比如演示礼仪的具体动作、实验的具体操作方法等。通过视频的演示，观众可以直观地理解内容，而不是凭想象。

（2）增加趣味性：视频的趣味性高于图片和文字，在演讲时，为了增加趣味性，吸引观众注意，可以添加相关视频。例如，如果观众是小朋友，可以插入一节《动物世界》的视频或动画片视频，来吸引小朋友的注意力，如图 6-1 所示。

（3）解释说明：当需要说明的内容难以用语言描述清楚时，可以添加视频进行解释说明，帮助观众理解。例如，可以插入视频来解释新产品的作用，如图 6-2 所示为辅助说明家庭机器人的作用。

图 6-1　插入视频增加趣味性

图 6-2　插入视频解释说明

为了让插入PPT中的视频发挥最佳效果，我们需要考虑很多因素。下面让讯飞星火AI给我们提供一些建议。

**提问：**在PPT中使用视频素材时需要注意哪些事项？

**讯飞星火AI：**

在PPT中使用视频素材时，需要注意以下事项。

1. 文件格式：确保视频文件的格式与PPT兼容，常见的格式包括MP4、AVI、WMV等。

2. 文件大小：视频文件过大可能导致PPT运行缓慢或无法播放，因此应尽量压缩视频文件大小。

3. 版权问题：使用他人制作的视频素材时，要确保获得了合法的授权或使用许可。可以选择使用免费的版权素材或购买商业授权。

4. 视频质量：选择高质量的视频素材，确保在PPT中播放时清晰流畅。

5. 播放设置：可以设置视频自动播放、循环播放或手动控制播放，根据需要进行调整。

6. 视频位置：将视频放置在合适的位置，不要遮挡其他重要内容，同时要确保视频不会被裁剪或变形。

7. 播放时长：根据PPT的整体时间安排，合理控制视频的播放时长，不要过长或过短。

8. 音频设置：如果视频中包含音频，要确保PPT中的音频设置正确，音频不会重叠或出现问题。

9. 测试播放：在最终展示之前，务必测试视频在PPT中的播放效果，确保一切正常。

10. 备份视频文件：为了避免意外情况导致视频文件丢失或损坏，建议在PPT中使用视频素材时备份原始视频文件。

根据讯飞星火AI的回复，我们在PPT中使用视频时应对各注意事项进行控制。尤其注意选择清晰度高、内容质量好的视频，避免模糊或难以理解的视频，以提升PPT质量。除了要控制视频的播放时长，还需要控制视频数量。一份演讲型PPT一般只需要放置1～2个视频，过多的视频可能分散观众的注意力，主要还是要侧重于讲述内容。下面单独对视频的位置和播放设置进行介绍。

● 视频位置。为了确保观众能够清晰地看到视频内容，建议将视频放置在单独的幻灯片页面上，保持页面整洁。同时，为了美观考虑，可将视频窗口放在页面的中间，并尽量放大视频窗口。如果不得不与其他内容放在一起，可以将视频放在页面的左侧，而将文字或图片内容放在右侧。

此外，视频在PPT中的位置也需要注意。可以在演讲内容之前播放视频，给观众留下良好的第一印象，有助于接受后续的观点、结论或需求，要确保视频的时长不超过后续讲述的时间；也可以将视频放置在演讲的中间，用以调节气氛，激发观众的兴趣；还可以在演讲主要内容之后播放视频，根据前面的讲述情况灵活选择是否播放。这样可以对讲述的影响较小，并且便于控制时间。

具体采用哪种视频放置位置，需要考虑演讲水平、视频内容、实际需求和场合等因素。例如，在路演比赛中，如果对自己的舞台表现和讲述有信心，建议将视频放在最后播放；而在公司产品发布会上，可以在演讲中间播放定制的产品介绍视频，然后宣布产品正式对外发布。

● 视频播放设置。插入的视频可以进行播放设置，例如，裁剪视频用于播放特定的片段，设置淡入淡出时间以实现自然过渡，或者选中“全屏播放”复选框以让视频在全屏状态下播放（建议尽量将视频全屏播放）。这些设置可以根据具体需要进行调整，以提供更好的观看体验。选择视频后，在“播放”选项卡中就可以完成上述视频播放设置了，如图6-3所示。

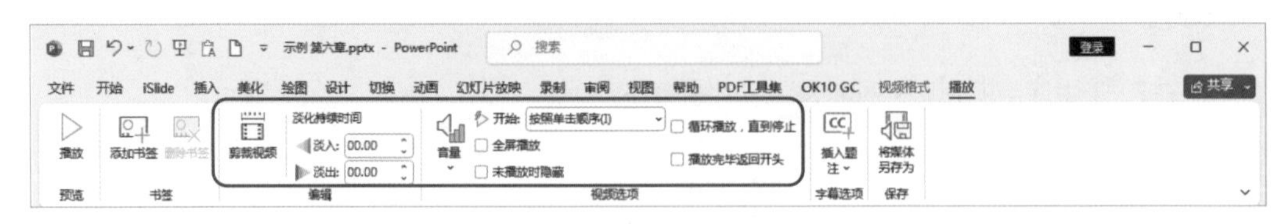


图6-3 “播放”选项卡

## 2. 在PPT中使用音频的注意事项

在PPT中插入音频可以起到两种不同的作用：背景音乐和录音材料。但是，需要注意选择合适的音频，避免干扰观众的注意力，影响演讲效果。

（1）背景音乐：选择背景音乐时要考虑PPT的目的和主题。比如，在婚礼策划PPT中，可以选择浪漫的歌曲或轻音乐，以营造浪漫甜蜜的氛围；而在团建活动总结PPT中，可以选择激情洋溢的背景音乐，以唤起观众对团队合作和友情的回忆。

**温馨提示●**
并不是所有的PPT都需要添加背景音乐。对于科技公司的新品发布PPT或教学课件PPT，演讲者在讲台上专注演讲，没有其他声音的干扰，观众可以更清晰地听到讲话内容。

（2）录音材料：音频还可以作为录音材料来补充说明内容，例如，在教学课件中添加对话、朗读或名师讲解的录音。作为录音材料的音频应该单独添加在相应的PPT页面中，这样可以更好地与页面内容相匹配，提供更具体的解释和说明。

与视频相同，插入页面中的音频也需要进行正确设置才能发挥作用。这里主要介绍一下音频的播放方式设置。

为了让背景音乐的音频更好地融入PPT中，可以将其插入封面页幻灯片中，并将喇叭图标放置在页面的角落，以保持不显眼。在设置方面，可以在“播放”选项卡（如图 6-4 所示）中调整音频的渐强和渐弱时间，使背景音乐在播放和停止时都能缓慢过渡。音频的开始方式可以选择自动播放，这样在幻灯片开始放映时音频就会自动播放，或者选择“按照单击顺序”播放，需要通过单击音频才能开始播放音乐。如果希望背景音乐在切换幻灯片后仍然继续播放，可以选中“跨幻灯片播放”复选框。如果希望背景音乐贯穿于整个PPT的放映过程，可以选中“循环播放，直到停止”复选框。另外，如果在放映幻灯片时希望隐藏音频的喇叭图标，可以选中“放映时隐藏”复选框。

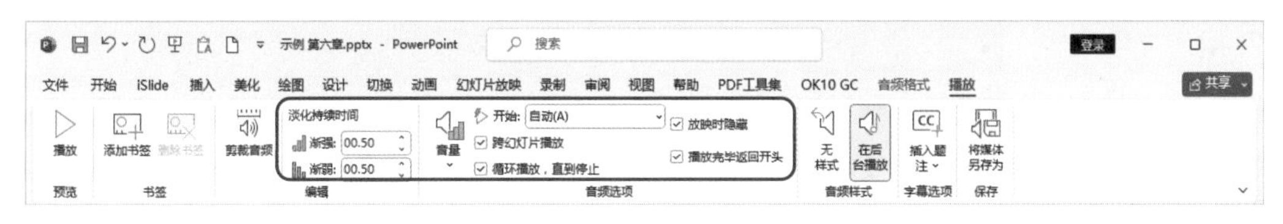


图 6-4 “播放”选项卡

**温馨提示●**
单击“播放”选项卡中的“在后台播放”按钮，可以快速设置音频为PPT背景音乐，它的作用相当于同时选中“跨幻灯片播放”“循环播放，直到停止”“放映时隐藏”复选框。

对于作为录音材料的音频，通常会插入相应的页面中，不需要设置音频的渐强和渐弱时间，也不需要选中“跨幻灯片播放”等复选框。最好选择“按照单击顺序”播放，这样演讲者可以在需要时单击音频来开始播放录音材料。

对插入页面中的音频，可以进行剪裁，只播放固定片段的音频。在“播放”选项卡中单击“剪裁音频”按钮，在打开的“剪裁音频”对话框中将绿色和红色的滑块移动到音频开始和结束的位置，以完成音频的剪裁，如图 6-5 所示。这样可以确保只播放我们需要的部分音频，提高内容的精准度和流畅度。

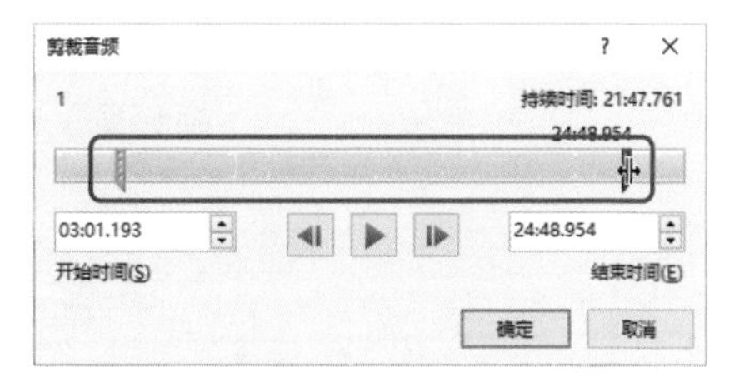


图 6-5 剪裁音频

### 6.1.2 别出心裁！探索视频素材的新用途

在PPT中，视频不仅可以作为观看素材，还可以作为装饰性素材来使用，效果也很不错。下面介绍两种不同的视频素材用法。

#### 1. 用作页面背景

视频可以作为页面背景，类似于一些知名企业网站的设计形式，如蚂蚁集团官网（如图6-6所示）、腾讯招聘官网等。这种设计形式的视觉效果非常震撼，可以用于表现企业价值主张和企业愿景等页面，效果也非常出色。

图6-6 蚂蚁集团官网将视频用作页面背景

具体操作方法是先将视频插入页面中，拉大到与页面同样大小，并设为自动播放、循环播放和静音播放。然后在视频上插入一个与页面同样大小的矩形并填充为黑色，再调整透明度作为遮罩层，避免文字信息在动态视频上显示不清晰。最后再添加文字等其他信息即可，这样一个高级感满满的动态视频背景页面就完成了。需要注意的是，不建议所有页面都用视频做背景，因为视频文件大，容易造成PPT臃肿，同时动态背景也会影响页面上的内容阅读。

#### 2. 用作文字背景

视频还可以用作文字背景，利用视频的动态属性，让文字动起来，呈现不一般的视觉效果。具体操作方法是将视频插入页面中，设为自动播放、循环播放和静音播放，视频大小可根据随后的文字覆盖范围进行调整。然后，在视频上插入一个与页面同样大小的矩形，并通过“合并形状”操作，“剪除”需要做文字特效的文字，使该矩形变成镂空。最后再在矩形上添加文字等其他信息即可，如图6-7所示。

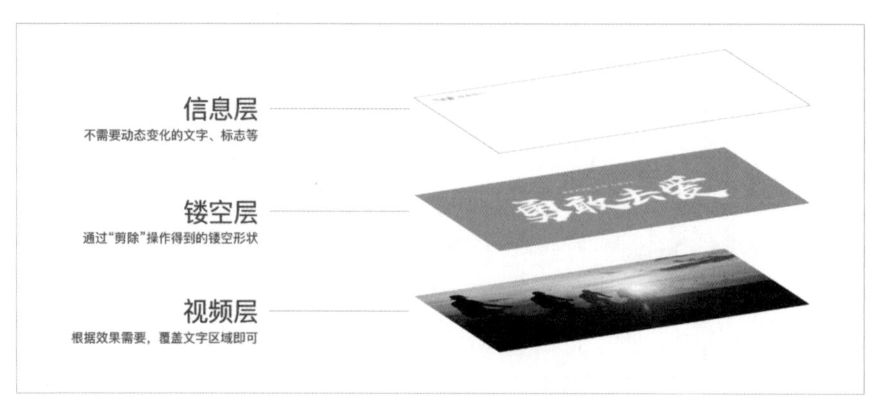

图6-7 将视频用作文字背景的原理

放映该张幻灯片时，我们会看到，视频在矩形底下一层自动播放，仅有一部分透过镂空部分可见，从而形成了一种独特的文字动态填充效果。换用不同的衬底视频就可以达到不同的填充效果，适应各种PPT风格。需要注意的是，将视频作为文字背景时，也不建议在所有页面都使用，以免影响文字阅读体验。

### 6.1.3 寻找优质视频和音频素材的网站

在前文中，我们为大家推荐了一些优秀的图片素材资源网站，其中有些图片素材网站同时还提供了视频类素材，如pixabay、pexels等，这里再给大家推荐几个专业的视频、音频素材网站，以丰富创作内容。

（1）爱给网是一个免费素材网站，提供了丰富多样的视频和音频素材，如图 6-8 所示。你可以使用QQ号登录，每天还可以获得铜币奖励，通过这些铜币即可轻松下载所需资源。

图 6-8 爱给网

（2）coverr是一个专业的视频素材网站，提供了大量真实拍摄的视频素材，而且全部免费下载，如图 6-9 所示。

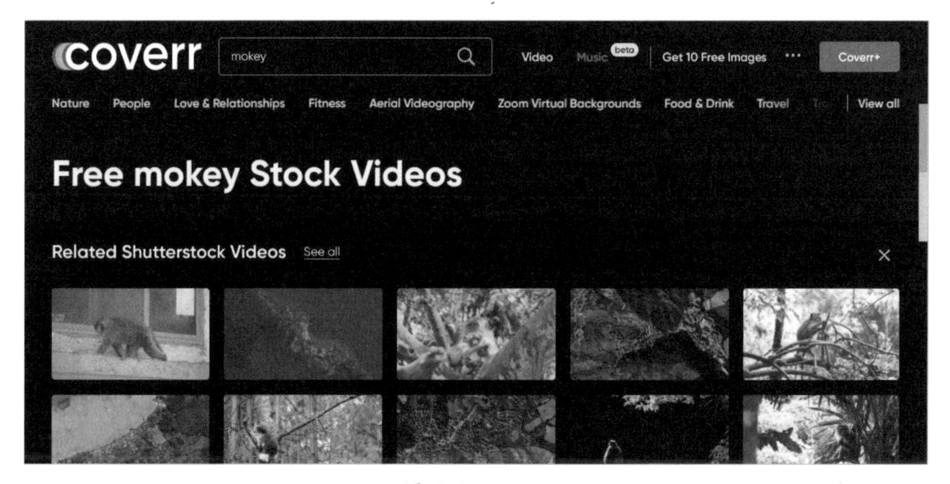


图 6-9 coverr

（3）Bensound是一家国外的专业音频网站，其音频素材全部免费下载，且没有版权问题。试听按钮以绿色显示，下载按钮以黑色显示，操作简单便捷。

### 6.1.4 使用 Chosic 下载无版权的音乐素材

Chosic是一个免费的音乐素材资源下载平台，用户可以在该平台上免费下载无版权的音乐素材，并且无须注册登录，直接下载即可。所有音乐都是免费的，商用也可以，但在使用时需要标明出处。

Chosic提供了多种功能和服务，让用户可以方便地发现、收听、下载和分享音乐。该平台拥有超过100万首来自不同流派、风格、语言和国家的音乐，用户可以根据自己的喜好和场景选择合适的音乐。用户可以通过Chosic的智能推荐系统来发现和收听音乐，可以在搜索栏输入关键字查找相关音乐，或是以流派、心情、音乐用途和标签进行浏览，如图6-10所示。单击下方的“MORE TAGS”超链接还可以列出完整的免费音乐标签，有助于更精确找到需要的音乐素材。

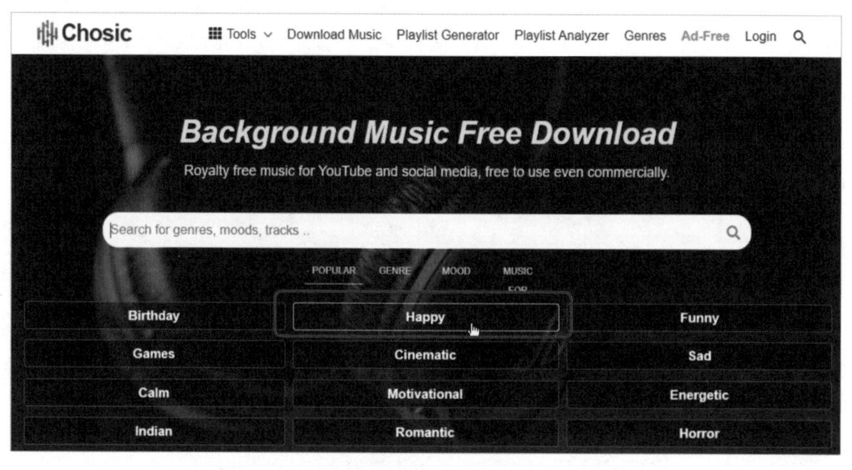


图6-10 Chosic

从搜索结果或特定分类、标签找到相关音乐后，单击“播放”按钮就能直接预览收听，单击“Download”按钮可以进入下载页面，每个音乐都有封面、标题、作者、下载次数、授权和声波图，如图6-11所示。在下载页面单击“Free Download”按钮就能免费下载音乐文件了。

图6-11 搜索并下载音乐

此外，Chosic还提供了一些独特的工具，如音乐编辑器，让用户可以对音乐进行编辑、剪辑、混音和转换，以满足不同的需求和用途。Chosic还支持音乐的离线播放和下载，用户可以随时随地收听音乐。此外，用户还可以通过电子邮件、短信、社交网络等方式分享音乐。

### 6.1.5 使用腾讯智影定制生成视频和图像

目前，有很多视频类AI工具可以实现文字生成视频、智能配音、智能编辑等功能，使用它们可以极大地提高视频自媒体创作者生产内容的效率。国外比较著名的有Synthesia、Runway、Fliki、Artflow等，国内也有很优秀的相关工具，如腾讯智影、一帧秒创、万彩微影、剪映App等。

其中，腾讯智影是腾讯公司出品的智能影音制作工具，可以进行视频剪辑、文章转视频、文本配音、数字人播报、数字人与音色定制、字幕识别、智能抹除、智能横转竖、智能变声、视频解说等。免费版的每个月有一定使用次数限制，但体验一下还是够用的。

打开腾讯智影网页后，领取会员权限并登录，就可以开始体验了。如图 6-12 所示，在首页界面的左侧提供了操作选项卡，在右侧进行选择即可，这里单击“数字人播报”按钮。

图 6-12　单击“数字人播报”按钮

进入“数字人播报”创作界面，如图 6-13 所示，可以在左侧选择数字人形象，在右侧编辑要使用的文案内容，然后单击“保存并生成播报”按钮，稍等片刻生成播报后，单击上方的“合成视频”按钮，并在打开的对话框中设置合成视频的名称、分辨率、格式等即可。

图 6-13　设置数字人播报参数

**温馨提示●**

在图 6-13 中的界面左侧还可以选择视频的模板、PPT模式、背景、在线素材、贴纸和音乐等内容。

视频合成需要一段时间，合成完成后会显示在“我的资源”界面，选择即可打开查看、剪辑、发布该视频，如图 6-14 所示。

图 6-14　合成视频并查看

在腾讯智影首页界面单击“文章转视频”按钮，还可以根据输入的关键字要求生成文章内容，进一步以此生成视频。例如，输入“写一篇童话故事，主角是一群小动物”，让AI创作视频内容，在右侧设置成片类型、视频比例、背景音乐、数字人播报形象、朗读音色等参数后，单击“生成视频”按钮，如图 6-15 所示。

图 6-15　让AI创作内容并生成视频

生成的视频如图 6-16 所示，还可以进一步在剪辑器中编辑轨道内容，调整视频效果，如通过“在线素材”搜索素材修改视频背景等。调整完成后，单击“合成”按钮合成视频即可。

图 6-16　在剪辑器中编辑轨道内容调整视频效果

## 6.1.6　掌握视频素材的两个细节处理技巧

PowerPoint 提供了丰富的视频调整工具，如裁剪、淡入淡出、颜色调整等，可以直接对视频素材进行基本修改，无须借助其他剪辑软件，使视频素材更易于使用。在处理视频素材时，有两个细节常常被忽略，但却能为视频增色不少。

### 1. 设置视频外观

在 PPT 中插入视频时，要注意使用鼠标指针放置在视频的四个边角上进行缩放，以确保视频的长宽比例不失调。

此外，很多人可能没有注意到，插入 PPT 中的视频素材默认显示为纯黑色，而且在非自动播放的情况下，没有控件显示，就像是黑屏一样，这可能会影响观感体验。实际上可以选择一张美观的图片作为视频的静态封面。通过选择“视频格式”→“海报框架”→“文件中的图像”选项就可以选择事先准备好的素材图片，如图 6-17 所示。还可以选择截取视频中的一帧画面作为封面，即先播放视频，找到想要设定为封面的画面，然后在“海报框架”下拉菜单中选择“当前帧”命令。

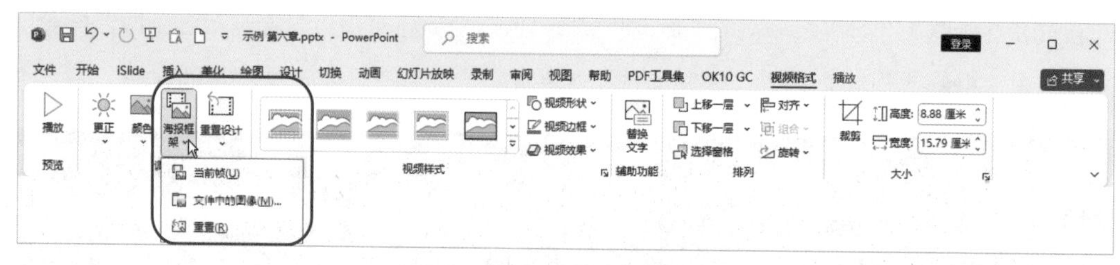

图 6-17 设置海报框架

还可以为视频外观设置样式，可以选择“视频样式”列表中的样式，或者根据个人审美素质自行设置“视频形状”“视频边框”“视频效果”。

### 2. 营造场景感

有些视频素材适合以非全屏、小尺寸播放的方式呈现，比如，画面精度不足以支持全屏播放，或者页面上还有其他重要内容需要显示。为了让这些缩小尺寸播放的视频仍然具有一定的质感，我们可以添加样机素材，与视频素材组合使用，形成视频在样机上播放、静态变动态、富有真实感的场景，如图 6-18 所示。

图 6-18 让视频在样机上播放

这样的效果可以通过在样机上播放视频来营造，可以选择正面角度的样机素材，如果没有，也可以通过调节视频的三维旋转格式来达到合适的透视效果，让视频更好地嵌入样机中。

## 6.1.7 音频设置小技巧解决问题事半功倍

PowerPoint还提供了一个名为“书签”的工具（如图 6-19 所示），可以方便地处理视频和音频素材。通过使用书签，我们可以标记视频和音频的播放位置，实现在不同播放位置之间的快速切换，提高使用体验，如图 6-20 所示。

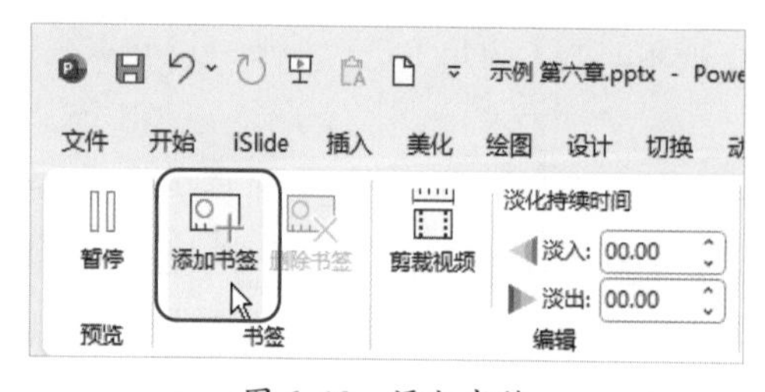


图 6-19 添加书签

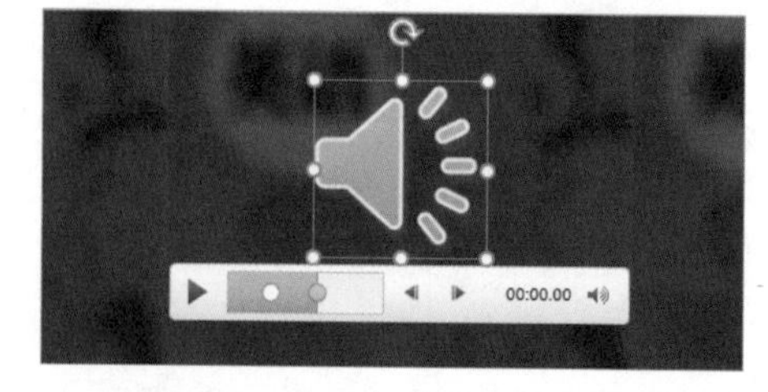


图 6-20 在音频中添加书签效果

在某些课件PPT中，书签工具对于处理音频素材非常有帮助。比如，在语文或英语课程中，我们经常需要让学生听一些课文朗读或听力练习的音频，而且可能需要反复听其中的某一段内容。通过手动拖动进度条进行切换往往不够方便，也容易浪费课堂时间。但是，如果提前使用书签标记好音频的不同部分，切换就会变得简单得多。

只需要在准备课件时，将音频插入PPT页面并选中它，单击“播放”按钮开始播放。然后，通过单击“播放”选项卡下“书签”组中的“添加书签”按钮对音频进行标记。可以根据需要将音频划分为不同的部分，或者将其中可能需要反复听的部分标记出来。在上课时，当PPT播放到该页面时，我们可以通过快捷键【Alt+End】（切换到下一个书签点）和【Alt+Home】（切换到上一个书签点）轻松地在不同的标记位置之间切换，无须手动拖动进度条。这样可以节省时间，提高教学效果。

### 6.1.8 音频和视频无法正常播放的解决方法

在使用PowerPoint 2019以上的版本时，对常见的音频和视频格式几乎都是支持的，因此，通常不会遇到无法插入音频和视频的问题。但是，如果在制作PPT时遇到了此类问题，可以考虑将音频和视频素材转换成常见的WAV、WMV、MP3、MP4格式，然后再进行插入操作。

为了方便格式转换，推荐使用小丸工具箱，如图6-21所示。特别是对于视频素材，该工具不仅可以转换格式，还可以在保持一定清晰度的情况下压缩视频，从而减轻PPT文件的负担。

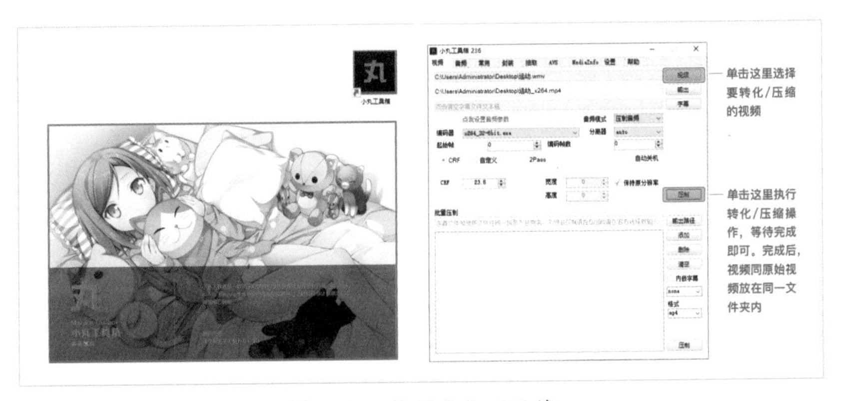


图 6-21 使用小丸工具箱

如果文件比较小，还可以尝试使用在线工具网站进行格式转换操作。推荐使用Convertio，如图6-22所示。这个网站界面简洁，可以转换音频、视频、图像等各种格式，操作非常简单。

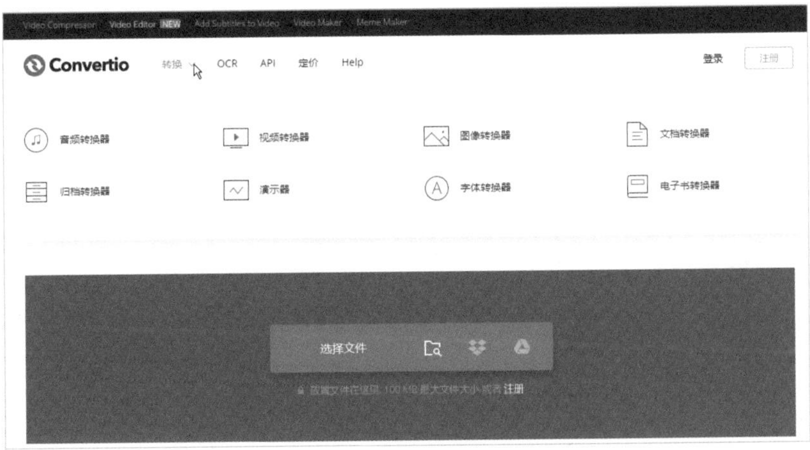

图 6-22 Convertio

有时候，当我们将PPT文件从自己的计算机复制到别人的计算机上时，可能会遇到音频和视频无法正常播放的问题。这可能是因为别人的计算机没有安装微软Office软件或者安装了低版本的Office软件，导致一些功能缺失。

为了解决这个问题，可以将PPT打包成CD保存，然后在其他计算机上打开，具体操作方法将在第7章中详细讲解。打包成CD保存会生成一个文件夹，里面包含了PPT文件及与PPT中链接的相关文件，比如Excel文档、Word文档、背景音乐、视频等。这样一来，我们就不需要在硬盘中找到这些文件再进行复制，非常方便。

## 6.2 创意无限：AI设计助手帮你打造高级动画

动画是PPT中的重要元素之一，它可以让平淡无奇的文字和图片变得生动有趣，更能够吸引观众的眼球，提高演示效果。通过巧妙的动画设计，可以将复杂的概念和信息以简洁的方式呈现出来，使得观众更容易理解和记忆。同时，动画还可以增强演示者的表现力和说服力，使得演示更加生动有力。因此，掌握动画设计技巧和运用动画效果，对于制作一份成功的PPT来说是至关重要的。

PPT动画看似简单，只需选择合适的动画类型进行添加。实际上，PPT动画是一门高深的技巧。即便是在PowerPoint 2003时代，经验丰富的人也可以设计出与Flash，甚至视频相媲美的动画效果。然而，对于新手来说，如果不经过深思熟虑，很容易创建出混乱而花哨的页面效果，让观众感到困惑。本节我们就来探讨如何利用AI设计助手打造震撼的PPT动画。

### 6.2.1 利用讯飞星火AI获取过渡效果的建议

PowerPoint中提供了几十种幻灯片页面切换动画，帮助用户快速添加从一页幻灯片切换到下一页幻灯片时的页面过渡效果。在“切换”选项卡下“切换到此幻灯片”组的列表框中选择一种切换动画即可，如图6-23所示。

图6-23 “切换”选项卡中提供的页面切换动画

设置切换动画的操作很简单，所以很多时候容易滥用页面切换效果。设置页面切换动画时有哪些注意事项呢？下面让讯飞星火AI给我们一些建议。

提问：请给我一些为PPT设置页面切换动画的建议。

**讯飞星火AI:**

当为PPT设置页面切换动画时，以下是一些建议。

1. 简洁明了：选择简单而有效的动画效果，避免使用过于复杂或花哨的动画。简单的淡入淡出、滑动或缩放效果通常能够更好地传达信息。

2. 与内容相关：确保所选择的动画与演示的内容相匹配。例如，如果演示的是产品特点，可以使用幻灯片之间的过渡效果来模拟产品的不同功能。

3. 一致性：在整个演示中保持一致的页面切换动画风格。这有助于提高演示的专业性，并使观众更容易跟随和理解内容。

4. 控制速度：根据需要调整页面切换的速度。如果演示内容较多，可以选择较慢的切换速度，以便观众有足够的时间阅读和理解每个幻灯片。

5. 不要过度使用：避免在每个幻灯片之间都使用动画效果。过多的动画可能会分散观众的注意力，使他们无法专注于内容。

6. 预览和测试：在最终演示之前，务必预览和测试页面切换动画。确保动画效果正常运作，并且不会干扰或分散观众的注意力。

7. 考虑观众：在选择页面切换动画时，要考虑观众的背景和需求。不同的观众可能对不同类型的动画有不同的反应，因此要根据观众的特点进行选择。

8. 创意和个性化：尝试一些创意和个性化的页面切换动画，以增加演示的吸引力和趣味性。但要注意不要过度使用，以免影响内容的传达。

根据讯飞星火AI的回复，我们能发现在设置页面切换动画时需要考虑的因素有很多。如果没有特别要表达的内容，可以不使用切换效果，或者选择最简单的“淡入/淡出”效果。当内容有特殊含义时，可以借助动画来体现逻辑。选择的关键在于根据不同的场景选择合适的切换效果。一个恰到好处的切换动画不仅可以获得观众的赞赏，还能强化PPT的内容表达效果。

下面介绍几种典型的切换动画及其适用场合，希望读者能通过这些示例获得启发。

（1）淡入/淡出：这是最常用的一种效果，适合不想花太多时间在动画上的情况。淡入/淡出动画能够使页面逐渐、自然地呈现。这种动画有两种子效果可选，一种是直接柔和呈现，另一种是全黑后呈现。建议在内页切换时使用前者，而在封面页、成果发布页或答案揭晓页等观众期待的页面切换时使用后者，以营造一种隆重的感觉。在“全黑后呈现”的“淡入/淡出”效果下，适当把动画“持续时间”延长一些，并采用中央型排版方式，效果会更佳，如图6-24所示。通过从黑屏中缓缓浮现，将主题醒目地展现在观众眼前，如图6-25所示。

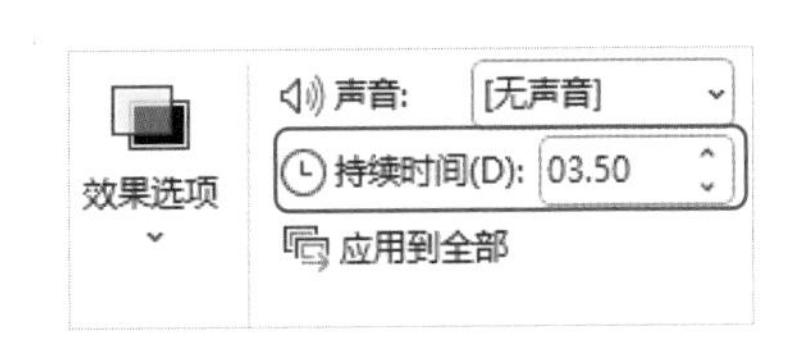

图6-24 调整动画的持续时间

图 6-25 添加淡入/淡出动画后，页面内容从黑屏中缓缓浮现

**温馨提示**

掌握幻灯片切换的时间非常重要。首先，要注意切换动画的持续时间，即预设的动画时长，通常默认设置为最佳，个别情况下可以手动调整。其次，要注意换片时间，即在当前幻灯片页面停留的时间。默认情况下，通过单击鼠标进行切换，如果设置为自动切换，播放时只会在该页面停留设定的时间。在完成PPT制作后，进行排练计时时所设置的时间也是以换片时间为参考的。在排练计时的基础上微调换片时间，可以提高效率。

（2）推入：推荐在两页内容有关联的情况下使用该切换方式。推入动画有四种子效果可选，即从上到下、从下到上、从左到右、从右到左。选择“自底部”往上的推入动画可以使两页的时间线连贯起来，产生更自然的视觉感受。

**温馨提示**

值得注意的是，连续使用同一种“推入”动画，很容易造成视觉疲劳。因此，不适合“推入”的页面版式，尽量不用“推入”切换。

（3）擦除：这种效果类似于屏幕刷新，适合在一个部分内容讲完后需要进行话题转换的情况下使用。在课件类PPT中使用时，擦除动画还能模拟擦黑板的感觉。擦除动画有八种子效果可选，一般根据书写阅读习惯选择从左向右擦除。

（4）百叶窗：这种切换动画让前一页幻灯片以百叶窗的形式逐渐翻页，出现下一页幻灯片，给观众带来旧事物消逝、新事物呈现的感觉。这种逻辑常用于表达“改朝换代”的内容。如图 6-26 所示的百叶窗切换动画展现了互联网时代的来临，与主题十分贴切。

图 6-26 百叶窗动画

（5）形状：形状切换是一种常用的切换效果，它与我们在电视中常见的人物陷入回忆时的画面转场方式相似。在电子相册类的PPT中，人物页与景物页之间的切换使用形状切换效果能够产生一种追忆故地之感。

（6）涟漪：涟漪切换动画让页面犹如水面波纹一般闪动着出现，给人一种回忆的旋涡感。这种动画能够表达对逝去时光的回忆，引起观众的怀旧共鸣。

（7）飞机：飞机动画将上一页幻灯片变化成纸飞机飞向远方，然后出现新的幻灯片页面。纸飞机的远飞象征着希望和梦想的起航，用来表现与未来、希望相关的概念。如图 6-27 所示的飞机动画效果，展现了大数据时代的新希望。

图 6-27　飞机动画

（8）飞过：类似于iOS系统进入桌面时的动画效果，当页面版式与手机桌面相似（如九宫格图片墙）时，使用该切换方式可以模拟出一种熟悉而亲切的感觉。此外，该动画还能够放大内容。当页面中存在重要的概念、核心论点、成果展示、产品展示等内容时，使用该动画能够突出强调，给人一种隆重开启的感觉。

（9）翻转：这种切换方式富有空间感，类似于轴旋转，可以给人一种旋转门的感觉。特别适用于 16:9 尺寸、左右排版的PPT页面。如果前页的版式是左图右文（如图 6-28 所示），后页的版式是右图左文（如图 6-29 所示），视觉效果会更加出色。

图 6-28　左图右文

图 6-29　右图左文

（10）平滑：要使用这种切换效果，关键在于前一页和后一页的幻灯片中必须包含相同的文字、图片、组合、形状（或同类）等元素。这样，两页幻灯片将智能、平滑地发生改变，给人一种只有页面元素在变化，页面本身似乎没有改变的感觉。例如，前一页有一个椭圆形状 1，后一页有一个椭圆形状 2，无论椭圆形状 2 的大小、角度、颜色与椭圆形状 1 有何不同，都可以产生“平滑”切换效果。利用“平滑”动画的这些特点，可以巧妙地安排前一页和后一页的内容，即使不使用“自定义动画”，也能制作出流畅且出色的动画效果。例如，对前后两页中的某对象进行大小与位置变化、旋转变化、压缩变化、形状变化、一个对象变多个对象、文字变化等。

### 6.2.2　通过讯飞星火 AI 使用自定义动画

PowerPoint中的“动画”选项卡是专门用于为页面元素（图片、形状、文本框、图表等）添加和设置自定义动画的场所，操作同样简单，就是选择动画类型，设置动画效果，或者为同一个对象继续添加动画。

**温馨提示●**

从最早的锐普大赛作品《惊变》，到近些年苹果公司的《别眨眼》，每次有优秀的动画PPT出现时，总能在网上引发一片围观、热议，随之带来各种版本的模仿。所以，没有人敢低估PPT的动画制作能力。

但作为非职业设计师使用者，我们大多数人其实并不需要把动画做得那么精细、炫酷，而是为了帮助观众更好地理解内容。因此，在一般的演讲、阅读类PPT中，添加动画的关键在于逻辑性和自然过渡。始终要记住，动画是辅助内容传达的，大部分的内容其实只需要一个简单的呈现动画即可。

在制作自定义动画时，有三个要点需要注意。

### 1. 有目的地使用自定义动画

自定义动画的添加主要有三个作用。

首先，可以使页面上的内容有序呈现。当页面上只涉及一个主题或一个段落时，通常不需要添加自定义动画，直接使用页面切换动画即可。但当页面上有多个主题或多个段落时，可以通过添加自定义动画，配合演讲的节奏，让内容逐一呈现在页面上，如图 6-30 所示。

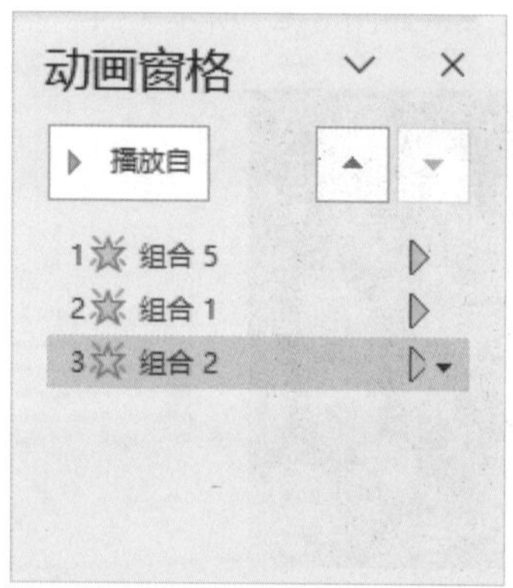


图 6-30　通过添加自定义动画，让内容逐一呈现在页面上

其次，可以强调页面上的重点内容。当页面上有需要突出强调的重点内容时，除了可以在字号和颜色上加以强化，还可以通过添加自定义动画来实现强调效果，如图 6-31 所示。

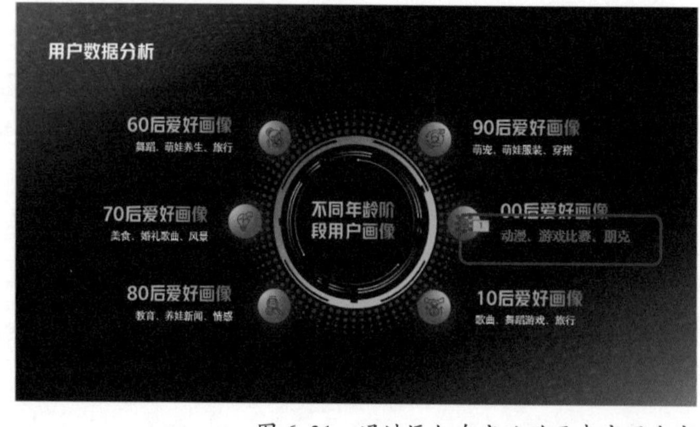

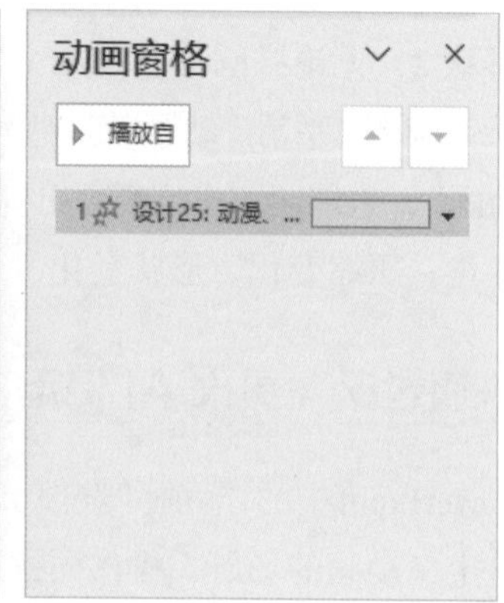


图 6-31　通过添加自定义动画来实现内容强调效果

最后，可以引起观众的注意。页面上的大部分内容都是静态的，如果对其中的一部分内容添加

自定义动画，会更容易引起观众的关注。例如，为了引起观众对某段话中的某个词语的关注，可以将其从原文本框中拆分出来，并添加“放大”等自定义动画来强调。类似地，也可以为图片等添加自定义动画。如图 6-32 所示，为了让观众注意到那栋“压轴楼王”，在原图上绘制了一个半透明的任意多边形，并添加了“脉冲”的自定义动画来强调。

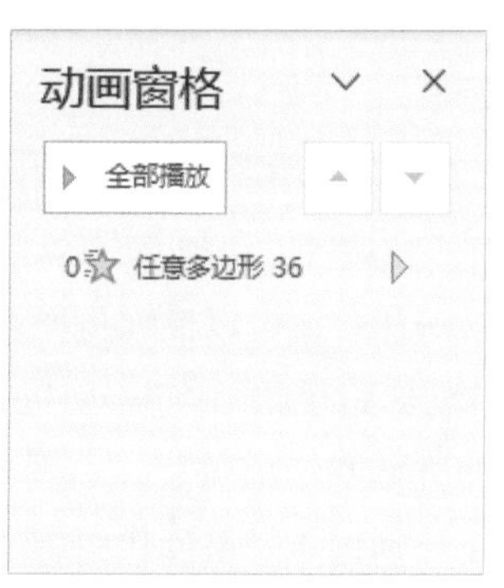


图 6-32　通过添加自定义动画来引起观众的关注

### 2. 使用简单而不夸张的自定义动画

PowerPoint提供了进入、强调、退出和动作路径四种类型，每种类型又分为基本型、细微型、温和型和华丽型四组，而一些炫酷的自定义动画大多是通过组合多个动画实现的。在日常的PPT制作中，我们更多地追求的是简单和合适的效果，而不是复杂和夸张的效果。相对来说，一些夸张的自定义动画（如弹跳、玩具风车）容易夺去内容的注意力，因此一般不建议使用。相反，一些相对简单的自定义动画（如淡出、擦除）则能给观众带来一定的动感，并且能够保持观众的注意力始终集中在内容上，在大多数情况下效果都不错。

以下是一些常用的自定义动画效果，供你参考。

（1）进入动画。

- “淡出”是非常经典的效果，它以柔和自然的方式呈现，并适用于文字、图片和形状等元素。
- “浮入”效果可以使元素上浮或下浮，适用于强调重要内容，给人一种特别强调和提醒关注的感觉。
- “擦除”效果可以代替PowerPoint 2019 中取消的颜色打字机动画效果，通过逐行擦除多行文字，实现逐行呈现的效果。
- “轮子”动画包括圆形、圆环和弯曲的线条等形状，可以展现绘制过程，也可以用于制作雷达扫描和倒计时数字刷新等效果。
- “缩放”效果可以用于强调重点元素或文字内容，当元素较大时，可以选择以页面为中心进行缩放。
- “旋转”效果以纵向轴对称旋转，适用于小图标进入页面时，可以使页面看起来稍微活泼一些。
- “压缩”效果可以通过在“更多进入效果”对话框中选择，适用于单行文字和小结论的呈现。

（2）退出动画。退出动画与进入动画呈现相反的效果。通常情况下，在当前页内容展示完后，直接通过切换动画切到下一页即可，无须使用退出动画将元素逐个移出。只有在同一页展示大量内容或使用复杂的动画效果时，才会使用退出动画使某个元素退出页面，然后再出现新的内容或元素。

（3）强调动画。

● “脉冲”动画是一种常见的强调动画，通常会设置为重复效果，使对象像心跳或呼吸一样持续变化。

● “陀螺旋”动画适用于某些中心对称的元素，如太阳、车轮等，它能为元素带来一种真实感的动画效果。

● “放大/缩小”动画通常用于强调某个元素，可以根据需要精确设置放大或缩小的比例。

● “彩色脉冲”动画与“脉冲”动画的作用类似，不同之处在于“彩色脉冲”通过颜色的变化来引起观众的注意，可以根据页面风格自由设定变化的颜色。

（4）动作路径动画。PowerPoint 2019及以上版本在使用动作路径动画时，增加了虚影指示来显示动画的开始和结束位置，如图6-33所示。这样可以更好地控制动画的运动轨迹，即使是非专业的动画设计师也能轻松创建由多个动画组合构成的复杂动画效果。另外，动作路径动画的路径也可以进行顶点编辑（直线路径除外），操作方法与形状的顶点编辑基本相同，如图6-34所示。

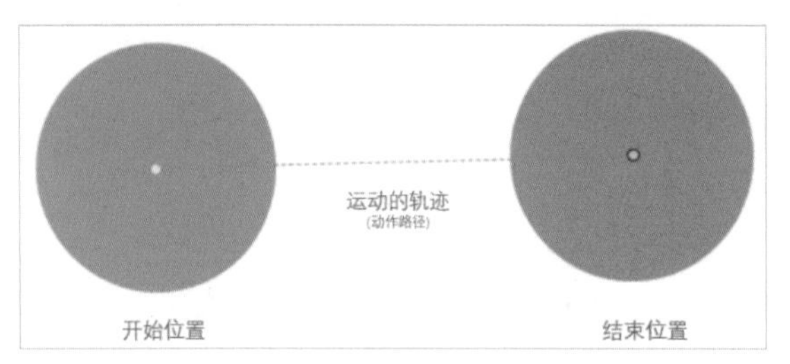


图6-33　显示出动画的开始和结束位置

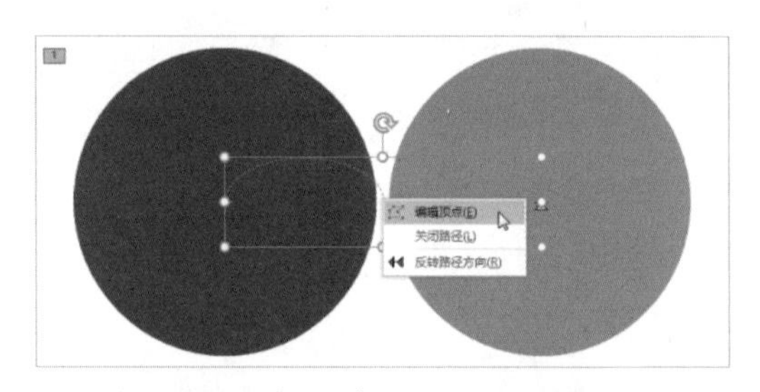


图6-34　编辑动作路径动画的路径顶点

### 3. 优化自定义动画的节奏

为了让动画效果更加流畅和自然，我们需要合理地控制每个元素的出现、退出和强调动作的节奏。通过对自定义动画的“三个时间”进行合理设置，可以使动画效果更加贴切和自然，如图6-35所示。

● 开始时间：即动画何时开始播放。当页面上有多个动画时，可以选择让它们同时播放，以实现动画之间的衔接。这样可以让两个或多个动画同时呈现。

● 持续时间：即动画效果持续的时间长度。我们可以直接输入持续时间，单位为秒。如果想要动画播放慢一些，可以设置较长的持续时间；如果想要动画播放快一些，可以设置较短的持续时间。

● 延迟时间：与“与上一动画同时”开始方式结合使用，可以在整个页面的时间轴上灵活调整各个动画效果的先后顺序。例如，页面上有一个椭圆动作路径动画和一个文本框动画，我们希望在椭圆运行到某个位置时，文本框才出现。这时，可以将椭圆动画设置为第一个动画，将文本框动画设置为第二个动画，并选择“与上一动画同时”。然后观察椭圆运行到指定位置的时间，将文本框的动画延迟设置为该时间。

● 时间轴：打开动画窗格，可以看到当前页面添加的所有动画都按照它们的开始方式和先后顺序排列在时间轴上，如图6-36所示。我们可以通过拖动动画窗格来改变动画的开始顺序。同时，还可以通过拖动时间轴上的色带来调整动画的开始时间和持续时间。

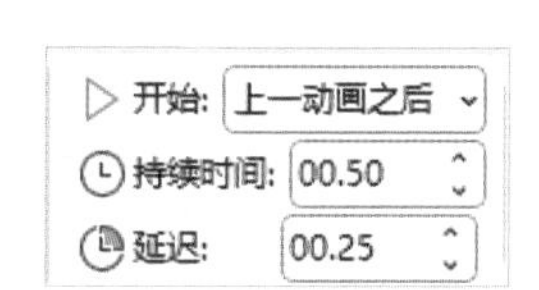


图 6-35　对自定义动画的“3 个时间”进行设置

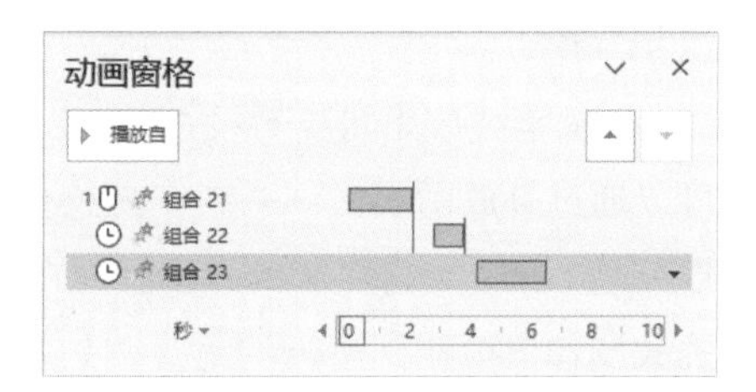


图 6-36　通过动画窗格查看和调整各动画的效果

**温馨提示●**

要让一个动画重复出现，可以在动画窗格中选中需要重复出现的动画，然后按【Enter】键打开“动画属性设置”对话框。在对话框中有三个选项卡：效果、计时、正文文本动画。通过设置这些选项，可以进一步调整动画效果。如果要让动画重复播放，可以在对话框的“计时”选项卡中进行设置。重复方式可以是在指定重复的次数后停止，也可以是在单击时停止。

如果不清楚要使用什么样的动画，也可以咨询讯飞星火AI。例如，要为一个手机推广宣传PPT添加动画，那么可以描述手机用户群体特征，然后让讯飞星火AI给我们一些动画设计的建议。

**提问：** 要制作一个青春活力型的手机推广宣传PPT，想为页面中的手机功能介绍截图添加一些动画，哪些动画比较合适呢？

**讯飞星火AI:**

为手机功能介绍截图添加动画可以增加PPT的吸引力和互动性。以下是一些建议的动画效果。

1. 淡入淡出：适用于展示手机功能的截图，可以让图片逐渐显现或消失，给人一种渐进的感觉。
2. 缩放：适用于突出某个特定功能或细节，可以让图片从小到大或从大到小进行缩放。
3. 滑动：适用于展示多个功能截图之间的切换，可以让图片从一个位置滑动到另一个位置。
4. 旋转：适用于展示手机的多角度视图，可以让图片围绕中心点进行旋转。
5. 弹跳：适用于强调某个功能的重要性，可以让图片在单击时产生弹跳效果。
6. 翻转：适用于展示手机的背面或侧面功能，可以让图片进行翻转。
7. 高亮：适用于突出某个功能或按钮，可以让图片中的某个部分高亮显示。
8. 轮播：适用于展示多个功能截图的连续播放，可以让图片按照设定的顺序进行轮播。
9. 飞入飞出：适用于展示手机功能的突然出现或消失，可以让图片从屏幕外飞入或飞出。
10. 渐变：适用于展示手机功能的过渡效果，可以让图片的颜色、透明度等属性进行渐变。

讯飞星火AI根据用户群体特征给出了相应的动画建议，具体制作时我们可以从中选择，注意不要过度使用，以免影响观众对内容的关注。同时，要确保动画效果与PPT的整体风格和主题保持一致。

### 6.2.3　七个必学动画小技巧，让你成为高手

这一节，我们将分享七个必学的PPT动画小技巧，这些技巧是高手常用的方法，普通用户也能

轻松掌握。

### 1. 图层叠放

通过在页面上叠放相同或不同的元素，即便只是简单的自定义动画，也可以制作出独特的效果。比如，可以通过叠放两层文字来制作光感扫描动画，如图 6-37 所示，或者在某些图片素材上制作亮灯动画效果。只需要将复制的元素叠放在原元素上方，并添加相应的动画效果即可。此外，还可以通过叠放制作由模糊到清晰的镜头调焦效果，或者利用Photoshop调整元素的光照变化，导出多张图片制作移动照射效果。

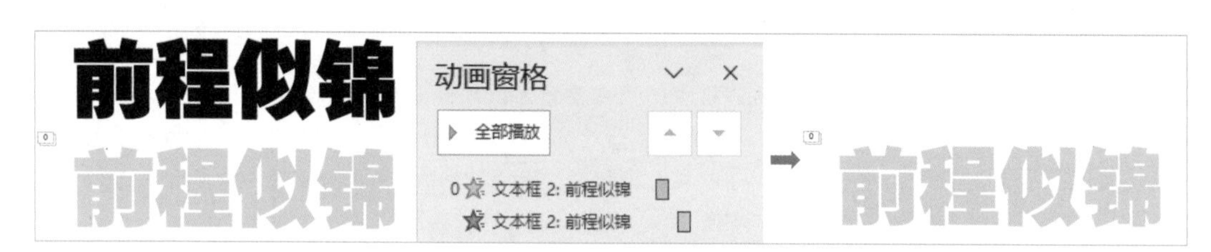


图 6-37　通过在页面上叠放相同或不同的元素，让简单的自定义动画变得独特

### 2. 溢出边界

PPT放映时，只会显示页面内的元素。所以利用好幻灯片页面外的特殊位置，可以实现一些特殊的动画效果。比如，可以制作胶片图片滚动动画。只需要将所有要展示的图片整齐排列成一行并组合在一起，让部分图片溢出幻灯片右边界，再为组合好的图片添加一个向左的动作路径动画即可。根据图片的数量情况，调节路径动画持续时间，让图片全程匀速移动，如图 6-38 所示。

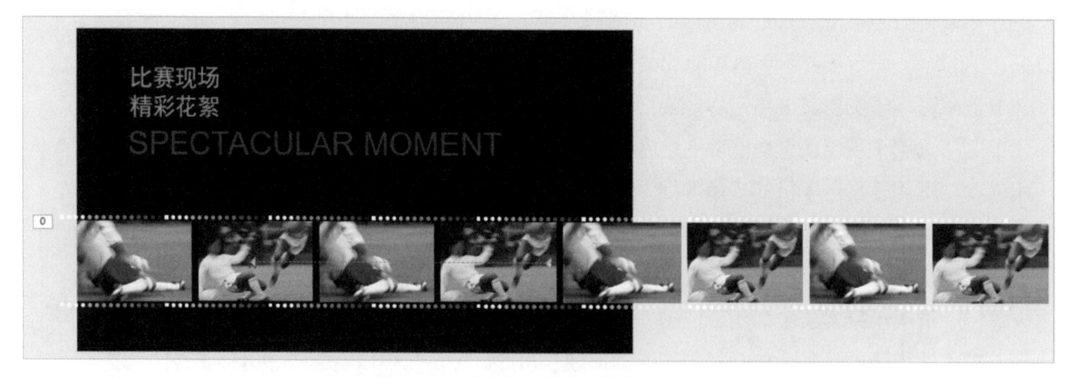


图 6-38　制作胶片图片滚动动画

### 3. 形状辅助

通过添加形状可以实现播放过程中画面尺寸的切换，如从4:3到16:9的效果。例如，在当前4:3页面中添加一个16:9的矩形，等比例拉伸或缩小至与页面宽度相同，并使其水平和垂直居中，在矩形的上下边缘添加两个纯黑色的矩形，然后将内容排版在黑色矩形之间，如图 6-39 所示。为上下矩形添加自顶部和自底部飞入的动画效果，使得黑色矩形的出现可以将屏幕压缩为宽屏，从而完整呈现宽幅图片素材。

此外，还可以通过使用线条、任意多边形等形状，为静态图添加标记，使其呈现出生动的效果。

首先，在地图上使用半透明的曲线标出道路，使用半透明的任意多边形勾勒和遮盖重要区域，使用泪滴形状指示和添加标注等方式，将需要突出显示的要点标记出来。接下来，为这些形状添加自定义动画效果。例如，给道路添加“擦除”效果，给泪滴形状添加“浮入”效果，给任意多边形添加“出现”效果。对于重要位置，如“我的位置”，还可以添加一个重复的上下移动路径动画。根据需要，调整这些动画的出现时间，以达到更好的效果。

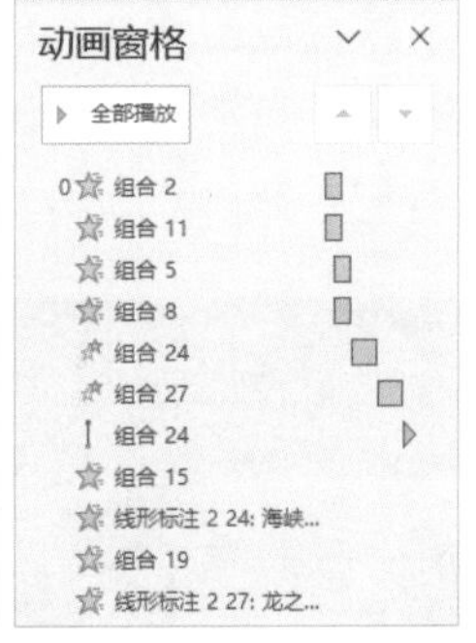


图 6-39　添加形状并使其辅助动画效果

此外，还可以利用渐变色填充的椭圆形按照自定义路径移动，模拟光源的动画效果；使用长波浪形并添加向左移动路径动画，制作流动的水面效果；使用多个圆环形，制作涟漪动画等。当你无法找到提升页面动画效果的方法时，添加一些形状作为辅助，可能会解决问题。

**温馨提示**

请记住，在使用动画效果时，要注意统一性和差异性。逻辑上同级别的页面、元素等应使用相同的动画效果，以增强PPT的逻辑性。然而，过多相同的动画效果可能会让观众感到乏味。因此，对于逻辑上不同级别的页面、对象等，应进行差异化的动画应用，或根据页面的具体内容稍作调整。

### 4. 效果组合

通过对同一个对象同时添加多种动画效果，即将多种动画效果组合使用，可以增加动画的丰富程度。例如，可以将进入动画“出现”与强调动画“陀螺旋”和动作路径动画“弧形”组合起来使用，实现太阳素材一边旋转一边升上天空的效果，如图 6-40 所示。另外，还可以将强调动画“放大/缩小”和动作路径动画组合使用，实现图片的镜头摇移效果，如图 6-41 所示。

图 6-40　对同一个对象同时添加多种动画效果

图 6-41　镜头摇移效果

### 5. 一图多用

前面章节中已经介绍过，通过裁剪、拼合或复制多张图片，可以实现一张图片的多种排版效果，再为各个部分添加动画效果就可以很炫酷了。例如，将图片裁剪成几个部分并添加交错动画，或复制多张图片并设置不同的动画效果，可以让一张图片呈现出丰富多样的动画效果。

### 6. 真实感

模拟部分真实场景的动画并不需要高超的技巧，关键在于创意和思路。例如，通过添加动作路径动画和劈裂动画，可以实现卷轴展开的效果，如图 6-42 所示；或者通过制作探照灯光束和抠图，可以模拟城市探照灯照射的动画效果。

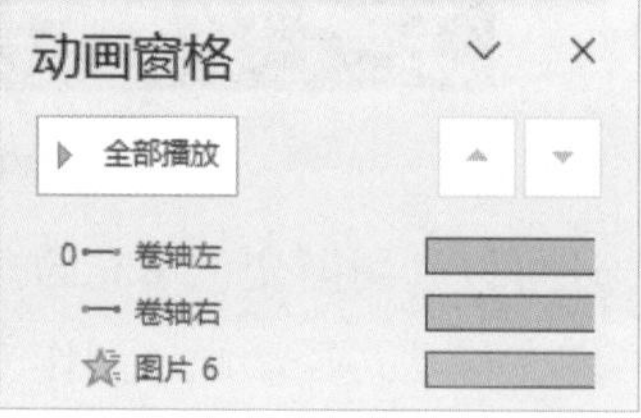


图 6-42　卷轴展开的动画效果

### 7. 辅助页面

为了实现特定的动画效果，可以添加形状辅助或页面辅助。例如，为了制作揭幕效果，可以在目标页面前添加一张纯红色页面，并使用“上拉帷幕”切换动画，如图 6-43 所示。在使用“平滑”切换动画时，添加辅助页面也是非常有用的。另外，有些PPT为了实现停顿或叙事场景切换，会添加纯黑色的辅助页面。

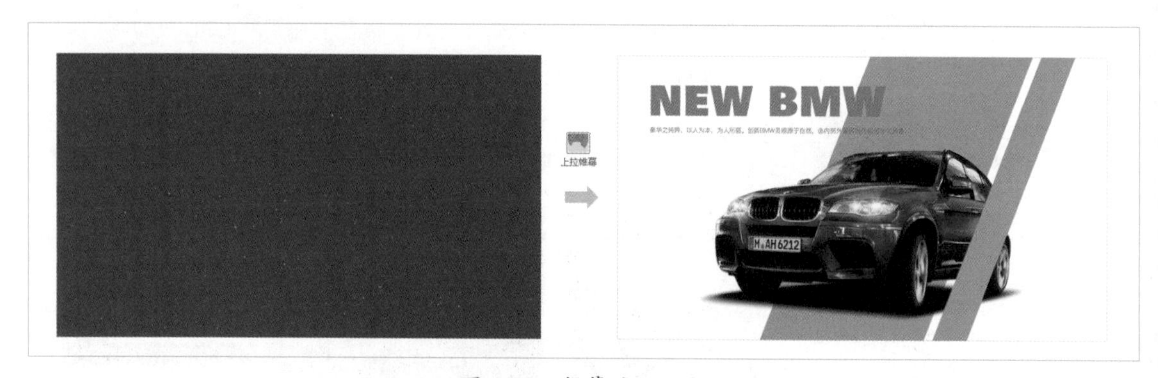


图 6-43　揭幕动画效果

由于篇幅有限，这里无法详细介绍所有的动画技巧。但是，我们可以通过观察优秀作品，甚至下载下来进行拆解研究和琢磨，来掌握简单、常用的动画技巧。

## 6.2.4 使用万彩动画大师定制动画视频

PPT 中需要添加视频，又找不到合适的视频素材时，可以使用万彩动画大师制作动画视频。这款软件是一个可以免费使用的动画视频制作工具，它提供了丰富多样的功能，在制作动画方面尤为出色。

万彩动画大师提供了多种动画效果，包括进场、退场、过渡、旋转、缩放等效果，可以轻松实现各种动画效果的创意设计。此外，该软件还提供了多种音效和音乐素材，可以让用户在视频制作过程中更加灵活地运用音效和音乐，让视频更加生动有趣。

人人都会用的动画视频制作软件，这是万彩动画大师自己的宣传标语，软件操作确实也比较简单，很容易上手。操作的大致流程是：新建一个场景，在每一页上添加角色、图片、文字，设置好动画效果，然后通过转场实现不同场景之间的连接。

下面以一个例子简单介绍使用万彩动画大师制作动画视频的具体操作步骤。

**第1步** 打开浏览器，进入万彩动画大师网站首页，单击“立即下载”按钮，下载软件安装包并安装。

**第2步** 打开万彩动画大师，单击界面上方的“新建工程”按钮，新建一个空白工程，然后单击下方轨道上的“背景”按钮，再在轨道中显示出的“背景”栏单击其右侧的◆按钮，在弹出的下拉菜单中单击“图片背景”选项卡，并在下方选择“风景”选项，选择需要插入作为背景的图片，如图 6-44 所示，这样就新建了一个场景。

**第3步** 单击界面右侧的“角色”选项卡，在显示出的界面中选择需要添加的角色，这里选择“女病人”选项，如图 6-45 所示。

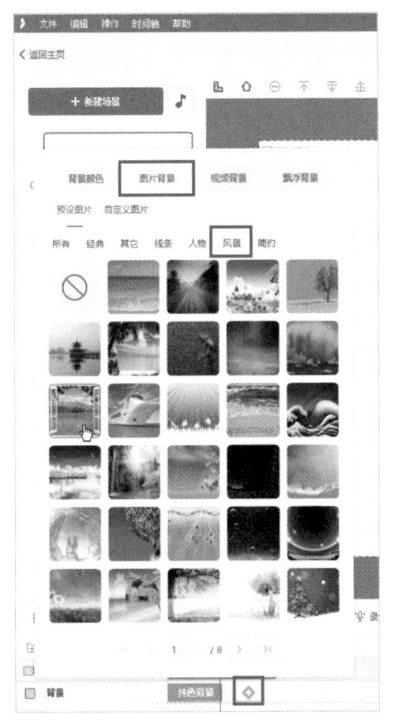

图 6-44　新建场景

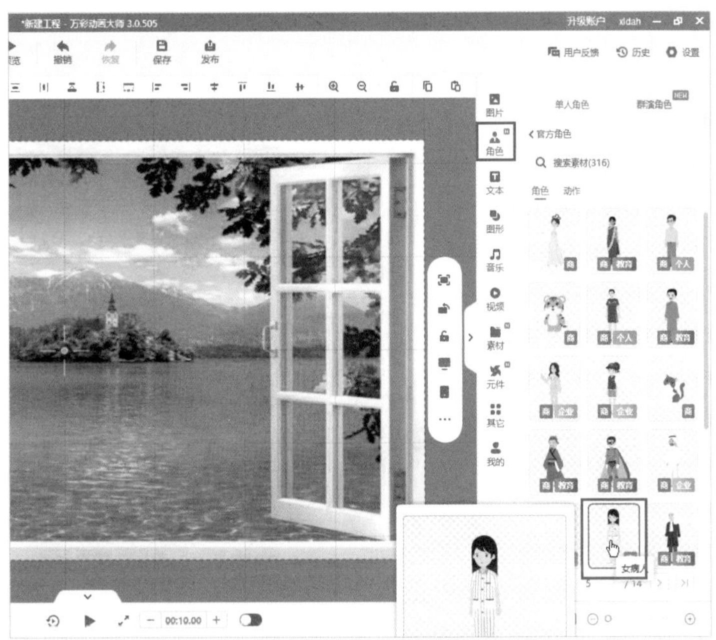


图 6-45　选择需要添加的角色

**第4步** 在弹出的角色设置对话框中，根据需要设计的动画效果选择角色对应的动作、对话、表情等。例如，本动画可以为角色先设计“背走”的动作，然后依次添加“站－思考－托腮”“走路”“边走边说”“站－持手机－讲话”的动作，如图 6-46 所示。为角色添加动画只需要在轨道中角色名称栏单击◆按钮，然后在打开的对话框中进行选择即可。添加动作后可以通过调整轨道栏中各动作两侧的控制点来调整该动作的开始和结束时间点。

**第5步** 在操作界面中可以通过拖动鼠标调整角色在场景中的大小和位置，如图 6-47 所示。

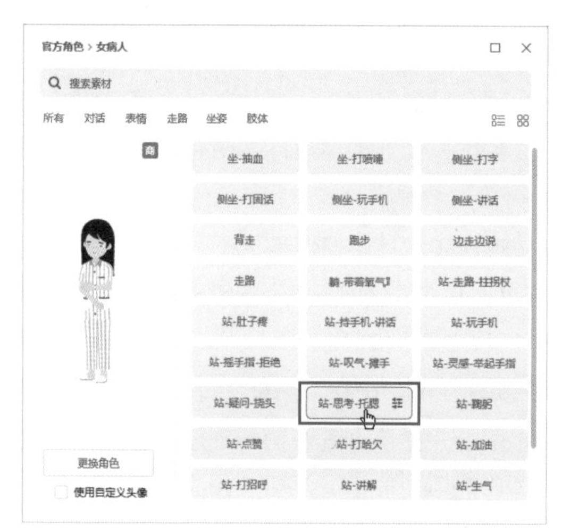


图 6-46　选择角色对应的动作、对话、表情等

图 6-47　调整角色在场景中的大小和位置

**第6步** 为角色配音也是很重要的，可以单击下方轨道上的“语音合成”按钮，再在弹出的如图 6-48 所示的对话框中输入需要合成语言的文字内容，在右侧选择合成时需要采用的角色音，调整语速、音调、音量，单击“部分试听”按钮进行试听，满意后单击“应用”按钮即可。

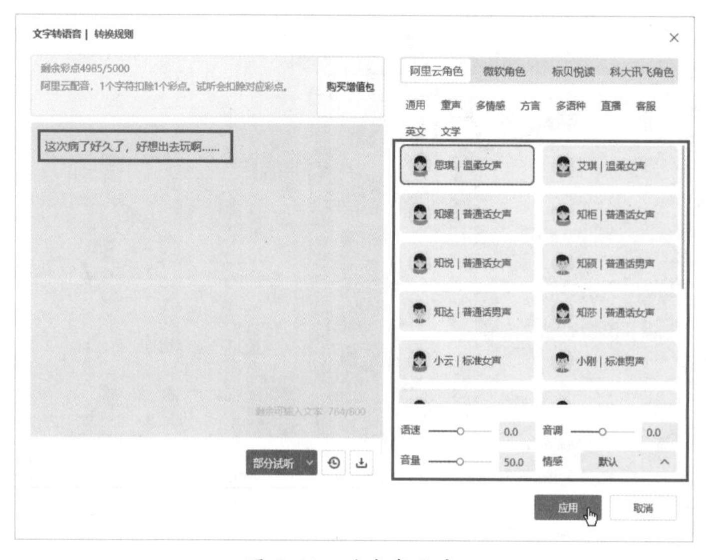


图 6-48　为角色配音

**温馨提示**

如果觉得自己制作动画比较困难，可以先从模板开始，创建带模板的工程，用别人的模板，套自己的内容，然后慢慢探索，很快就会学会。

**第7步** 继续为动画添加需要的其他素材，方法基本类似。此后还需要调整各个素材的开始时间点和结束时间点，以便让整个动画看起来更加自然。调整的操作主要是在轨道中通过拖动鼠标来实现的，如调整素材开始执行的时间点，调整素材持续的时间段，如图 6-49 所示。

图 6-49 在轨道中调整素材效果

**第8步** 制作动画的过程中可以通过单击界面上方的“预览”按钮来查看动画效果，完成动画制作后，记得要单击“保存”按钮保存工作的项目，如图 6-50 所示。

图 6-50 预览动画并保存

**温馨提示**

万彩动画大师也有VIP版，免费版和付费版的区别主要在于模板、动画角色、可用场景等素材数量的多少，对于核心功能，免费版也是都有的。万彩动画大师还提供了一键生成动画功能，用户只需要输入文字或上传图片，即可自动生成多种动画效果，大大节省了用户的制作时间和精力。

### 6.2.5 Focusky 动画演示大师自动生成动画

在演示文稿中，动画效果是吸引观众注意力的关键，而Focusky动画演示大师（如图 6-51 所示）正是为此而生。无论你是初学者还是专业设计师，Focusky动画演示大师都能帮助你轻松创建出令人惊叹的PPT动画效果。

Focusky动画演示大师具有简单易用的界面和操作，即使没有任何设计经验的用户也能轻松上手。在动画演示方面，Focusky动画演示大师提供了丰富多样的动画效果，包括平移、旋转、缩放、淡入淡出等多种效果，可以让用户轻松创建出令人惊叹的动画效果。用户只需简单拖曳元素，设置动画属性，即可实现动画的自动播放和过渡效果，让PPT更加生动有趣。不过，Focusky动画演示大师的“导入PPT”功能需要付费才能使用。

图 6-51　Focusky 动画演示大师

此外，Focusky还提供了多种模板和主题，用户可以根据自己的需求选择合适的模板，然后通过自定义编辑来打造独一无二的动画演示。同时，该软件还支持多媒体元素的添加，如图片、音频、视频等，使得动画演示更加多样化和丰富。Focusky动画演示大师和万彩动画大师的界面和使用方法类似，下面不再赘述。

## 高手秘技

本章我们深入了解了如何利用媒体和动画为PPT设计增添创新和创意。无论你是初学者还是有经验的设计师，通过掌握本章所讲技巧和工具，都能够打造出令人惊叹的PPT演示。接下来，再分享两个工具，帮助你更好地处理PPT中的媒体和动画。

### 高手秘技 12：用格式工厂转换音频和视频格式

PowerPoint支持MP4、WMV、AVI等视频格式，支持MP3、WAV等音频格式。当视频、音频格式不符合要求时就无法插入PPT，或者播放不畅。此时可以使用格式工厂转换音频或视频的格式，具体操作步骤如下。

**第1步** 安装格式工厂软件并打开，在左侧的“视频”或“音频”列表中选择最终需要转换输出的格式，如图 6-52 所示。

第2步 ▶ 选择好格式后，单击“添加文件”按钮添加需要进行格式转换的文件，并设置好“输出文件夹”的位置，最后单击“确定”按钮，如图 6-53 所示。

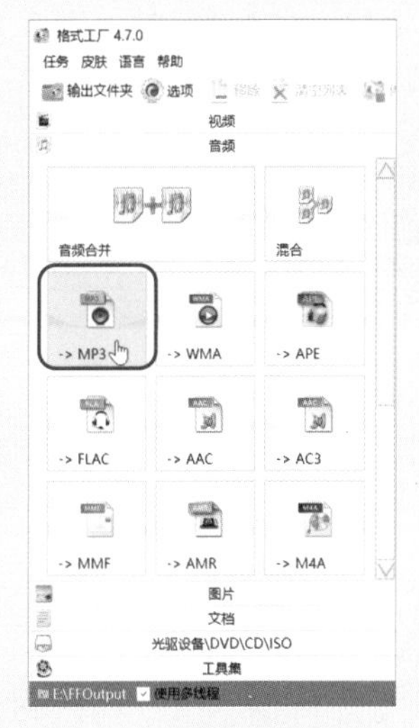

图 6-52　选择最终需要转换输出的格式

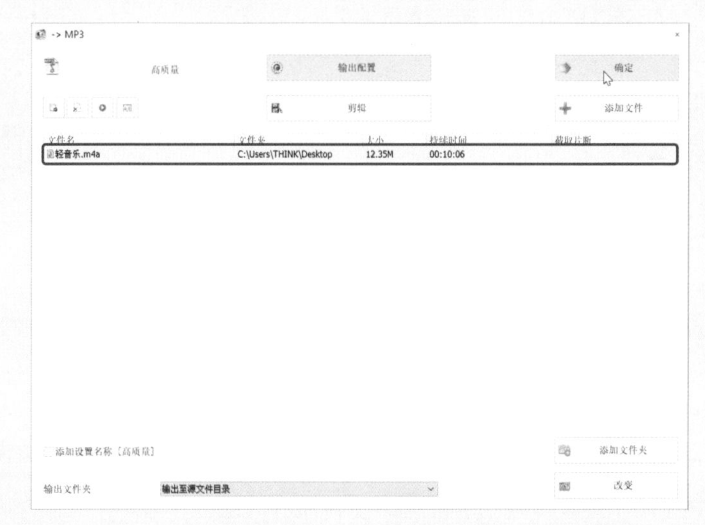

图 6-53　添加需要转换的文件，并设置输出位置

第3步 ▶ 此时文件就被添加到转换列表中了，单击“开始”按钮即可开始文件格式的转换，如图 6-54 所示。

图 6-54　开始文件格式的转换

## 高手秘技 13：用 ChatPPT 轻松添加动画

ChatPPT 是一款基于语言模型驱动智能生成与辅助创作 PPT 演示文稿的产品，分为在线体验版和 Office 插件版两大版本。其中，在线体验版主要用于在线体验 AI 生成 PPT 服务，而 Office 插件版

可以基于微软Office与WPS提供完整的AI生成PPT的功能。

安装ChatPPT后，会在PowerPoint窗口上方增加“Motion Go”和“Chat PPT”选项卡。“Chat PPT”选项卡主要用于AI生成PPT，“Motion Go”选项卡中集成了动画制作的各种功能，如图6-55所示。

图 6-55 “Motion Go”选项卡

使用“Motion Go”选项卡下的动画相关功能按钮，可以十分轻松地制作一些复杂的、时下流行的动画，快速改善PPT的动画效果。因为这里集合了智能动画库、在线动画库、全文动画库、快闪动画库、交互动画库、FlowCode、3D动态云图和MotionBoard 8个在线动画库，提供了超过7000种智能动画。

ChatPPT极大地降低了PPT动画制作的门槛，让我们可以更轻松地完成动画，在PPT动画效果上追求更多可能。下面以添加全文动画为例，介绍一下操作方法。

**第1步** 打开一个演示文稿，单击“Motion Go”选项卡下“在线Motion”组中的“全文动画”按钮，如图6-56所示。

**第2步** 在窗口右侧显示出“全文动画库”任务窗格，在下方选择一种全文动效，并单击“下载动画”按钮，如图6-57所示。

图 6-56 单击“全文动画”按钮

图 6-57 选择一种全文动效并下载

**第3步** 等待系统连接Motion资源应用中心并下载所选动画样式，稍后便可应用成功。单击“幻灯片放映”选项卡中的“从头开始”按钮，就可以查看添加的动画效果了。

除了基本的动画效果，ChatPPT还支持多媒体元素的添加，如图片、音频、视频等，使得动画制作更加多样化和丰富。用户可以根据自己的需求，灵活运用这些元素，打造出令人惊艳的动画效果。

第 7 章

# PPT 演示技巧：展现魅力演示的秘诀和实用技巧

PPT 为分享而生，为表演而成。完成制作不是终点，演讲才是最终的目的。在本章中，我们将介绍展现魅力演示的秘诀和实用技巧，帮助你完成完美的演讲。从确保演讲万无一失的关键要素到征服演讲挑战的关键技巧，你将学习到如何打包文件、处理酷炫格式、设置文件大小、有效排练、正确使用备注及特殊动画的应用方法。此外，我们还将分享开场白的设计技巧、纠正不健康的演讲心态和留意小细节的重要性。

通过学习本章内容，你能够展现出令人印象深刻的演示，提升你的沟通效果。希望你不断探索和尝试这些技巧和工具，从而成为PPT设计的专家，将演示推向一个新的高度。

## 7.1 完美演讲的关键要素：确保演讲无懈可击

完成PPT制作只是万里长征的第一步，如何正确地保存并分享文件，以及在演讲过程中如何做好备注，都是关键要素，决定着演讲的成败。在本节中，我们将从文件打包、酷炫格式、文件大小、排练技巧、备注技巧，一直到特殊动画——缩放定位，为你提供全方位的解决方案。只有演讲前充分准备，才能确保演讲万无一失。

### 7.1.1 文件打包：保证内容不会丢失

在PPT文件中插入了视频、音频、Flash文件或使用特殊字体时，如果在另一台计算机上播放，可能会遇到内容丢失的问题。例如，在演讲时可能会出现视频无法播放或音频没有声音的情况。为了避免这种尴尬的情况发生，我们可以使用文件打包的方法来解决。

文件打包是将所有用到的素材文件都打包到一起，以便在复制时一并复制。打包文件的具体操作步骤如下。

第1步 在“文件”菜单中选择“导出”命令，然后在右侧选择“将演示文稿打包成CD”选项，单击“打包成CD”按钮，如图 7-1 所示。

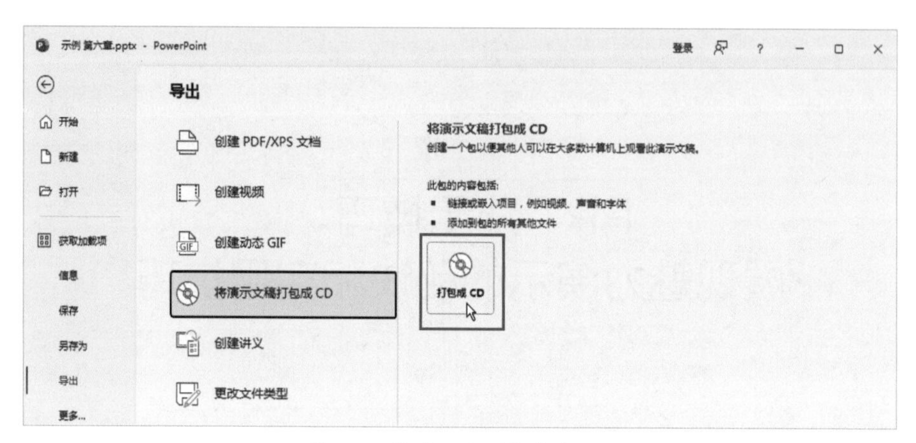


图 7-1　将演示文稿打包成CD

第2步 在打开的对话框中单击“复制到文件夹”按钮，如图 7-2 所示。打开“复制到文件夹”对话框，设置要打包的文件和打包位置即可，如图 7-3 所示。

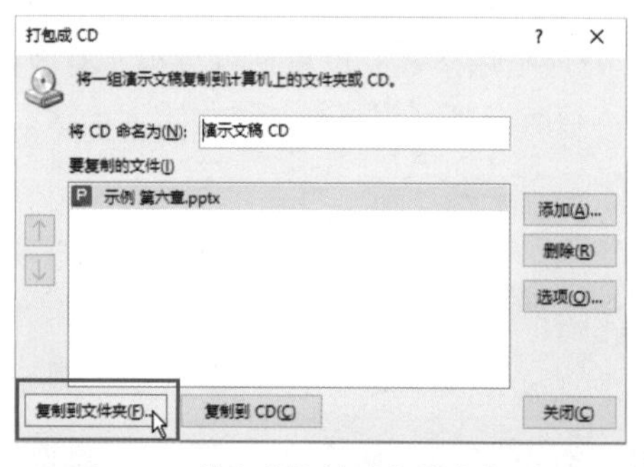


图 7-2　单击“复制到文件夹”按钮

图 7-3　设置打包位置

**温馨提示**

如果单击“复制到CD”按钮，则需要插入CD光盘才能将打包文件复制到CD光盘中。

第3步 在执行打包操作时，可能会出现一些提示对话框。请务必单击“是”按钮，以确保PPT文件中的视频、音频等素材文件能够被正确打包，如图 7-4 所示。

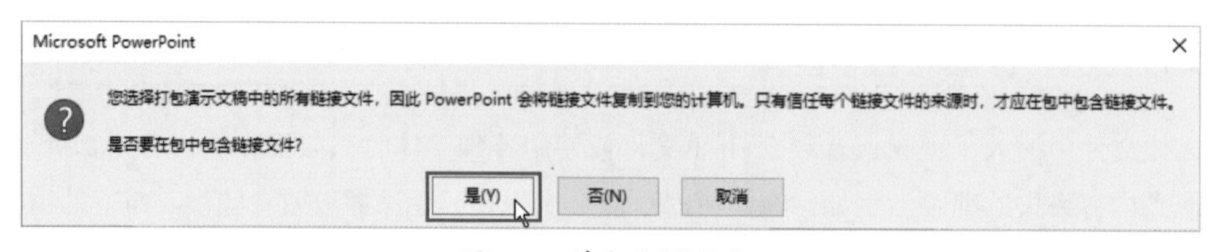


图 7-4　单击“是”按钮

通过使用文件打包功能，我们可以确保在不同的计算机上播放PPT时，所有的素材文件都能够被正确加载，避免内容丢失的问题。

## 7.1.2 酷炫格式：无须安装 Office 即可播放

PowerPoint提供了多种保存格式，以满足PPT在不同场景下的分享需求。即使在没有安装Office的情况下也能播放演示，帮助你在任何情况下都能展示出令人印象深刻的演示效果。

### 1. 视频格式

将PPT保存为视频格式，非常适合在展会、多媒体教室等场合播放。使用这种格式，不需要在播放计算机上安装Office软件，也不会出现兼容性问题。将文件导出成视频的方法如图 7-5 所示。

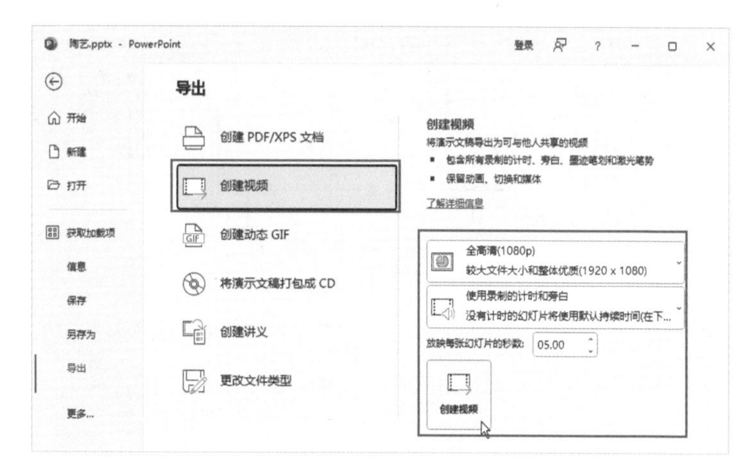


图 7-5　创建为视频格式

在导出过程中，我们可以选择导出视频时的不同模式，如“超高清（4K）”“全高清（1080P）”“高清（720P）”“标准（480P）”，以适应不同的需求。同时，还可以选择是否采用录制的计时和旁白，如果采用则在视频播放时就会按照预设的时间进行播放，并附带演讲者事先录制的解说旁白。

### 2. PDF/XPS 格式

如果PPT中没有视频、音频或Flash内容元素，并且希望方便地分享且防止他人轻易修改PPT内容，则可以选择将文件保存为PDF或XPS格式。这两种格式可以保留PPT中的文字、图片和图形内容，并具有良好的阅读效果。几乎所有的计算机阅读器都支持打开PDF文件（如图 7-6 所示），而XPS文件可以在Web浏览器中打开。

图 7-6　导出为 PDF 文件格式并查看

### 3. 讲义格式

在制作教学课件PPT时，如果希望将备注中的内容与学生一同分享，可以将PPT文件保存为讲义格式。这样，学生不仅可以浏览PPT页面，还可以获得教师补充讲解的重点知识。

将文件保存为讲义的方法如图 7-7 所示。在保存为讲义之前可以设置版式，选择备注与幻灯片的位置关系，并选择是否在讲义中包含幻灯片图片，如图 7-8 所示。

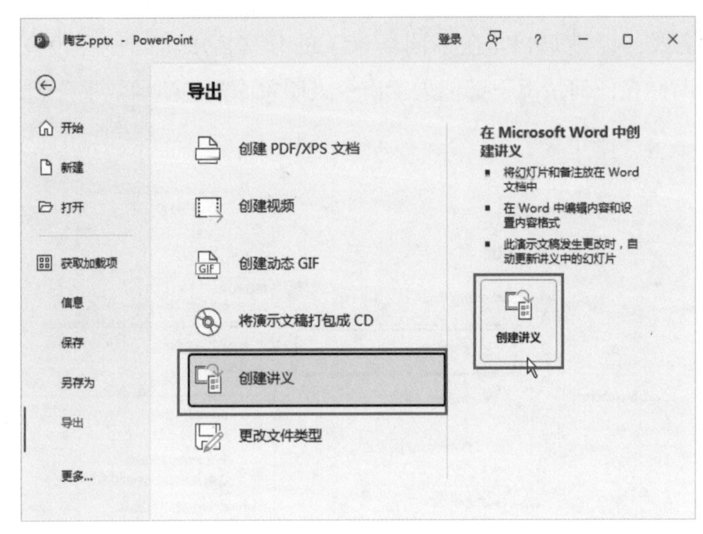


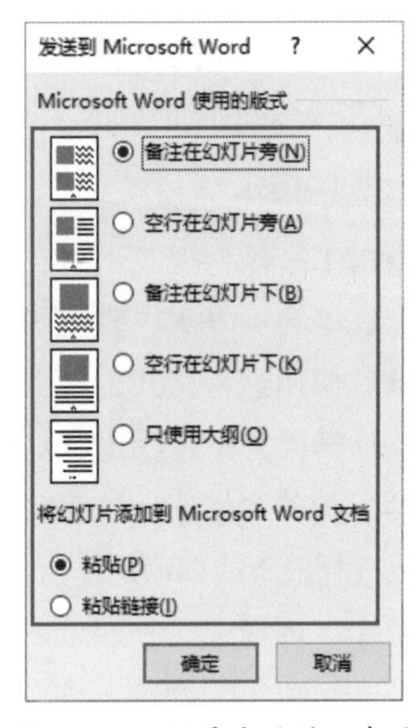

图 7-7　将文件保存为讲义

图 7-8　设置导出的讲义中的版式和位置关系等

讲义文件的格式是Word文档，如图 7-9 所示，文档中包含了幻灯片及备注。可以打印出来，以便在演讲时观众能够及时找到重点。

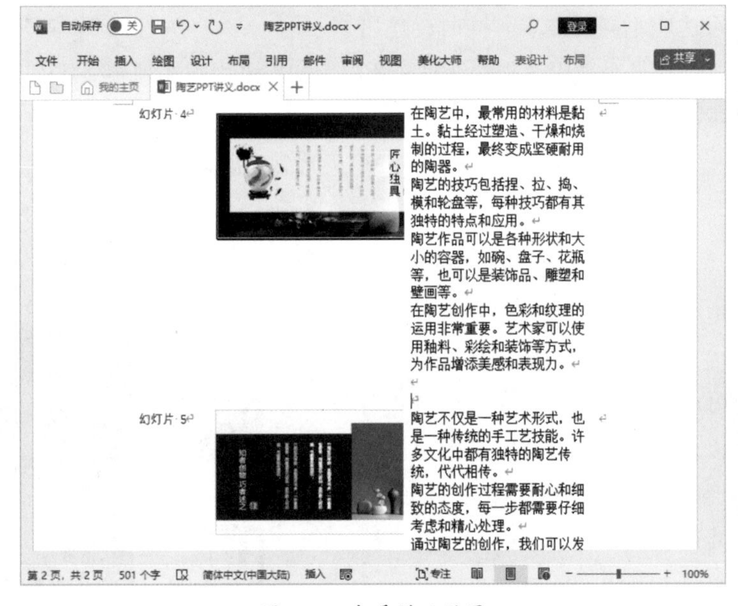


图 7-9　查看讲义效果

## 4. 图片格式

在媒体时代，图文成为主要的传播方式之一。如果想在微博、微信等媒体平台分享PPT，可以将文件保存为图片格式，以便于分享。不建议使用截图的方式保存每一页幻灯片，因为这样会影响清晰度并且不够方便。

我们可以选择将文件保存为“PNG可移植网络图形格式”或“JPEG文件交换格式”（如图 7-10 所示），具体取决于是要打印还是在网络上分享。如果要保存为图片并打印则选择PNG格式，如果要在网络上分享，就选择JPEG格式。

在保存为图片时，你可以选择导出哪些幻灯片，单击“所有幻灯片”按钮可一键快速保存所有幻灯片为图片，如图 7-11 所示。系统会提示你即将为每张幻灯片保存为一张图片，保存为图片后的PPT文件效果清晰，适合分享和展示，如图 7-12 所示。

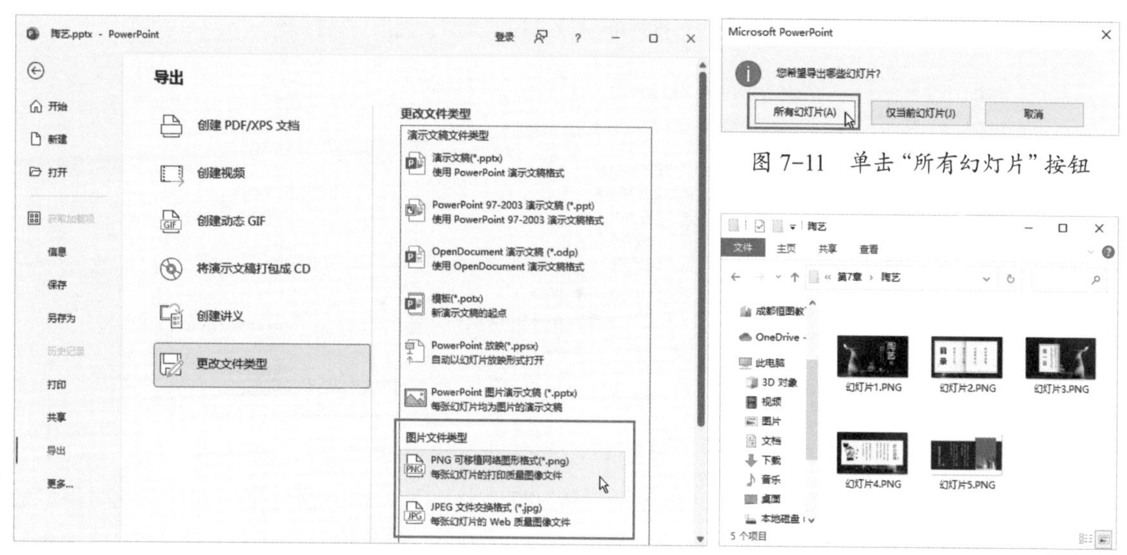


图 7-10　导出为图片格式

图 7-11　单击“所有幻灯片”按钮

图 7-12　查看幻灯片图片效果

## 7.1.3　文件大小：按需轻松设置

特殊情况需要特殊处理，某个PPT文件的默认大小有时候并不能适应所有场合。举个例子，当客户在远程网络等待接收提案PPT时，如果PPT包含大量内容，文件会变得很大，发送时间也会很长。另外，如果要将PPT导出为图片进行打印，由于图片尺寸较小，打印出来的图片可能会不够清晰。

前面已经介绍了如何提高导出图片的像素质量，接下来，就来介绍如何缩小PPT文件的大小。

当PPT文件中包含大量图片时，可以通过压缩图片的方式来缩小文件大小。PowerPoint提供了两种方法来压缩图片。

第一种方法是在页面中选中图片，然后单击“图片格式”选项卡下“调整”组中的“压缩图片”按钮，如图 7-13 所示。

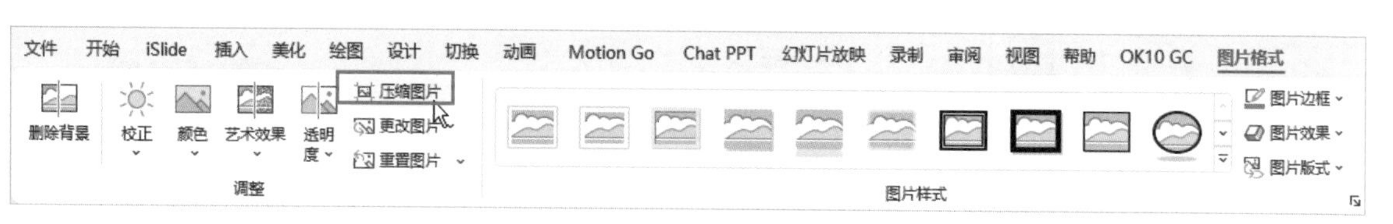


图 7-13　单击“压缩图片”按钮

单击“压缩图片”按钮后，会弹出“压缩图片”对话框，如图 7-14 所示。如果只想压缩当前选中的图片，可以选中“仅应用于此图片”复选框；如果想压缩整个PPT文档中的所有图片，可以取消选中该复选框。另外，如果图片已被裁剪，选中“删除图片的剪裁区域”复选框可以进一步压缩图片。

第二种方法是在保存PPT文件时，在保存对话框中单击“工具”下拉按钮，在弹出的下拉列表中选择“压缩图片”选项，同样可以对文件中的图片进行压缩，如图 7-15 所示。

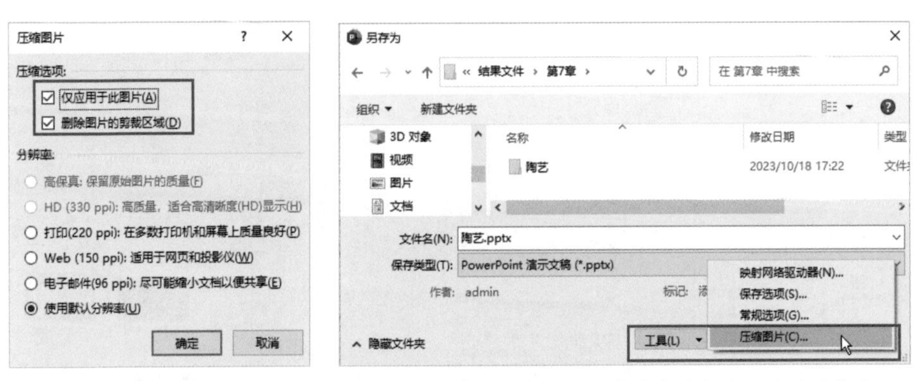


图 7-14　设置压缩选项　　　图 7-15　在“工具”下拉菜单中选择“压缩图片”选项

除此之外，PPT中插入的视频、音频也会导致PPT文件太大，不方便复制、发送。此时可以通过PPTminimizer工具对PPT文件进行压缩。如图 7-16 所示，一般情况下选择“标准压缩”方式进行压缩即可。如果此压缩方式不能满足需求，可以单击“设置”按钮，打开如图 7-17 所示的“自定义压缩设置”对话框，按照需求设置压缩参数。

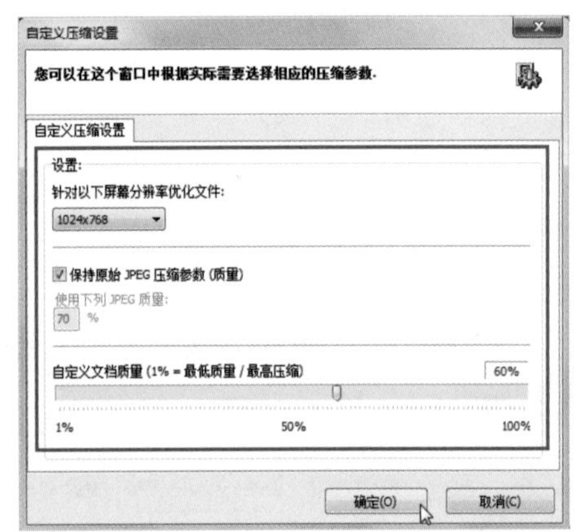


图 7-16　使用 PPTminimizer 工具对 PPT 文件进行压缩　　　图 7-17　设置压缩参数

### 7.1.4　成功的演讲排练技巧

“台上一分钟，台下十年功。”这句话深刻地诠释了排练演讲的重要性。在进行演讲之前，演讲者最好利用PowerPoint的排练计时功能进行多次练习，也可以邀请朋友充当观众，以将自己的心态、气场都调整到最佳状态。

#### 1. 利用排练计时功能

使用PowerPoint进行演讲之前，可以通过演练来调整语速和内容，并控制每张幻灯片的演讲时间。单击“幻灯片放映”选项卡中的“排练计时”按钮，如图 7-18 所示，即可进入排练状态。

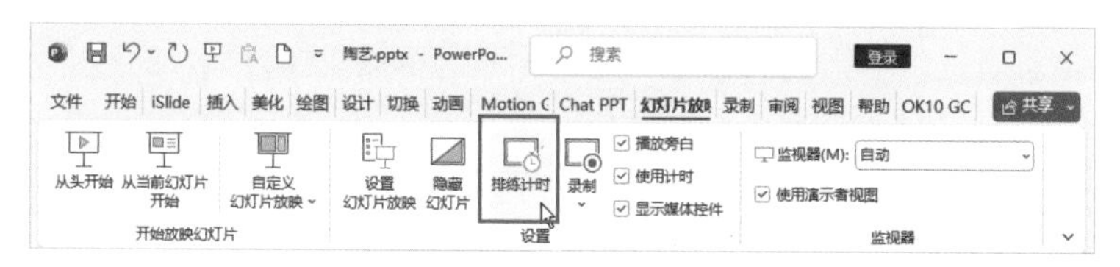


图 7-18　单击“排练计时”按钮进入排练状态

进入排练计时状态后，如图 7-19 所示，计时器会记录每张幻灯片的演讲时长及整个演讲的时长。演讲者在排练过程中需要不断调整语速，直到能够很好地控制演讲时间。

图 7-19　模拟演讲播放幻灯片排练计时

## 2. 邀请观众参与

有观众在场的排练与独自排练的效果是不同的。因此，如果条件允许，演讲者可以邀请几位熟悉的朋友来听自己的演讲。观众可以注意记录演讲者使用的语气词（如“嗯”“啊”）的次数，口语化的表达和停顿的次数，以及忘词的地方。演讲结束后，可以帮助演讲者进行总结并纠正不良的演讲习惯。

## 3. 练习不同版本的演讲

周全的人会为每件事情准备 A、B 两个方案，演讲也不例外。根据需要，准备不同版本的演讲非常必要。面对突发情况，如果有备用方案，就能够从容应对，灵活自如。例如，对于工作汇报 PPT，由于领导可能因为紧急事务而缩短会议时间，因此可以准备 10 分钟、5 分钟和 3 分钟的三个不同时长的演讲版本。

## 4. 在录像状态下进行演讲

在排练演讲时，建议提前使用手机进行录制，如果条件允许，也可以使用摄像机进行录像。观看自己的演讲录像可以发现许多问题，例如是否驼背、是否有不经意的小动作、是否表现自信等，有助于纠正演讲时的姿势和动作。

### 7.1.5 备注作为提词器，而非演讲稿

PowerPoint为演讲者提供了强大的备注功能，让演讲更加流畅自如。通过在每一页幻灯片下方添加备注，演讲者可以避免遗忘重要内容的尴尬。

然而，很多人在使用备注功能时存在一些误区。他们倾向于将备注写得像演讲稿一样详细，这其实是不正确的做法。实际上，备注的作用更像是一个提词器，它应该记录关键词和演讲逻辑线索，以发挥最大的效用。

如图7-20所示，演讲者把所有内容都详细地记录在备注中，其实是错误的方式。对于这么多的文字，演讲者盯着计算机屏幕看备注会显得不自信，也缺乏专业的演讲风度。

正确的备注方式是将幻灯片的演讲内容按照先后顺序进行逻辑记录，并记下关键词。这样，演讲者只需看到关键词，就能立刻思考起要说的内容，就像图7-21所示。这种方式能够提升演讲者的自信度和演讲效果。

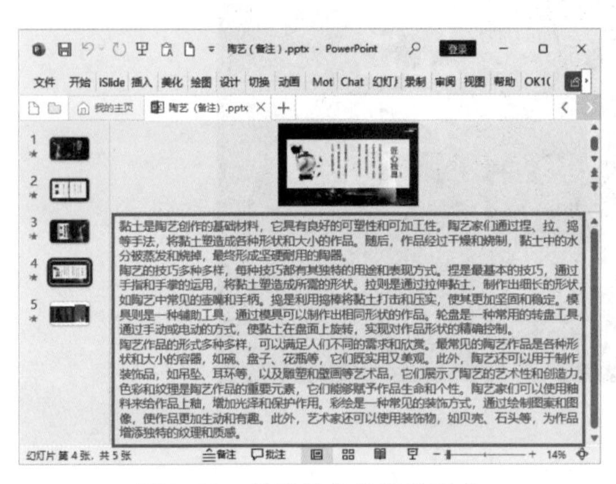


图7-20 错误的备注记录形式

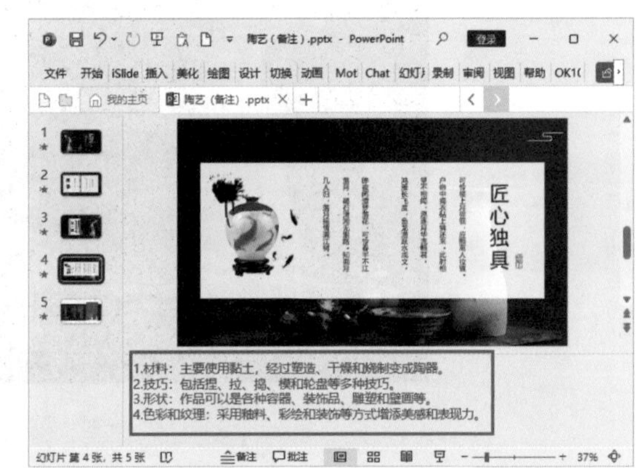


图7-21 正确的备注方式

### 7.1.6 特殊动画技巧：缩放定位的魅力

“插入”选项卡下的“缩放定位”功能实际上是一种富有空间感和高级感的页面切换方式，非常适合在PPT中展示企业发展历程（从整体概况到局部事件）、产品（从远观到近看）和地图（从概览全域到聚焦一处）等内容。

使用该功能制作切换动画的具体操作步骤如下。

**第1步** 在完成所有页面设计后，在PPT起始位置添加一张空白页面，并将其背景设置为黑色或黑色渐变（如图7-22所示），或使用具有空间场景感的图片作为背景。

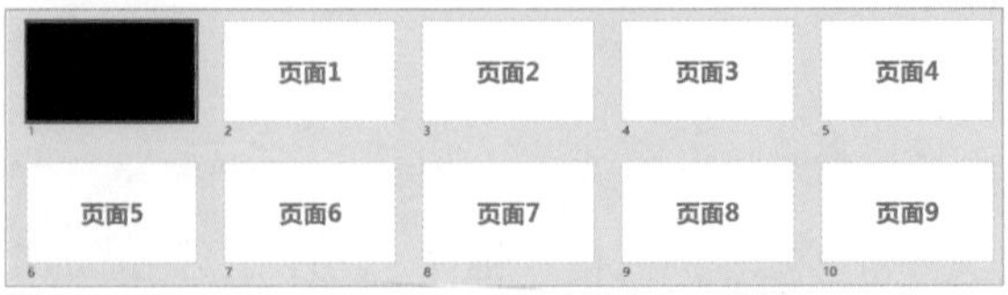

页面1 页面2 页面3 页面4
页面5 页面6 页面7 页面8 页面9

图7-22 在PPT起始位置添加一张空白页面，并将其背景设置为黑色或黑色渐变

第2步 ● 单击“插入”选项卡下“链接”组中的“缩放定位”按钮，在弹出的下拉列表中选择“幻灯片缩放定位”选项，如图 7-23 所示，打开“插入幻灯片缩放定位”对话框，在该页面上插入除该页外所有幻灯片页面的“幻灯片缩放定位”，如图 7-24 所示。

图 7-23 设置“缩放定位”方式

图 7-24 选择要作为“幻灯片缩放定位”插入的幻灯片页面

**温馨提示 ●**

幻灯片缩放定位，是切换时每按一次向右光标键，就将以富有空间感的方式平移到下一页面；摘要缩放定位，是自动建立新的摘要页面，在切换时，按一次向右光标键将先返回查看所有页面，再按一次向右光标键才进入该页。两种效果都不错，根据需求选择即可。

第3步 ● 对插入该页面上的幻灯片页面进行排版，类似于排列图片。在放映模式下，单击插入的缩放定位，即可快速切换至相应页面了。

根据需要，可以使用特定场景的图片作为背景，以增强效果。例如，在企业大事记展示页面中，可以将页面缩放定位插入相框中，并通过旋转、拉伸和压扁等操作进行调整，如图 7-25 所示，单击相片即可切换到相应页面。这样的动画效果具有交互性和高级感。

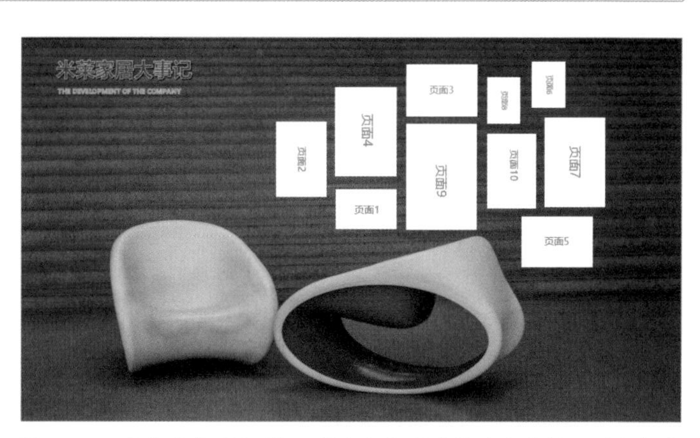


图 7-25 在企业大事记展示页面中将页面缩放定位插入到相框中

## 7.2 演讲挑战：洞察关键技巧塑造成功演示

演讲者不仅是分享者，更是舞台的主人，承载着向观众传递信息、激发共鸣的重要责任。在演讲中演讲者要想赢得鲜花和掌声，不仅需要正确的设备操作，还需要有收放自如的精彩演讲来打动观众的心灵。

即使制作好的PPT不是放映在舞台上配合演讲，其他类型的PPT也大部分是需要演讲的。例如，白领做好的项目方案PPT需要在客户面前展示，部门主管做好的工作总结PPT需要在领导面前陈述，学生做好的毕业答辩PPT需要在导师面前汇报……在这些情况下，如果说PPT是躯体，那么演讲就是灵魂。为了一场完美的演讲，我们需要刻意学习、练习使用技巧，以打动观众。

### 7.2.1 开场白的艺术：路演成功的基础

开场白是一场路演中最重要的一环，它承载着吸引投资人的注意力、引发兴趣的重要任务。正如人们常说的“第一印象很重要”，一个精彩的开场白可以在短短几分钟内打动投资人的心灵，为项目赢得成功的一半机会。

如何在演讲开场时既自然又不尴尬？这是路演者必须考虑的问题。优秀的演讲者常用以下五种开场方式，值得我们学习和借鉴。

#### 1. 从任务和现状谈起

在商务演讲中，直接谈论当前的任务和阶段性进展，不做多余的渲染和铺垫，能给人留下干练、实在的印象，对工作的展开也有好处。接下来可以自然地过渡到问题分析和对策建议。例如，图 7-26 展示的广大大针对全球移动游戏营销大盘趋势的报告PPT，直接从年度全球手游广告主谈起。

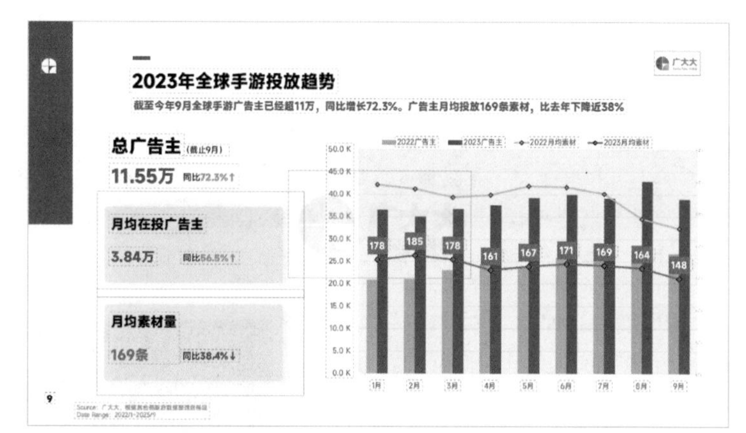


图 7-26　广大大针对全球移动游戏营销大盘趋势的报告PPT

#### 2. 从题外话和引用内容谈起

为了增强演讲的吸引力，让整个演讲更丰富，有时可以先开个玩笑，引用一些看似不相关但实际上与核心论点有关的内容，先营造气氛，然后逐步进入正题。这种开场方式柔和自然，能制造期待，引起观众的兴趣。例如，图 7-27 展示的PPT，从题外话和引用内容谈起。

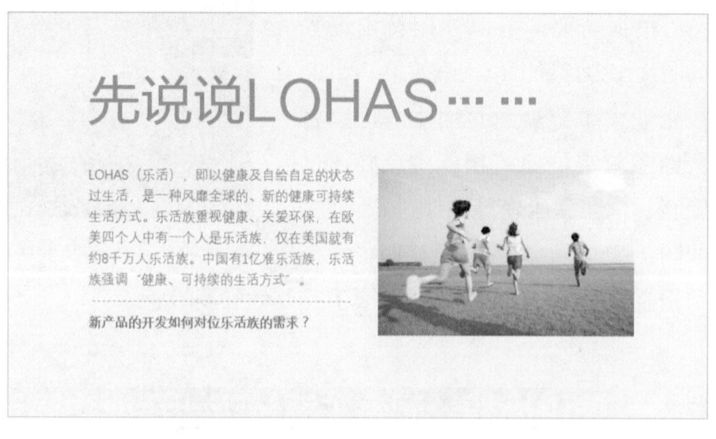


图 7-27　从题外话和引用内容谈起

**温馨提示**

有时候观众可能会表现出冷淡的态度，甚至玩手机。为了避免这种情况，我们可以在开场时礼貌地请求观众关闭计算机，将手机调成静音放在包里。

**3. 从一个问题谈起**

在演讲开始时，提出一个问题，将观众的注意力瞬间带入你所设定的情境中。问题的设置要得当，紧扣主题又有趣味，如图 7-28 所示。

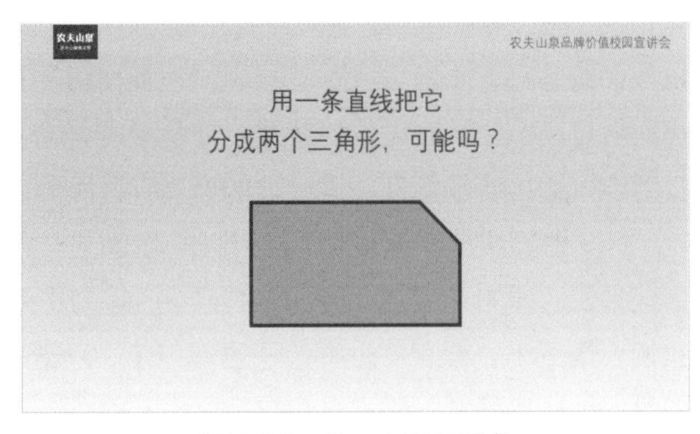


图 7-28　从一个问题谈起

**4. 从一个故事谈起**

优秀的演讲者通常擅长讲故事。在正式内容之前，先讲一个故事也是他们常用的方式。这个故事可以是演讲者自己的经历，也可以是演讲者视角下的他人故事，越真实越能打动人心。例如，图 7-29 展示了卓创广告的《路劲·城市主场营销创意报告》的开场页面，通过讲述篮球运动员科比的故事，将整个方案与科比的主场精神紧密结合，非常有新意。

**5. 从结论谈起**

如果你的演讲核心观点非常独特和惊艳，可以直接在开头提出结论，然后再讲解推导过程。例如，图 7-30 展示了一个电商平台拓展计划的开场，以"来电了"这样的标题开场，先摆出结论——电商平台都将加入进来了，再介绍具体方案。

图 7-29　从一个故事谈起

图 7-30　从结论谈起

## 7.2.2 这些不健康的演讲心态，可能你也有

在演讲中，我们需要注意一些常见的心态问题，并做出相应的调整。

（1）对参会观众人数不满意：当观众人数少于预期时，我们不应该因此而失去信心。相反，我们应该将注意力集中在每一个观众身上，与他们建立更紧密的联系。我们可以鼓励观众提问，与他们进行一对一的交流，以确保演讲的效果。

（2）低估观众水平：有时候我们会讲一些老生常谈的废话，过多地引经据典，或者解释一些实际上很简单的概念，这样的演讲会变得乏味和无聊。我们要意识到观众都是聪明的人，不需要把事情反复讲三遍。因此，在演讲中应该尽量减少废话，让内容更有看头和听头。

（3）模仿大师演讲：有时候我们看过一些大师的演讲后，会不自觉地想要复制他们的技巧，模仿他们的手势、幽默方式等。然而，这种模仿往往显得生硬和呆板，给人的感觉并不好。我们应该勇敢做自己，因为真诚看似普通，却是最能打动人心的。在重要的演讲中，专注于内容本身，用自己的方式去准备和发挥，这样才能更具有说服力。

（4）想要快点结束：当紧张和胆怯心理左右我们时，我们会潜意识地想要快点结束演讲，导致语速过快。原本计划 20 分钟的内容，可能只用了七八分钟就讲完了，这样的效果可想而知，因此，我们要慢下来。观众一边听，一边看PPT，需要一些反应时间。所以我们要放慢语速，甚至在适当的时候做一些停顿，给观众和自己留出时间。

（5）自说自话：当我们双眼盯着屏幕或投影，只念幻灯片的内容而不看观众时，演讲就变成了自说自话。我们应该让眼神也参与交流，让观众感觉你是在与他们对话，即使他们没有说话。观众的喜好和反应都可以从他们的表情上看出来，所以我们要看看他们，猜测一下他们对我们演讲的评价如何。

（6）为大声而大声：为了让观众听到自己的声音，有些人会刻意提高嗓门。然而，由于掌握不好度，往往会变成歇斯底里的吼叫。我们只需要用正常和自然的音量就好，哪怕稍微小一点。有些人天生音量不大，刻意提高音量很容易变成吼叫，这样即使内容再好也会给人虚无缥缈的感觉，效果也不好。

**温馨提示●**

心理学研究指出，在信息传达中，语言只占 7%，声音占 38%，而肢体动作占据了 55%。这意味着我们获取信息时大部分是通过视觉印象和肢体语言。在演讲中，手势是最重要的肢体语言之一。一些“大师级”演讲者常常通过简单的手势表达出坚定的信心或深沉的悲痛等情感，从而深深感染了观众。例如，当谈论到某个观点时，如果不认同该观点，认为它是无稽之谈，可以将双手向外伸展，表达出无奈的情绪。这种手势既不冒犯观众，也不会引起反感；如果要表达坚定的观点，可以将食指指向上方，给人一种坚决、有力的感觉。但要注意不要指向观众，以免显得挑衅或不够礼貌。当没有特定内容需要手势配合时，不要将手背在身后，显得古板；也不要让手自然下垂，显得不够自信。可以让双手的十指轻松相触，放在胃部的位置。这个手势显得自信和轻松。

### 7.2.3 注意这六个小细节，让演讲更成功

演讲者的时间管理非常重要，需要确保每一段演讲内容都在既定的时间内平稳进行。然而，有时演讲者可能会因为兴致高涨或突发情况而导致演讲超时。

为了避免演讲超时，演讲者可以事先进行充分的排练，并掌握好每个部分的时间。在演讲开始前，可以请助手在时间还剩 15 分钟时做出手势提醒，以便调整后续内容。如果没有助手，也不必慌张，可以根据观众的关注点进行内容取舍，讲解重点内容，放弃次要内容，以保持演讲的精彩和流畅。

在演讲过程中，演讲者还可以注意以下几点来控制时间。

（1）提前排练：无论演讲的时间长短，最好都能进行至少一次的排练。通过实际的演讲排练和刻意练习，可以帮助将幻灯片内容与演讲内容对应起来，避免啰唆、支吾、超时等问题。

（2）自我介绍：在正式内容开始前，可以进行简单的自我介绍或团队、公司介绍等，这样显得更为礼貌、大方。可以将PPT的第一页设计成演讲者姓名或公司标志，而非具体要讲的内容主题。

（3）开启演示者视图：许多演示软件都提供了演示者视图模式，可以在投影播放出来的幻灯片中显示备注内容、当前演示页面和下一个页面，帮助演讲者更好地掌控演讲节奏，如图 7-31 所示。

图 7-31　开启演示者视图

**温馨提示●**

计算机通过HDMI接口连接大屏或投影设备时，一般进入放映模式后，计算机会自动进入演示者视图。如未开启，可单击“幻灯片放映”选项卡中的“设置幻灯片放映”按钮，在弹出的“设置放映方式”对话框中选中“使用演示者视图”复选框开启该视图。

（4）与观众交流：在演讲过程中要注意观众的情绪反馈，如果观众出现漫不经心的行为，我们可以礼貌地提醒他们，或者更加重视认真听讲的观众，与他们进行眼神交流。我们也可以迅速跳过当前的环节，进入后面更精彩的提问或抽奖环节，抓住他们的兴趣点，并进行互动，使大家保持继续听下去的兴趣。

（5）避免不确定的内容：在演讲内容中应避开尚未求证或易引起争议的内容。可以适当放慢语速、妥善措辞，引导观众在自己设定的时间和范围内讨论，以掌握主动权。同时，应尽量避免不断纠正自己的小错误，以免给观众留下不自信或水平不够的印象。

**温馨提示●**

如果观众在演讲时质疑，我们应该礼貌地回应他们的问题，并尝试说服他们。如果遇到观众提出超出我们知识范围的问题，也不要慌，演讲者并不是无所不知的，这只是正常情况，此时，我们可以坦率地表示不知道，并承诺会回去研究并与他们联系，以提供满意的答复。另外，我们也可以向现场的观众求助，寻求他们的帮助来解答问题，同时也给观众一个展示自己专业知识的机会。

（6）适当回顾梳理：结束演讲前，最好进行一次总结回顾，帮助观众对讲到的内容进行整理，提升演讲效果，如图 7-32 所示。对于内容非常多的PPT，还可以设置小结，在每讲完一个部分后进行简单的总结。

图 7-32　结束演讲前回顾梳理所讲内容

## 高手秘技

本章我们介绍了完成完美演讲的关键要素，帮助你确保演讲无懈可击。从演讲前的充分准备，解决格式问题、兼容问题……应对不同突发情况；演讲中掌握软件操作随心放映，保证过程流畅；结合演讲技巧，从容面对紧急状况，调整心态，用开场白、手势调动观众情绪，赢得掌声不断、赞许不停。无论是在商务演讲、学术演讲还是其他场合，掌握这些要素将使你的演讲更加出色。接下来，和你分享一些技巧，帮助你解决兼容问题和将PPT制作成H5。

### 高手秘技 14：解决兼容性问题的方法

微软公司在不同的时期推出了多个版本的Office软件，包括PowerPoint 2003、PowerPoint 2007、PowerPoint 2009、PowerPoint 2013、PowerPoint 2016、PowerPoint 2019、PowerPoint 2021 等。不同版本的软件可能存在兼容性问题，例如，使用PowerPoint 2019 制作的PPT可能无法在安装了PowerPoint 2003 的计算机上打开或编辑。

为了避免兼容性问题，我们可以在完成PPT制作后进行兼容性检查。只需要在“文件”菜单中选择“信息”命令，然后在右侧单击“检查问题”按钮，在弹出的下拉列表中选择“检查兼容性”选项即可，如图 7-33 所示。

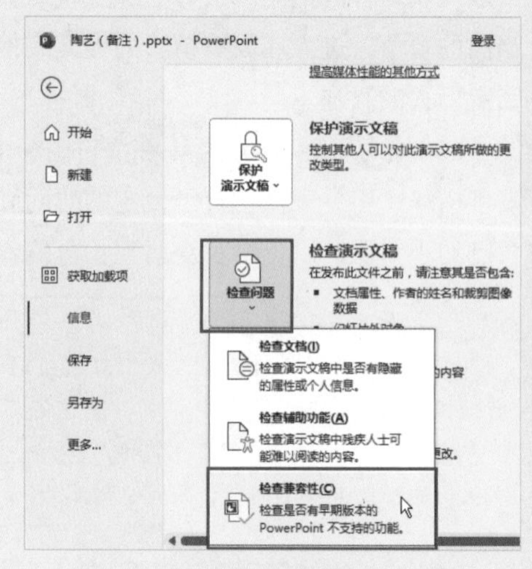


图 7-33　选择“检查兼容性”选项

进行兼容性检查后，会弹出检查结果，如图 7-34 所示。检查结果将详细说明可能存在兼容问题的项目，只需按照说明解决这些问题即可。如果遇到无法解决的问题，可以单击“帮助”超链接查看相关说明。

需要注意的是，不同版本的Office软件存在向下兼容的特点，即高版本可以打开低版本的软件，而低版本的软件无法打开高版本的软件。如果你使用高版本的软件制作了PPT，但要在安装了较低版本Office软件的计算机上播放，可以将PPT文件另存为较低版本的格式。如图 7-35 所示，在“另存为”对话框中，选择“PowerPoint 97-2003 演示文稿(*.ppt)”格式，即可将文件保存为PowerPoint 2003 版本的PPT文件。

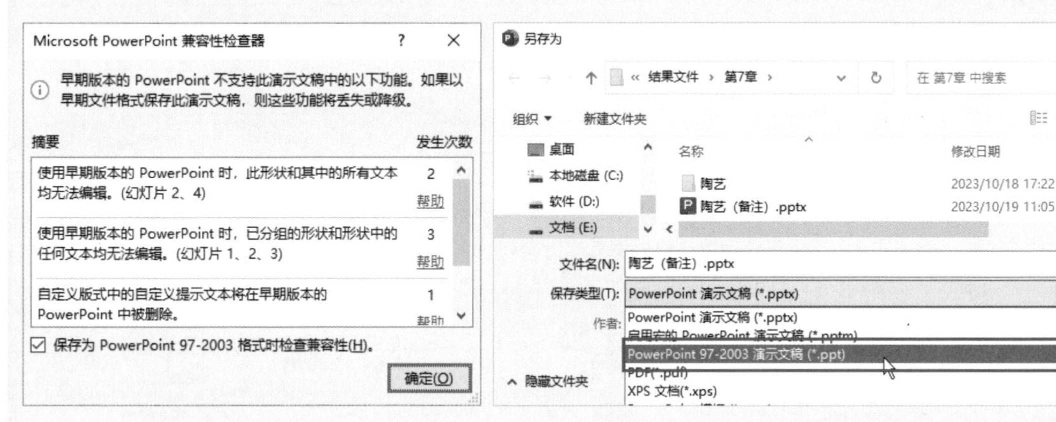


图 7-34 检查结果

图 7-35 选择另存为“PowerPoint 97-2003 演示文稿(*.ppt)”格式

## 高手秘技 15：使用 PP 匠将 PPT 制作成 H5

H5 网页是一种适应新媒体时代信息展示需求的工具，它被广泛应用于邀请函、招聘书、电子杂志、网络课件、调查问卷等领域。通过H5 网页，我们可以方便地在计算机、手机等设备上分享和查看这些内容。制作H5 网页的工具有很多选择，比如凡科微传单、MAKA 等。此外，我们还可以使用PowerPoint来设计H5 网页，它具有排版设计自由度高、页面动画设置方便、本地编辑流畅等优势。设计完成后再通过PP匠这样的在线工具来完成PPT到H5 网页的转换。

下面以制作一份活动邀请函为例，介绍一下使用PPT制作H5 网页的操作技巧。

**第1步** 新建一个PPT文档，在“设计”选项卡中单击“幻灯片大小”按钮，然后在弹出的下拉菜单中选择“自定义幻灯片大小”命令，在打开的“幻灯片大小”对话框中，将幻灯片大小设定为16:10 比例(以常规手机屏幕比例为例)，并选择纵向排列，如图 7-36 所示。

**第2步** 在PPT中编辑好H5 页面的内容，包括活动邀请函的封面、背景信息、活动流程、参会信息等。每个幻灯片页面即对应一个H5 页面，我们可以根据实际需要添加页面，如图 7-37 所示。完成页面设计排版和动画设置后，保存并关闭PPT。

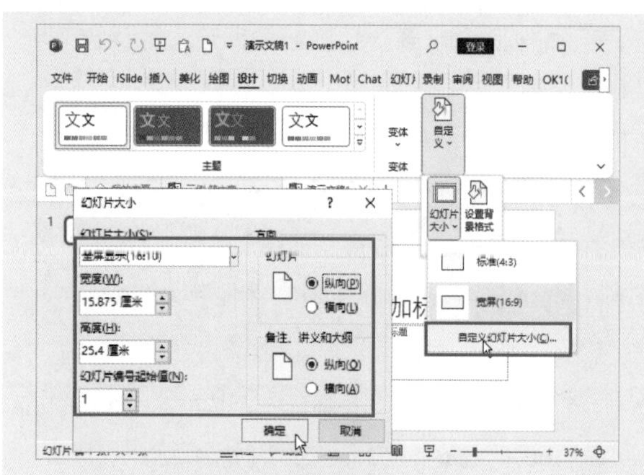

图 7-36 设置幻灯片大小

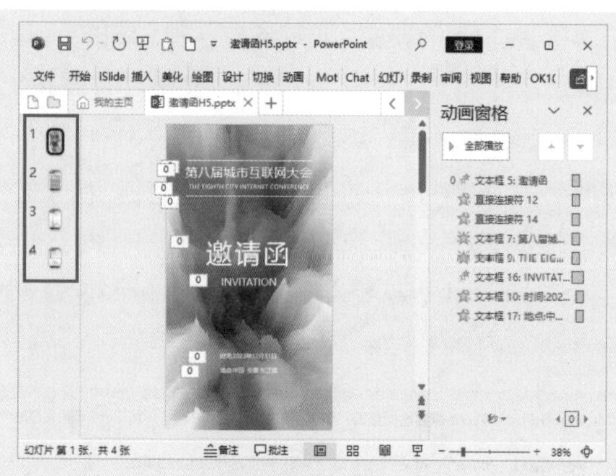


图 7-37 编辑H5页面内容

**第3步** 打开PP匠的PPT在线转换H5网站，并进行注册和登录。然后，单击“开始上传”按钮，将制作好的邀请函PPT上传到网站中，如图7-38所示。

图 7-38 将制作好的邀请函PPT上传到网站中

**第4步** 等待数分钟，PPT就会成功转换为H5网页。在转换过程中，PPT中的字体、页面排版设计、动画等都将被完整保留。如果需要进一步编辑H5网页，可以在设置界面进行设置信息、添加音乐等操作，如图7-39所示。

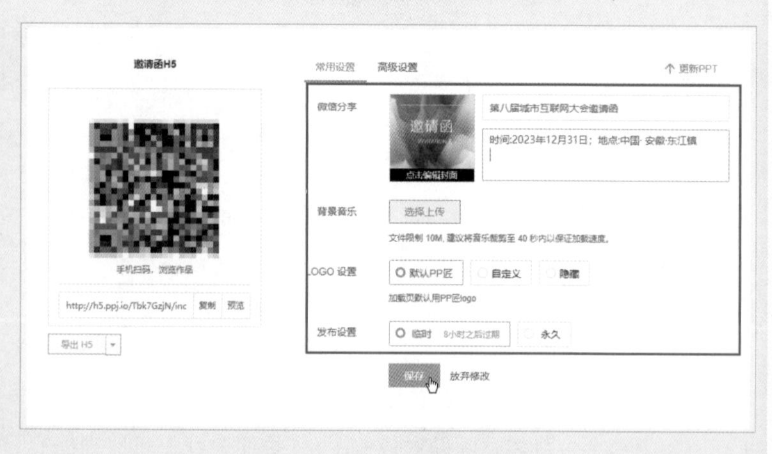


图 7-39 进一步编辑H5网页

除了常规的信息展示类H5网页，我们还可以利用PP匠转换工具制作具有一定交互性的答题H5网页。这类网页制作的关键在于在PPT中插入“变量”，在转换过程中，PP匠会自动应用这些“变量”设置。具体方法是在PPT页面中插入文本框并输入设计的问题，然后插入文本框输入答案选项，答案必须以A、B、C、D等字母开头，并在字母后紧跟一个句点；在正确选项的两端分别加上“<”“>”（要将输入法切换至英文输入）；在答题总结页，插入变量来显示，如<score>得分、<total>满分、<count>题目总数、<correct>答对题目数、<incorrect> 答错题目数等变量，如图 7-40 所示。

图 7-40　交互性的答题 H5 网页

需要注意的是，PP 匠作为一款好用的 PPT 转 H5 网页工具，一些高级功能（如自定义载入页 Logo、永久发布权限等）需要开通会员才能使用。大家可以根据自身需求合理使用该工具。

第 8 章

# 学以致用：AI 工具高效制作 PPT 案例实战

在前面的章节中，我们已经介绍了许多关于PPT制作的理论知识和技巧，包括设计原则、色彩搭配、字体选择等。但是理论知识的学习和实践相结合才能更好地应用到实际场景中。因此，在本章中，我们将通过两个常见的PPT使用场景案例，详细介绍制作PPT的步骤，并且展示如何利用AI工具来提高工作效率。

## 8.1 制作工作总结 PPT

在工作中，我们常常需要对自己的工作进行总结，特别是在年底时，各单位、企业都会齐聚一堂，共同总结即将过去的一年的工作。在进行总结时，将有关内容精心制作成PPT，图文并茂地呈现，一定会为你的演讲增色不少。在具体制作时，为了提高工作效率，我们可以尽可能地使用AI工具来辅助完成PPT的制作。

本例将模拟销售部门制作一个年终工作总结PPT，由于涉及很多隐私内容，所以想通过AI工具来自动生成是不可能的。这里先在ChatGPT等工具中列出总结PPT的提纲，然后使用MINDSHOW生成PPT，最后对PPT内容进行修改和完善，完成后的部分页面效果如图 8-1 所示。

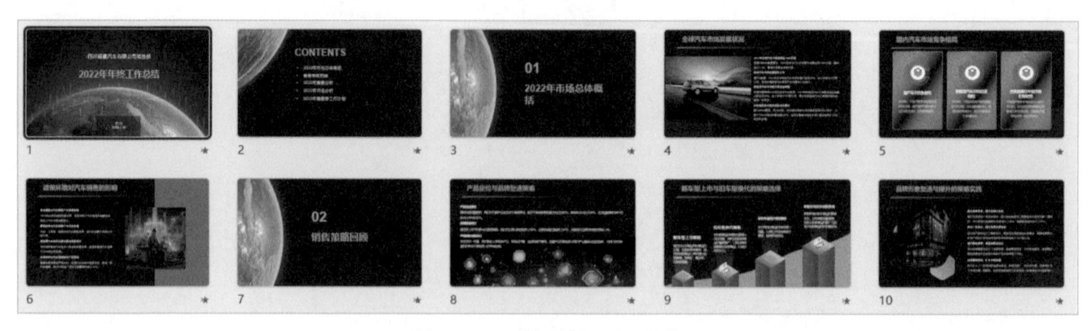


图 8-1　工作总结 PPT 效果

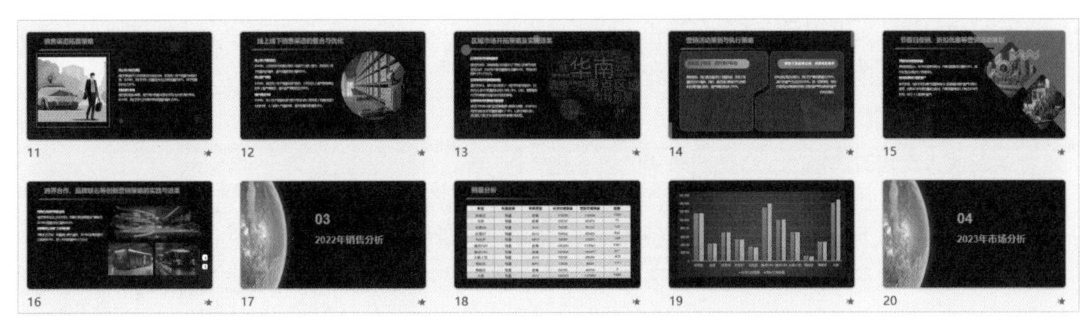

图 8-1　工作总结 PPT 效果（续）

## 8.1.1 利用 ChatGPT 组织框架提高效率

在动手制作PPT前，我们需要构思和组织总结的内容。

个人工作总结的主要目的是讲清楚工作及工作过程中的思考，其内容构思相对都比较简单，一般采用三段式结构。第一段做概括性的交代，第二段叙述过程，第三段是谈体会、经验。或者第一段对工作进行回顾，第二段谈工作成绩，第三段分析存在的不足。

对于代表公司或部门做工作总结的情况，我们可以从更宏观的层面梳理工作涉及的不同层面，如按照工作先后发生、发展顺序逐项进行思考、总结。

当对PPT的构思框架有了一定认识后，就可以使用ChatGPT等工具来帮助我们进一步整理和组织PPT的内容架构。通过输入关键信息，就可以生成清晰的大纲和结构了。本节案例中我们可以通过ChatGPT获取很多信息，其中比较重要，也是能直接帮助我们更好地组织和呈现PPT内容的关键步骤如下。

提问：请帮我编写一个用于工作汇报的车辆销售年终总结PPT的提纲，主要讨论 4 个主题，分别是 2022 年总体概括、2022 年车辆销售情况分析、2023 年市场分析、2023 年销售部工作计划。

ChatGPT:

车辆销售年终总结PPT提纲：

2022 年总体概括　a. 公司整体业绩回顾　b. 销售部门在公司业绩中的贡献　c. 2022 年的主要挑战和机遇

2022 年车辆销售情况分析　a. 销售量和销售额的年度趋势分析　b. 各个车型的销售情况分析　c. 销售渠道的表现和效果评估　d. 销售成本和利润分析

2023 年市场分析　a. 宏观经济环境对车辆销售的影响　b. 消费者需求和购买趋势分析　c. 竞争对手分析和市场份额预测　d. 新兴市场和发展趋势的展望

2023 年销售部工作计划　a. 销售目标设定和细分市场策略　b. 销售团队建设和培训计划　c. 销售活动和促销计划　d. 销售预算和资源分配

注意事项：

确保提供足够的数据和图表支持分析和结论
使用清晰简洁的语言，避免过多的行业术语
强调重要的亮点和成就
提供解决方案和改进措施，以应对未来的挑战和机遇

ChatGPT帮我们大致划分了工作总结PPT的结构，有些内容并不能完全符合制作需求，可以进一步提出需求并要求修改，但是涉及很多细节问题，而且ChatGPT也不一定能完全将答复改成需要的样子。为了节约时间，可以先让ChatGPT根据已有的提纲进一步完善成每个幻灯片内容，然后进行内容的修改，向ChatGPT的提问如下。

提问：请根据这个目录模拟一些数据帮我完善各个幻灯片中的详细内容，注意用Markdown格式呈现。

ChatGPT:

以下是将目录转换为Markdown格式的示例。

## 目录

- [幻灯片1: 公司简介](#幻灯片1-公司简介)
- [幻灯片2: 2022年销售分析](#幻灯片2-2022年销售分析)
- [幻灯片3: 2023年市场分析](#幻灯片3-2023年市场分析)
- [幻灯片4: 2023年销售部工作计划](#幻灯片4-2023年销售部工作计划)

---

## 幻灯片1: 公司简介

- 公司名称: XYZ汽车公司
- 成立日期: 20××年
- 公司规模: 员工×人
- 主要产品: 汽车及相关配件
- 公司使命: 提供高品质、可靠和创新的汽车产品和服务

---

## 幻灯片2: 2022年销售分析

- 销售量和销售额分析:
  - 渠道1: 2022年销售量×辆，销售额×万元，占总销售量和销售额的×%。
  - 渠道2: 2022年销售量×辆，销售额×万元，占总销售量和销售额的×%。
  - 渠道3: 2022年销售量×辆，销售额×万元，占总销售量和销售额的×%。
- 销售成本和利润分析:
  - 2022年销售成本: 销售成本为×万元，占销售额的×%。
  - 2022年销售利润: 销售利润为×万元，占销售额的×%。

---

## 幻灯片3: 2023年市场分析

```
- 宏观经济环境对车辆销售的影响：
  - 经济增长预测：2023 年国内经济增长预计为 ×%，对车辆销售市场有积极影响。
  - 政策环境：政府对新能源汽车的支持政策将进一步推动市场需求。
- 消费者需求和购买趋势分析：
  - 消费者偏好：消费者对安全性、燃油经济性和智能科技的需求持续增长。
  - 购买趋势：预计 SUV 和电动车型将继续成为主要购买趋势。
- 竞争对手分析和市场份额预测：
  - 竞争对手 1：对手公司的市场份额为 ×%，预计将继续保持竞争力。
  - 竞争对手 2：对手公司的市场份额为 ×%，预计将面临竞争压力。
  - 公司市场份额预测：预计公司市场份额将达到 ×%。
- 新兴市场和发展趋势的展望：
  - 新兴市场：× 地区的市场潜力巨大，预计在 2023 年将成为公司的重点开拓区域。
  - 发展趋势：智能驾驶技术、共享出行和车联网将成为未来发展的重要趋势。
---
## 幻灯片 4：2023 年销售部工作计划
- 销售目标设定和细分市场策略：
  - 销售目标：2023 年销售额目标为 × 万元，销售量目标为 × 辆。
  - 细分市场策略：针对不同细分市场，制定定制化的营销策略和推广活动。
- 销售团队建设和培训计划：
  - 团队建设：加强销售团队的沟通协作和合作精神。
  - 培训计划：提供销售技巧培训、产品知识培训和市场趋势培训。
- 销售活动和促销计划：
  - 活动 1：举办新车发布会和试驾活动，吸引潜在客户。
  - 活动 2：推出促销活动，如优惠折扣、礼品赠送等，提升销售量。
- 销售预算和资源分配：
  - 销售预算：制定 2023 年销售预算，确保资源合理分配和利用。
  - 资源分配：合理配置销售人员、广告宣传、市场推广等资源。
```

### 8.1.2 使用 MINDSHOW 生成独特的 PPT 设计

有了PPT大纲后，就可以通过MINDSHOW来生成PPT了，前面我们已经介绍了MINDSHOW，它可以帮助我们快速创建幻灯片和布局。通过简单的拖曳和编辑，就可以轻松地创建出专业而富有创意的PPT。这里直接来看看操作步骤。

**第1步** 打开浏览器，进入MINDSHOW的首页界面，登录账户后，在左侧单击“导入”选项卡，在右侧的文本框中粘贴刚刚通过ChatGPT生成的Markdown格式的PPT提纲，单击“导入创建”按钮，如图 8-2 所示。

图 8-2　复制Markdown格式的PPT提纲到MINDSHOW中

**第2步** 稍等片刻后，在新打开的页面的左侧可以编辑各幻灯片中的具体内容。然后在右侧单击“模板”选项卡，并选择需要加载的模板效果，在右侧上方就可以通过操作浏览到各幻灯片的效果了，如图8-3所示。

图 8-3　编辑生成的幻灯片内容

**温馨提示**

在这一步中只需要修改那些明显错误的内容即可，不是很确定的内容可以等到生成PPT后，直接在幻灯片中进行修改。

**第3步** 在预览幻灯片效果时，如果发现有不需要的幻灯片，可以单击预览界面右上角的“隐藏此页”按钮，如图 8-4 所示，这样在生成PPT时就不会导出该页效果了。

图 8-4 隐藏不需要导出的幻灯片页面

**第4步** 使用相同的方法大致检查和编辑整个PPT中各幻灯片中的内容，完成后单击页面右上角的“下载”按钮，在弹出的下拉列表中选择“PPTX格式”选项，如图 8-5 所示，然后在打开的对话框中设置下载地址，并下载该PPT即可。

图 8-5 下载 PPT

### 8.1.3 修改和完善 PPT 内容

通过前面的AI工具帮忙，我们已经获取了该PPT的大致框架和效果，但是涉及具体的内容还需要再进行编辑和加工，例如编辑文字内容，插入合适的图片进行页面美化，以及添加实际工作中的数据展示和图表效果等。在这个环节中还是可以利用本书中前面介绍的工具和技巧来提高工作效率。

本例在这个环节中主要使用到了前面介绍过的插件，具体操作步骤如下。

**第1步** 在PowerPoint中打开刚刚导出的PPT文件，逐页查看各幻灯片中的内容，并根据实际需要修改其中的文字内容和排版需要，完成后的效果如图 8–6 所示。

图 8–6 修改PPT中的文字和版式

**第2步** 在页面内容比较少的幻灯片中可以通过插入图片来进行丰富。选择“iSlide”选项卡，在“资源”下拉列表中单击“图片库”按钮，如图 8–7 所示。

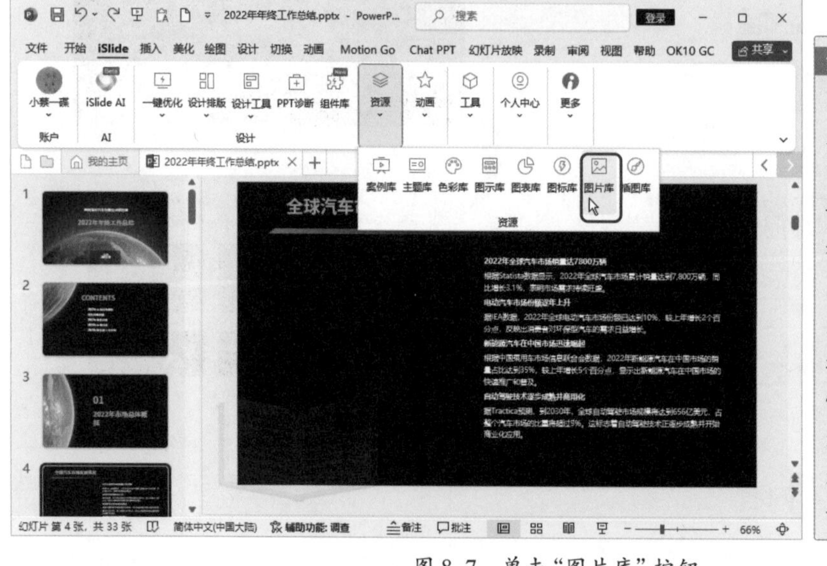


图 8–7 单击“图片库”按钮

**温馨提示**

为了让工作总结PPT更具吸引力和说服力，可以突出重点和难点，详细说明其重要性和解决复杂程度；或者提出自己的观点和建设性意见，避免成为没有灵魂的“工作机器”；还可以适当煽情，用带感情的话语或图片感染观众；最后，体现高度，将工作看法提炼为一句有内涵的话作为结束语。

**第3步** 在显示出的“图片库”对话框中通过输入关键字“汽车”，搜索并选择需要的图片，将其插入幻灯片中，再进行适当处理即可，如图 8-8 所示。

图 8-8　搜索并插入需要的图片

**第4步** 为了让工作总结PPT更具吸引力和说服力，可以使用具体数据信息，例如，本案例可以在年度销量分析幻灯片中插入销量表格数据，并通过套用表格样式对表格进行快速美化，如图 8-9 所示。

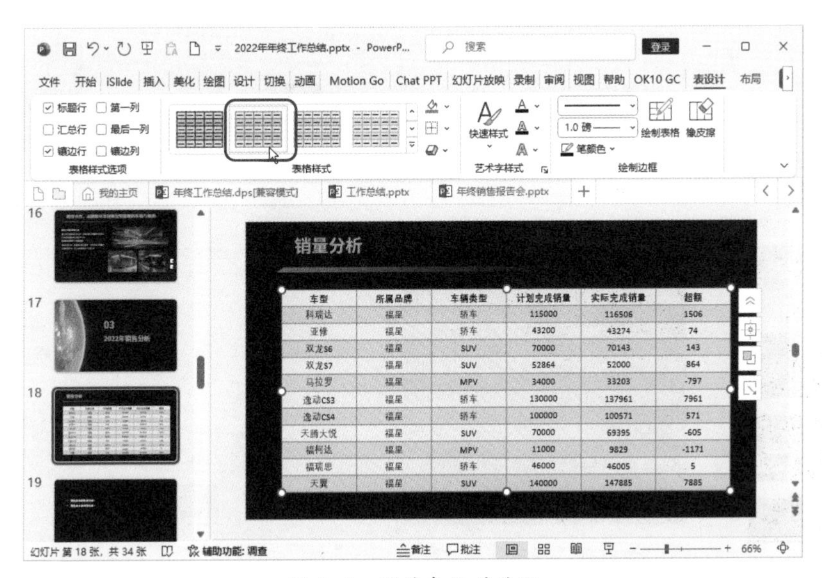


图 8-9　制作表格并美化

**第5步** 为了让数据显示更加直观，可以根据表格数据插入图表，如柱状图、条形图等，让数据说话。这里插入柱状图并通过更改颜色和套用图表样式来使其效果与页面相符，完成后的效果如图 8-10 所示。

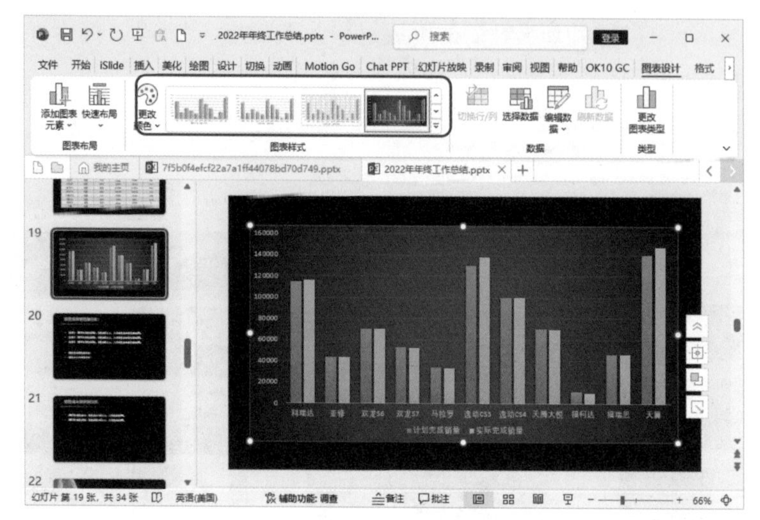


图 8-10　插入图表并美化

## 8.1.4 检查 PPT 的整体效果

完成PPT的内容制作后，还需要进行一遍检查，文字内容方面的检查需要人工进行核对。PPT中的字体、占位符、色彩、版式等效果，可以通过iSlide提供的“PPT诊断”功能进行检查和修改，具体操作步骤如下。

**第1步** 单击“iSlide”选项卡下“设计”组中的“PPT诊断”按钮，在打开的对话框中单击“一键诊断”按钮，如图 8-11 所示。

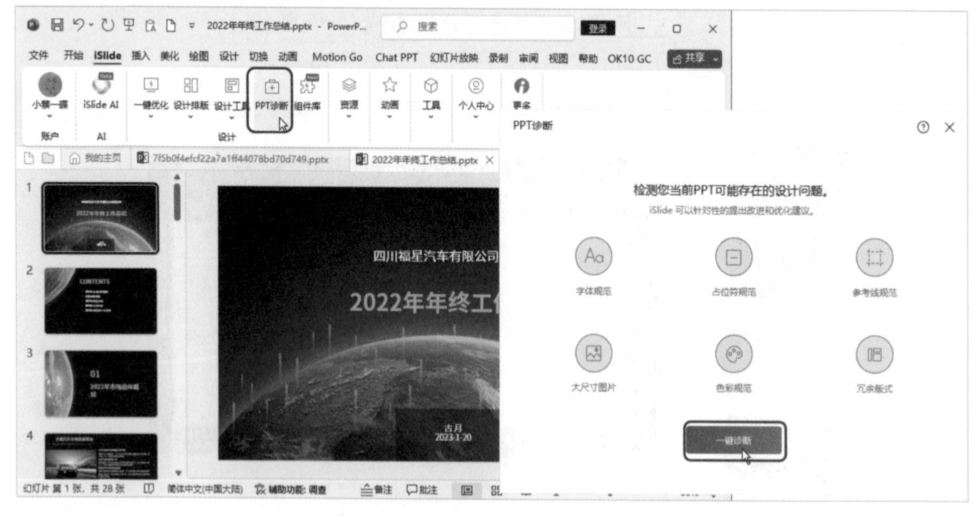


图 8-11　单击“iSlide”选项卡中的“PPT诊断”按钮

**第2步** 等待系统诊断后，会给出诊断结果，单击需要进行优化项目下的“优化”按钮，即可针对该项目进行优化。这里单击字体诊断结果下的“优化”按钮，如图 8-12 所示。在打开的对话框中设置需要统一的中文字体和英文字体，单击“应用”按钮，如图 8-13 所示，即可将PPT中的中文和英文字体统一为设置的字体。

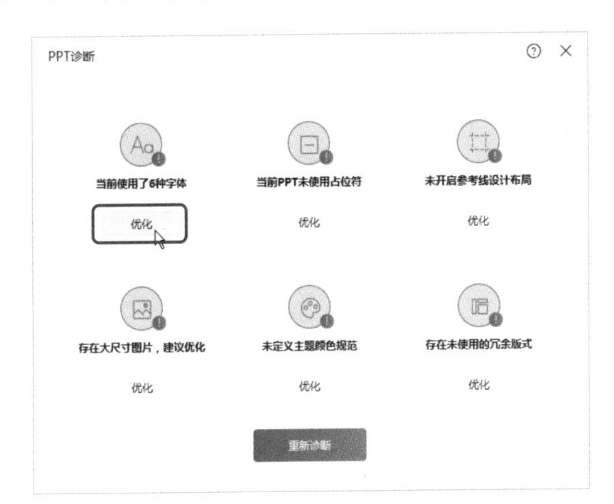


图 8-12 优化字体

图 8-13 设置字体统一方式

**第3步** 使用相同的方法对诊断出该PPT中其他需要优化的项目进行优化，使PPT效果快速得到完善。

## 8.1.5 为 PPT 添加动画，增添生动和互动性

完成PPT的制作后，还可以快速为幻灯片添加切换动画和其他动画效果。通过ChatPPT插件来添加全文动画是一个不错的选择，具体操作步骤如下。

**第1步** 选择第 1 张幻灯片，单击 “Motion Go” 选项卡 “在线 Motion” 组中的 “全文动画” 按钮。在显示出的任务窗格中选择需要使用的动画样式，并单击对应的 “下载动画” 按钮，如图 8-14 所示，即可添加所选动画。

图 8-14 选择要添加的全文动画

**第2步** 为幻灯片添加统一的页面切换动画，不仅高效还可以提升PPT的播放效果。这里在“切换”选项卡的“切换到此幻灯片”组中选择“淡入/淡出”动画，然后在“计时”组中单击“应用到全部”按钮，如图8-15所示，即可快速为所有幻灯片添加“淡入/淡出”切换动画。至此，本案例就完成了全部制作，如果时间充裕，还可以进行其他细节调整和完善。

图 8-15 快速为所有幻灯片设置相同的页面切换动画

## 8.2 制作教学课件 PPT

在当今这个信息爆炸的时代，教育方式也在不断地发展和创新。传统的教学方式已经逐渐被多媒体教学所取代，而制作教学课件PPT正是其中一种方式。教学课件PPT作为一种集文字、图片、音频、视频等多种元素于一体的电子教材，能够有效地提高教学质量，激发学生的学习兴趣，帮助教师更好地传授知识。无论是在小学、中学还是大学，甚至在职业培训和企业内部培训中，教学课件PPT都有着广泛的应用场景。本例将制作一个高中语文课文《兰亭集序》的教学课件PPT，由于很多内容在网上都可以找到参考，所以可以直接让AI工具生成更为合适的PPT内容，再在这些内容上进行修改，加入自己的内容，快速完成课件的制作。这里直接在PowerPoint中通过iSlide插件来生成PPT，然后进行修改，完成后的效果如图 8-16 所示。

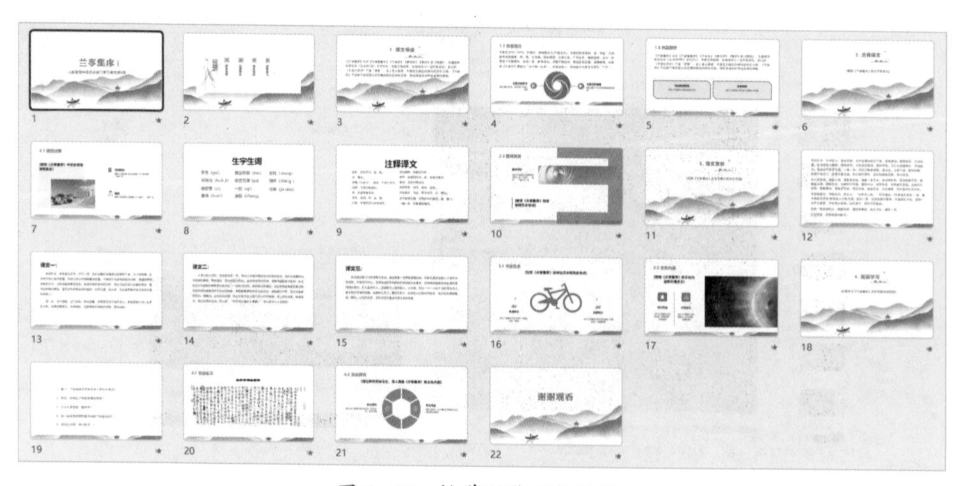


图 8-16 教学课件PPT效果

## 8.2.1 使用 iSlide AI 生成课件内容

教学课件因为有明确的内容需求，所以可以直接通过AI工具先生成对应的PPT，然后再来修改内容细节。这里可以使用讯飞星火来生成PPT，也可以直接使用iSlide等插件生成。使用讯飞星火生成PPT的方法在前面已经介绍过了，本案例就用iSlide来生成，具体操作步骤如下。

**第1步** 单击“iSlide”选项卡中的“iSlide AI”按钮，在弹出的窗口中选择“生成PPT”选项，并输入关键信息和教学要点，如图 8-17 所示。

图 8-17 向 iSlide AI 提问生成课件内容

**第2步** 等待片刻后，可以看到系统返回的答复，拖动鼠标查看，并单击最下方的“随机生成PPT”按钮，如图 8-18 所示。

**温馨提示**

这里因为对PPT内容的要求并不高，只要大纲的组织和呈现课件方式符合需求，后续再修改成自己的内容即可。如果使用iSlide AI想要生成更完美的PPT，可以在系统给出的回复下方单击“编辑”按钮，修改大纲中还需要完善的部分内容。如果需要修改的地方比较多，可以单击“重写”按钮，让系统重新编写PPT大纲。

**第3步** 稍后就可以看到系统根据PPT大纲生成的PPT效果，在回复中还可以选择其他主题皮肤来更改PPT的效果，如果不满意可以单击“换一组”按钮查看其他主题皮肤，如图 8-19 所示。

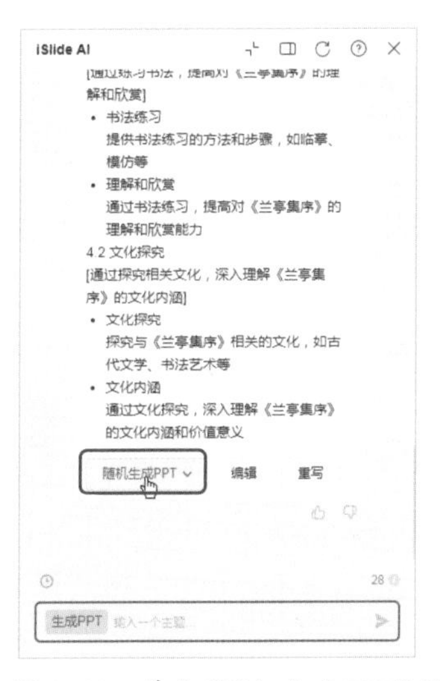


图 8-18 单击“随机生成PPT”按钮

图 8-19 切换PPT的主题皮肤

**温馨提示●**

使用AI工具生成教学课件PPT可以提高教师的效率，个性化定制课件内容，丰富教学资源，自动排版和美化课件，提供智能建议。这些优点使得教师能够专注于教学内容的呈现，提升教学质量和学生学习体验。

## 8.2.2 使用 AI 工具美化 PPT

由于在iSlide中没有找到合适的主题，接下来我们使用美化大师来美化PPT，再对内容、字体和排版方式等进行编辑加工，以便提升教学课件的视觉效果和吸引力，使课件更具美感和专业性。

**第1步** 单击“美化”选项卡下“美化”组中的“魔法换装”按钮，如图 8-20 所示。然后对应用新主题后的PPT效果进行查看，直到找到合适的主题效果。

图 8-20 使用美化大师为PPT换装

**第2步** 逐页查看各幻灯片内容并进行修改调整，发现更换主题后，采用了多种字体。单击“美化”选项卡中的“替换字体”按钮，然后在打开的对话框中设置将整个PPT中的中文字体全部替换为一种字体格式，单击“确定”按钮，如图 8-21 所示。

**第3步** 经过检查又发现，在节标题的版式页面中，有的缺少标题占位符的位置。所以切换到幻灯片母版视图下，选择“节标题”版式，拖动鼠标调整标题占位符的位置，单击“关闭母版视图”按钮退出幻灯片母版视图状态，如图 8-22 所示。

图 8-21 修改幻灯片内容并替换字体

图 8-22 在幻灯片母版版式中统一调整占位符格式

**第4步** 继续处理各幻灯片内容的效果，遇到需要调整的多个文本框结构，可以在选择这些文本框后，单击“iSlide”选项卡下“设计”组中的“设计排版”按钮，在弹出的下拉列表中选择需要的排版样式，如选择“矩阵布局”选项，如图 8-23 所示。

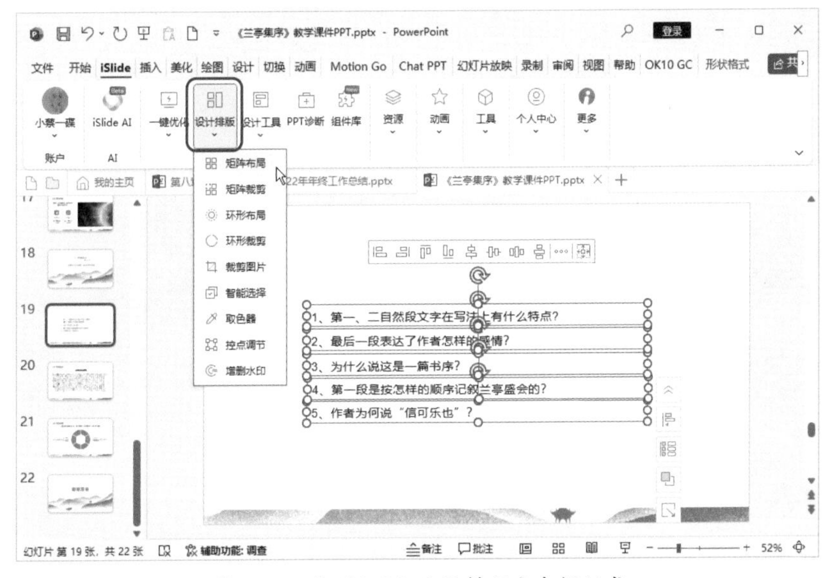


图 8-23 使用 iSlide 个性排版文本框版式

**温馨提示**

课件 PPT 的美化对于教师来说是一项挑战，因为他们需要在课程内容准备上投入大量精力，而没有太多时间来制作 PPT。实际上，课件 PPT 的美化很简单，只需要在制作时简化内容，统一对齐方式和行距，避免使用过时的效果和素材，选择合适的背景图片，统一配色和字体，统一版式。这些方法就可以帮助教师在有限时间内改善课件 PPT 的美感。

第5步 打开“矩阵布局”对话框，在其中设置矩阵的排列方向、纵向间距等参数，单击“应用”按钮，如图 8-24 所示。

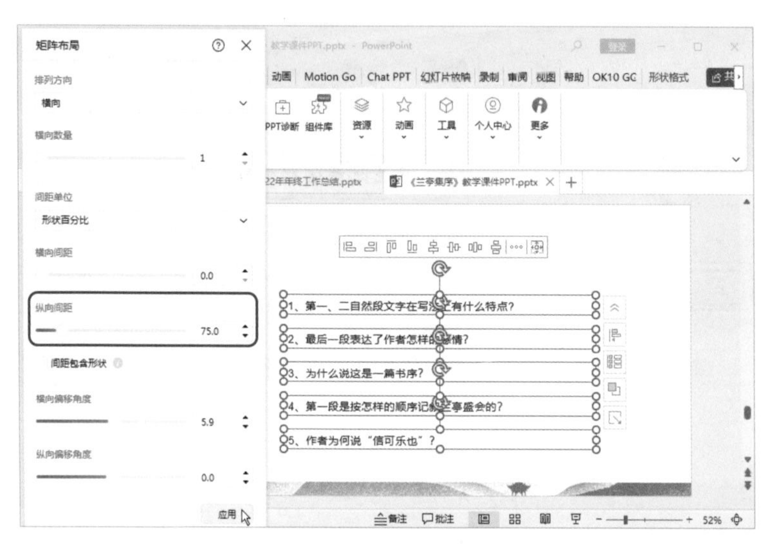

图 8-24 设置文本框排版的具体参数

### 8.2.3 添加动画效果和媒体素材

通过添加动画效果和媒体素材，可以增加教学课件的互动性和多样性。适度使用动画效果和媒体素材，可以更好地吸引学生的注意力和参与度，帮助学生更好地理解和记忆课件内容。下面通过AI工具快速添加合适的动画效果和媒体素材，具体操作步骤如下。

第1步 在“切换”选项卡的“切换到此幻灯片”组中选择“平滑”动画，然后在“计时”组中单击“应用到全部”按钮，如图 8-25 所示，快速为所有幻灯片添加“平滑”切换动画。

图 8-25 为所有幻灯片设置相同的页面切换动画

**第2步** 选择第 1 张幻灯片，单击“Motion Go”选项卡下“Motion实验室”组中的“AI演示配音”按钮，如图 8-26 所示，即可为幻灯片添加AI演示配音。

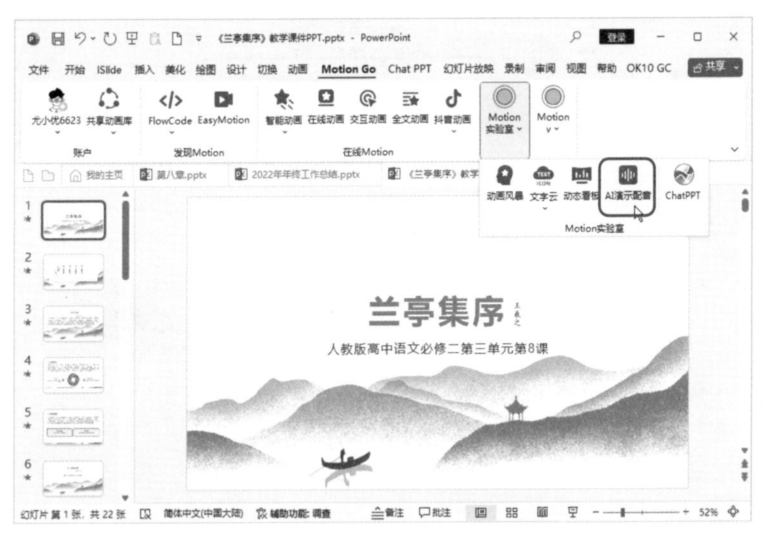


图 8-26　为幻灯片添加AI演示配音

**温馨提示●**

Motion Go的“AI演示配音”功能对于非会员用户有时间限制，如果想获取的配音时间比较长，可以申请成为会员，也可以使用讯飞星火AI来生成配音再插入PPT中。

**第3步** 在打开的窗口左侧文本框中输入需要配音的文字内容，在右侧列表中选择需要的配音主播和音量、语调、语速等参数，单击“插入语音”按钮，如图 8-27 所示。

图 8-27　设置需要配音的内容和配音主播等参数

**第4步** 在幻灯片页面左上角显示了一个很小的音频图标，选择该图标，然后在“播放”选项卡中设置音频播放方式为“自动”，能跨幻灯片播放，以及放映时隐藏图标，如图 8-28 所示。

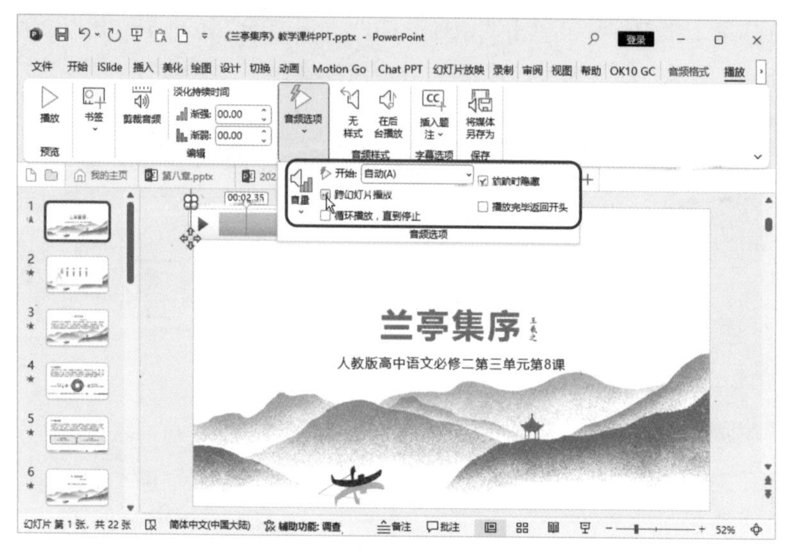


图 8-28　设置音频的播放方式

## 8.2.4 输出 PPT 长图效果，方便分享和展示

在制作教学课件PPT时，生成长图很有必要，它可以提高教学效果并激发学生的学习兴趣和参与度。通过长图，学生可以一目了然地了解整个课程或主题的内容框架和重点；教师可以将知识点融入一个生动的故事中，激发学生的学习兴趣和积极性。长图还可以整合多个相关的幻灯片或页面，避免信息的分散和混乱。此外，长图的分享功能也促进了交流和合作，方便教师与其他教师或学生分享教学资料。

生成PPT长图的方法也很简单，iSlide就提供了这样的功能，具体操作步骤如下。

**第1步** 单击“iSlide”选项卡下“工具”组中的“PPT拼图”按钮，如图 8-29 所示。

图 8-29　单击“PPT拼图”按钮

**第2步** 在打开的对话框中设置拼图参数，单击“另存为”按钮，如图 8-30 所示。然后设置生成长图文件的保存名称和位置即可。稍后在看图软件中打开生成的长图就可以看到效果了，如图 8-31 所示。至此，本案例就制作完成了，后续可以进行放映排练，以便熟悉课件内容和演讲流程，确保在教学过程中表达清晰、流畅。

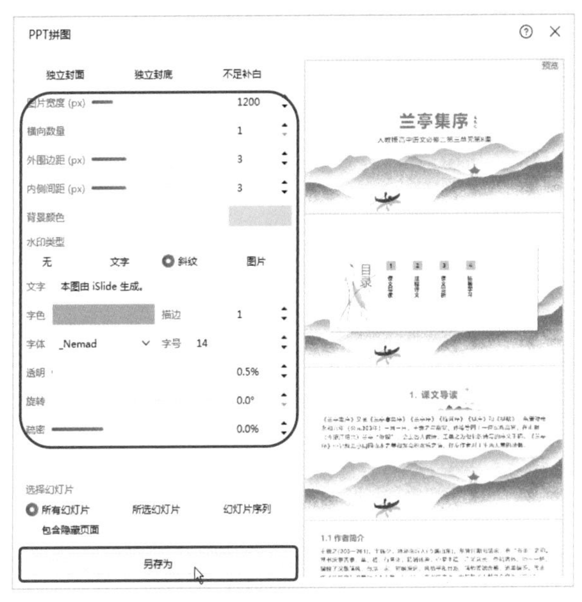


图 8-30　设置拼图参数

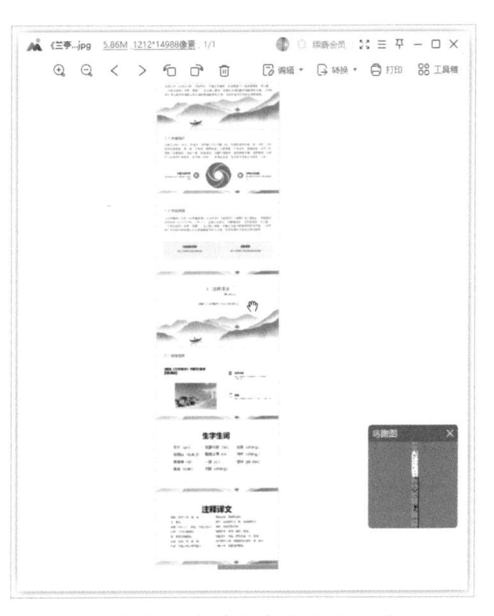


图 8-31　查看生成的长图效果

## 高手秘技

通过前面两个案例的学习，我们已经掌握了制作工作总结PPT和教学课件PPT的关键技巧，并且了解如何利用AI工具来提高工作效率，提升演讲效果和吸引力。下面介绍一些PowerPoint中常用操作的快捷键，让你的操作看起来更“专业”，对提高PPT制作效率也有实实在在的帮助。学会后就让我们一起动手实践，将匠心设计与实际运用相结合，打造精彩的演讲内容。

### 高手秘技 16：掌握提升效率的快捷键

（1）编辑状态下常用快捷键（如表 8-1 所示）。

**表 8-1　编辑状态下常用快捷键**

| 快捷键 | 功能 | 快捷键 | 功能 |
| --- | --- | --- | --- |
| Ctrl+L | 文本框/表格内左对齐 | Ctrl+Shift+< | 缩小选中字号 |
| Ctrl+E | 文本框/表格内居中对齐 | Ctrl+Shift+> | 放大选中字号 |

续表

| 快捷键 | 功能 | 快捷键 | 功能 |
| --- | --- | --- | --- |
| Ctrl+R | 文本框/表格内右对齐 | Ctrl+光标 | 向相应光标方向微移 |
| Ctrl+G | 将选中元素组合 | Alt+→/← | 选定元素顺/逆时针旋转 |
| Ctrl+Shift+G | 将选中组合取消组合 | Shift+光标 | 选定文本框或形状横/纵向变化 |
| Ctrl+滚轮 | 放大/缩小编辑窗口 | Ctrl+M | 新建幻灯片页 |
| Ctrl+Z/Y | 撤销/恢复操作 | Ctrl+N | 新建新的演示文稿 |
| Shift+F3 | 切换选中英文的大小写 | Alt+F10 | 打开/关闭选择窗格 |
| Shift+F9 | 打开/关闭网格线 | Alt+F9 | 打开/关闭参考线 |
| F5 | 从第一页开始放映 | Shift+F5 | 从当前窗口所在页放映 |
| Ctrl+D | 复制一个选中的形状 | F4 | 重复上一步操作 |
| Ctrl+F1 | 打开/关闭功能区 | F2 | 选中当前文本框中的所有内容 |
| Ctrl+Shift+C | 复制选中元素的属性 | Ctrl+Shift+V | 粘贴复制的属性至选中元素 |
| Ctrl+C | 复制 | Ctrl+Alt+V | 选择性粘贴 |

(2)放映状态下常用快捷键(如表8-2所示)。

表8-2 放映状态下常用快捷键

| 快捷键 | 功能 | 快捷键 | 功能 |
| --- | --- | --- | --- |
| W | 切换到纯白色屏幕 | B | 切换到纯黑色屏幕 |
| S | 停止自动播放(再按一次继续) | Esc | 立即结束播放 |
| Ctrl+H | 隐藏鼠标指针 | Ctrl+A | 显示鼠标指针 |
| Ctrl+P | 鼠标变成画笔 | Ctrl+E | 鼠标变成橡皮擦 |
| Ctrl+M | 绘制的笔迹隐藏/显示 | 数字+Enter | 直接跳转到数字相应页 |

(3)自定义快捷键。依次单击“文件”→“选项”→“快速访问工具栏”可将自己常用的一些按钮添加在PowerPoint窗口左上方。添加后，只需要依次按【Alt】键+数字键(注意是快速依次按下，而不是同时按下)，即可快速使用相应的功能按钮。

事实上，按【Alt】键之后，PowerPoint界面选项卡许多功能按钮都会出现一些英文字符，有些是单个英文，有些是多个，此时按下相应的键盘按钮即可实现相应功能。例如：依次按【Alt】→【G】→【F】键，可显示出“设置背景格式”任务窗格；依次按【Alt】→【A】→【C】键，可打开动画窗格。